»SwiftUIではじめる
iPhoneアプリプログラミング入門

Xcode

大津 真［著］Otsu Makoto

SwiftUI

Rutles

【サンプルファイルのダウンロード】
本書で紹介しているサンプルコードは、以下のラトルズのサイトから入手できます。

http://www.rutles.net/download/504/index.html

本書の内容は、執筆時点での情報をもとに書かれています。個々のソフトウェアのアップデート状況や、使用者の環境によって、本書の記載と異なる場合があります。
本書に記載されているURL、サイトの内容等は、本書執筆後に変更される可能性があります。

【免責事項】
本書に記載された内容、サンプルデータによる運用の結果について、株式会社ラトルズ、著者、ならびに制作関係者は一切の責任を負いません。

はじめに

本書で紹介するSwiftUIは、iPhoneやiPad、Mac、Apple Watchといった Appleプラットフォーム向けアプリのUI（ユーザインターフェイス）を開発するためのSwift言語をベースにしたフレームワークです。WWDC 2019のキーノートで突然発表され、瞬く間に開発コミュニティの話題をさらいました。それまでのUIKitフレームワークに比べて、はるかにシンプルかつ効率的にUIを構築できることを特徴としています。

本書は、そのSwiftUIを使用してiOSアプリを作成する方法を学ぶための入門書です。もちろん、SwiftUIを使用するにはSwift言語の知識が必要です。

そのため、本書ではまずChapter 2で、基本的なデータ型の操作、クロージャ、構造体など、SwiftUIを扱うために不可欠なSwift言語のポイントを解説しています。JavaやPythonといったほかの言語の経験はあるがSwiftは初めてという方も、Swift Playgroundsなどの学習アプリやデベロッパードキュメントと併用することで学習が効率よく進められるでしょう。

Chapter 3では、SwiftUIを使用した基本的なGUIのレイアウト方法、およびイメージの表示とアニメーションの基本について説明します。

それ以降のChapterでは、SwiftUIに搭載されている、いろいろなGUI部品（ビュー）とその属性を変更するモディファイアを活用したiOSアプリの作成例について紹介していきます。

まずChapter 4では、おみくじアプリの例を通して、ボタンのアクションの処理とSwiftUIでビューのステートを管理する方法について説明します。

Chapter 5では、割り勘計算アプリを作成しながらステートプロパティとビューの値をバインドする方法、StepperやTextFieldといったビューの操作について学びます。

Chapter 6では、誕生日リマインダーを作成しながら、画面遷移や日付データの処理、データの保存方法について説明します。

Chapter 7とChapter 8では、スライドショーとイメージビューアというプロジェクトに登録したイメージを表示していくアプリの作成を通して、JSONデータの取り扱いやタイマー、画面遷移などについて説明します。

Chapter 9では、お絵かきアプリの作成を通して図形の描画やジェスチャーの処理について説明します。

最後のChapter 10では、YouTube Data APIを使用したYouTubeアプリを作成します。Web APIにSwiftからアクセスする方法や、UIKitのビューをSwiftUIと連携させる方法など、内容は多少高度になりますがぜひ挑戦していただければと思います。

最後に、本書が読者の皆様のSwiftUIを使用したオリジナルのiOSアプリ作成の手助けになることを願います。

大津　真

Part I まずは基礎固め

Part I

まずは基礎固め

SwiftUIによるアプリ開発について

SwiftUIは、iOSやmacOSを搭載した
Apple製デバイス用のアプリケーションの
GUIを作成するためのフレームワークです。
まずはSwiftUIの概要と、
開発環境であるXcodeのテンプレートを使用した
シンプルなiOSアプリの作成手順について説明します。

Learning SwiftUI
with Xcode
and Creating
iOS Applications

1-1 SwiftUIの概要とXcodeの導入

Learning SwiftUI with Xcode and Creating iOS Applications

SwiftUIは、iOSアプリやmacOSアプリのユーザインターフェース（UI）を構築するためのフレームワークとして、2019年に登場しました。まずはその概要について説明しましょう。

POINT

この節の勘どころ

- ◆ **SwiftUIはUI構築のためのフレームワーク**
- ◆ **SwiftUIの統合開発環境はXcode**
- ◆ **XcodeはApp Storeから無料でダウンロードできる**

1-1-1 UIKitからSwiftUIへ

SwiftUI以前は、iOSアプリのUI（User Interface）部分を担当するフレームワークとして、**UIKit**フレームワークが主流でした。UIKitフレームワークでは、GUI部品のレイアウトをStoryboardファイルやXibファイルというプログラムとは別のファイルで行うことが多く、プロジェクトファイルの見通しが悪くなります。またUIの状態を管理するのも面倒でした。

それに対して、2019年に登場したSwiftUIでは、UIの構築に外部ファイルを使わずに、ソースプログラム内に直接UIの動作やレイアウトを記述します。また、最近注目を集めていている「**宣言型構文**」（declarative syntax）と呼ばれる、シンプルで読みやすい構文によりボタンやテキストフィールドなどのGUI部品をレイアウトできます。

column

フレームワークとは

最近のソフトウェア開発、とくにGUIをベースにしたアプリケーションの開発に欠かせない存在が「**フレームワーク**」です。フレームワークとは日本語では「枠組み」のような意味ですが、アプリケーションの開発および実行を支える環境のようなものです。プログラムで使用する処理を機能別に関数などとしてまとめて自由に呼び出せるようにしたものを「ライブラリ」と呼びます。ライブラリは古くからあるプログラミングのための仕組みですが、フレームワークはそのライブラリが進化したものと考えてもよいでしょう。

通常、フレームワークの仕様は「API」（Application Programming Interface：アプリケーション・プログラミング・インターフェース）として公開されています。**API**は、いわばフレームワークの出入り口で、プログラマは外部に公開されているAPIを介してフレームワークの機能にアクセスします。

次に、SwiftUIを使用して、iPhoneにラベルとイメージを配置する例を示しましょう。SwiftUIでは個々の画面やGUI部品を「**ビュー**」（**View**）と呼びます。外側の「**VStack**」は内部のビューを垂直方向に並べて配置する指定です。

その内部にラベルを表示する**Textビュー**と、イメージを表示する**Imageビュー**を配置しています。

■ シンプルな記述でビューをレイアウト

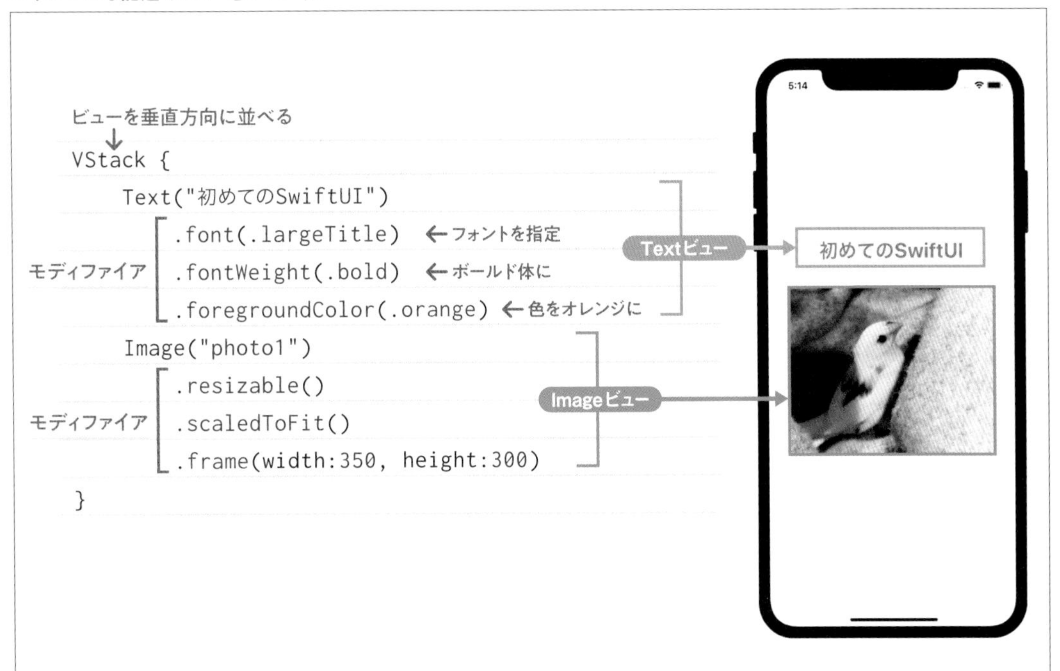

個々のビューは「**モディファイア**」（modifier）と呼ばれるメソッドで外観や動作を設定できます。Textビューの場合、**font**モディファイアでフォントのサイズを使用し、**foregroundColor**モディファイアで文字色を設定するという具合です。

1-1-2 SwiftUIを使用するために

SwiftUIを使用してiOSアプリを開発するための環境を示します。

- macOS：バージョン10.15（Catalina）以降
- Xcode：バージョン11.4以降

1-1-3 開発環境には「Xcode」を使用する

SwiftUIを使用したアプリケーションの開発には、Appleにより提供される「統合開発環境**Xcode**」を使用します。

「**統合開発環境**」(IDE:Integrated Development Environment)とは、ソフトウェア開発に使用されるテキストエディタやコンパイラ、デバッガ(プログラムの不具合を発見/修正するツール)といった個別のツールを統合し、効率的なプログラム構築を可能にする開発環境です。近年のGUIアプリケーションの開発には欠かせない存在です。

Xcodeの最初のバージョンは、OS X(現macOS)の前身であるNeXTSTEPの開発環境を引き継いだ「Project Builder」をベースに、2003年10月リリースのOS X 10.3(Panther)にXcode 1.0としてリリースされました。元々はOS X用ソフトウェア専用の開発環境でしたが、2008年にリリースされたバージョン3.1からは、「iPhone SDK」(SDK = Software Development Kit:ソフトウェア開発キット)をプラグインとして追加することで、iPhone用のソフトウェアも作成できるようになりました。現在では、macOS、iPhone、iPad、さらにはApple WatchやApple TVといったさまざまなAppleデバイス用ソフトウェアの標準開発環境として使用されています。

■ Xcodeの実行画面

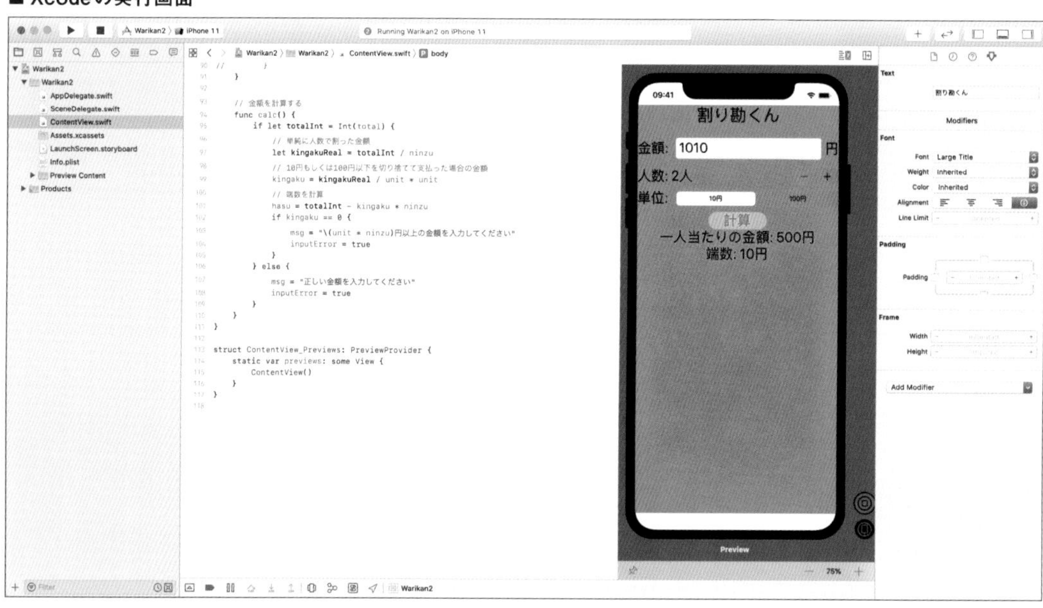

◉Xcodeのインストール

Xcodeは現在「App Store」から無償でダウンロード可能です（インストールおよび設定にはApple IDが必要です）。

■ App StoreからXcodeをダウンロード

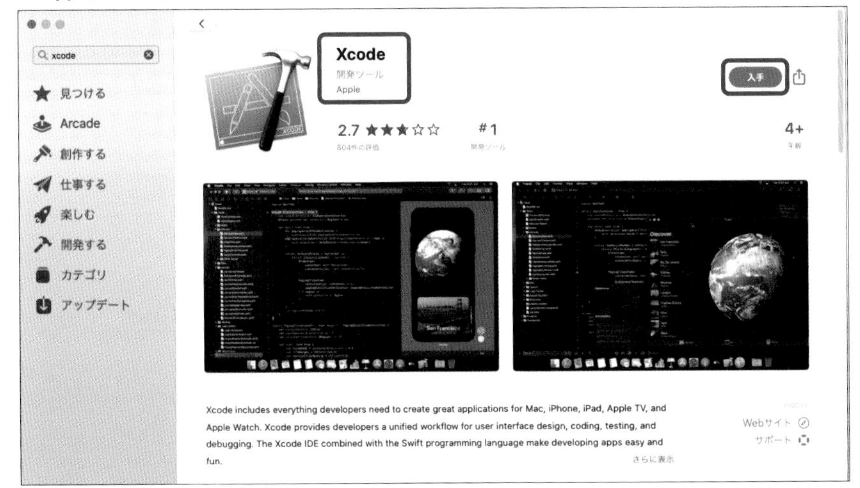

Xcodeは、一般的なmacOS用アプリケーションと同様に、「**アプリケーション**」フォルダ（/Applicationsディレクトリ）に、「**Xcode**」（Xcode.app）としてインストールされます。

■「アプリケーション」フォルダにインストールされたXcode

column

Xcodeのバンドルの中身を確認する

macOS用の一般的なアプリケーションは、アプリケーション本体に加えて、アイコンやライブラリなどの必要なファイルをまとめた「**バンドル**」として管理されています。「バンドル」とは、ディレクトリの階層構造を、Finder上でひとつのファイルのように見せる仕組みです。

FinderでXcodeのバンドルの中身を確認するには、Xcodeのアイコンを右クリックして、表示されるコンテキストメニューから「パッケージの内容を表示」を選択します。するとバンドルが開かれ、通常のフォルダとしてアクセスできます。Xcode本体は、「Contents」→「MacOS」フォルダに格納されています。またInstrumentsなどユーティリティ・アプリケーション群は「Contents」→「Applications」フォルダに格納されています。

■「Contents」→「MacOS」フォルダ

バンドルは「ターミナル」上では、次のように通常のディレクトリとしてアクセスできます。

■ターミナル

```
$ ls /Applications/Xcode.app/Contents/ return
Applications      OtherFrameworks     XPCServices
Developer         PkgInfo             _CodeSignature
Frameworks        PlugIns             _MASReceipt
Info.plist        Resources           version.plist
Library           SharedFrameworks
MacOS             SystemFrameworks
```

1-1-4 Xcodeを起動する

Xcodeを起動するには、通常のアプリケーションと同様に「アプリケーション」フォルダのXcodeのアイコンをダブルクリックします。初回起動時にはライセンス認証用のダイアログボックスが表示されるので「Agree」ボタンをクリックすると「Welcome to Xcode」画面が表示されます。

■「Welcome to Xcode」画面

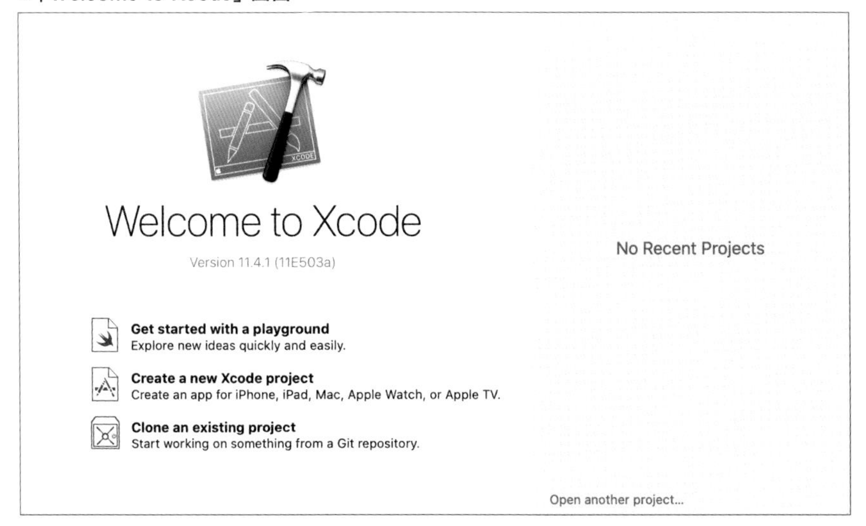

NOTE 起動時にXcodeの追加コンポーネントのインストールが必要な場合には、次のようなダイアログボックスが表示されます。「Install」ボタンをクリックしてインストールしてください。

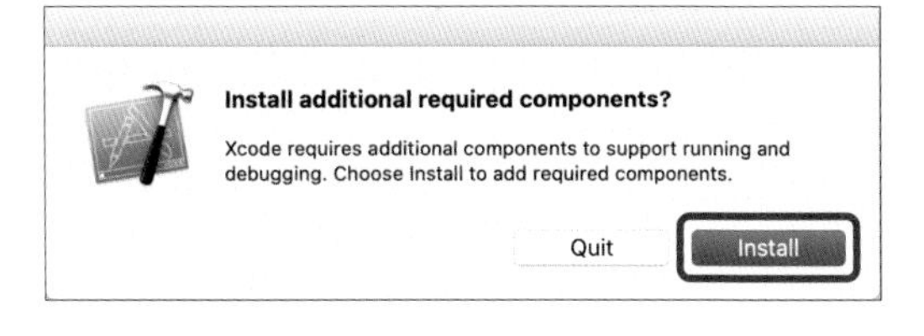

1-1-5 Apple IDを登録する

続いて、Xcodeでの開発時に使用する**Apple ID**を登録します。これは、アプリを実機でテストする際などに必要になります。

1 「Xcode」メニューから「Preferences」を選択し、表示されるダイアログボックスで「Accounts」パネルを開きます。

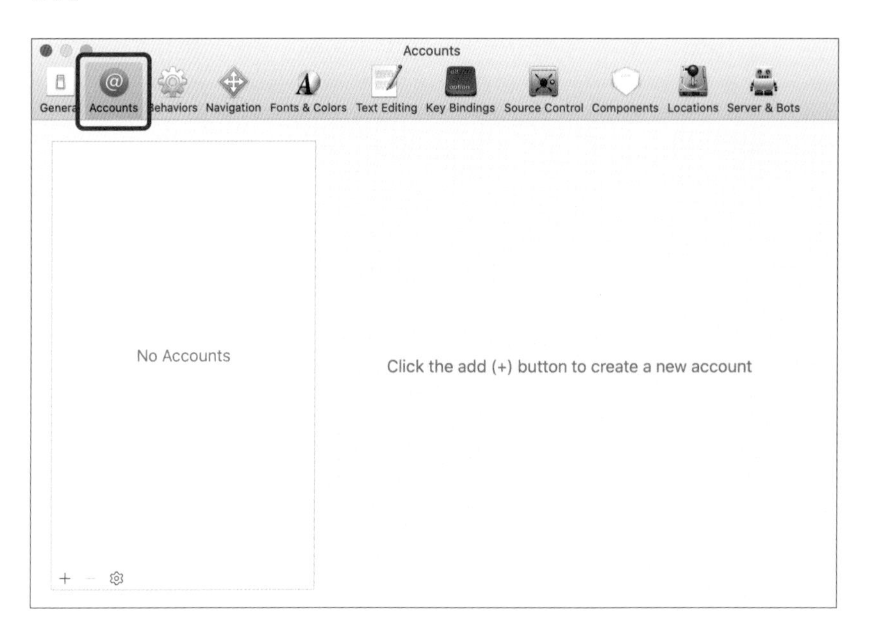

2 「+」ボタンをクリックして「Apple ID」を選択し、「Continue」ボタンをクリックします。

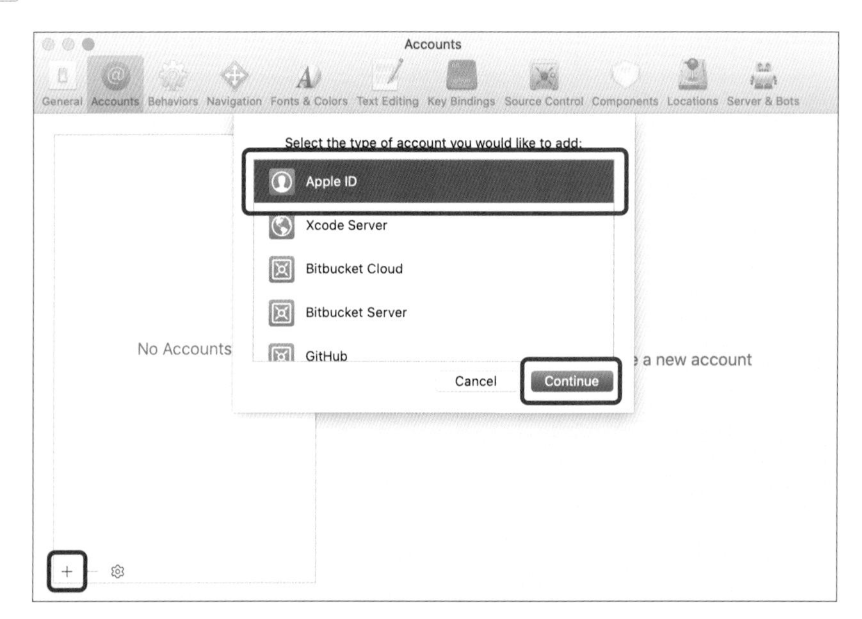

3 Apple IDを登録し、「Nex」ボタンをクリックします。

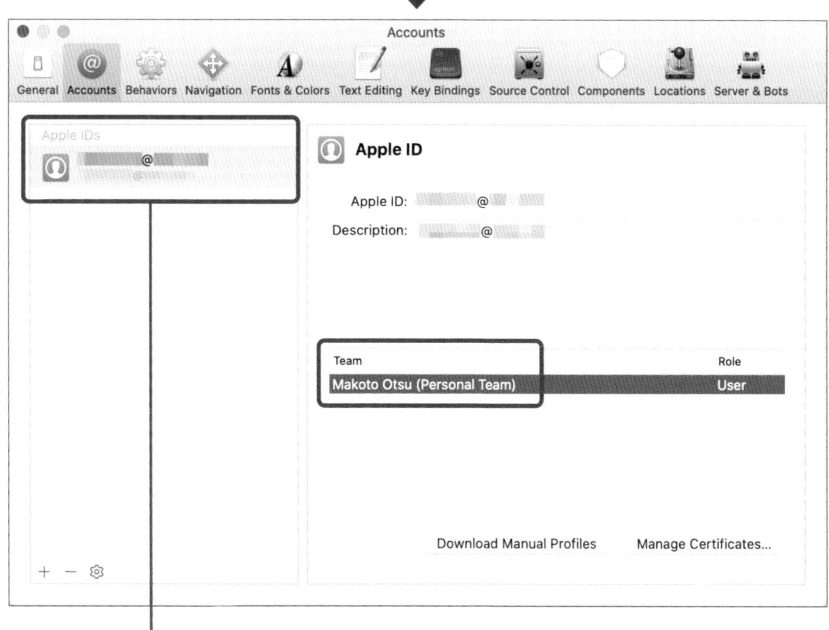

Apple IDが登録された

Apple Developer Program（次の「Column：Apple Developer Program」参照）の有料メンバーシップに登録されていないアカウントの場合、「Team」は「名前（Personal Team)」となります（「名前」はMacのログインユーザで設定されている名前）。

column

Apple Developer Program

AppStoreでアプリをリリースするには、Apple Developer Programのメンバーシップに登録する必要があります。年間参加費は有料（本書執筆時点では年間メンバーシップの料金は11,800円）ですが、加入者は完成したアプリケーションをApp Storeで配信したり、ベータ版を入手することができるようになります。

■ Apple Developer Program

なお、本書のサンプルは基本機能のみを使用し、ハードウエア固有の機能を使用していないため、すべてキャンバスもしくはiOSシミュレータ上で動作します。本書を読み進めてある程度iOSアプリケーションに慣れたところで、Apple Developer Programへの登録を考えてみても遅くはないでしょう。

1-2 iOSアプリ用のプロジェクトを作成しよう

Learning SwiftUI with Xcode and Creating iOS Applications

Xcodeに用意されたテンプレートを利用して、SwiftUIを使用したiOSアプリ作成のためのプロジェクトを作成してみましょう。Xcodeの画面構成についても説明します。

POINT
この節の勘どころ

- ◆「Single View App」テンプレートを利用する
- ◆ キャンバスにプレビューを表示できる
- ◆ iOSシミュレータで実行する
- ◆ 実機で実行する

SAMPLE Chapter1➡1-2➡HelloSwiftUI

1-2-1 新規プロジェクトの作成

Xcodeには、作成するプロジェクトのひな形が、機能や用途に応じた「**テンプレート**」として複数用意されています。iOSアプリケーション作成の最初のステップは、テンプレートをもとにプロジェクトを作成することです。ここでは、iOSアプリケーション用のテンプレートとして、もっとも手軽に利用できる「**Single View App**」(1つの画面から構成されるアプリケーション)をベースにしたプロジェクトを作成してみましょう。

1 「Welcome to Xcode」画面で「Create a new Xcode project」ボタンをクリックします。

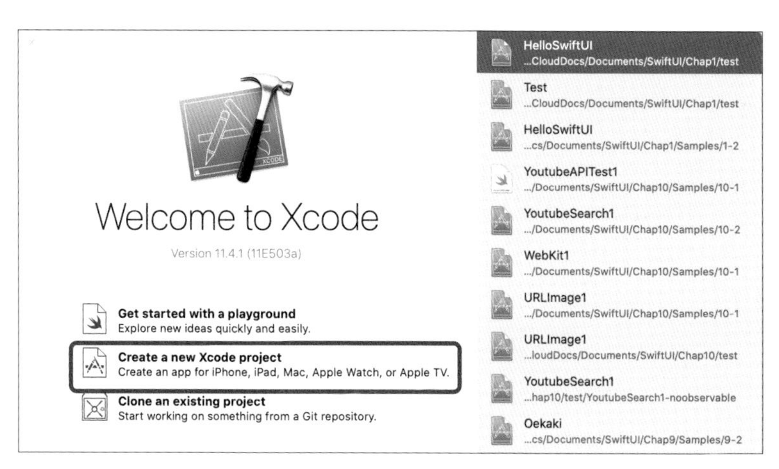

NOTE 「File」メニューから「New」→「New Project」を選択してもプロジェクトを作成できます。

2 テンプレート選択画面「Choose a template for your new project」が表示されます。上部のタブから「iOS」を選択します。すると一覧にiOSアプリケーション用のテンプレートの一覧が表示されます。

3 「Application」→「Single View App」を選択し「Next」ボタンをクリックします。

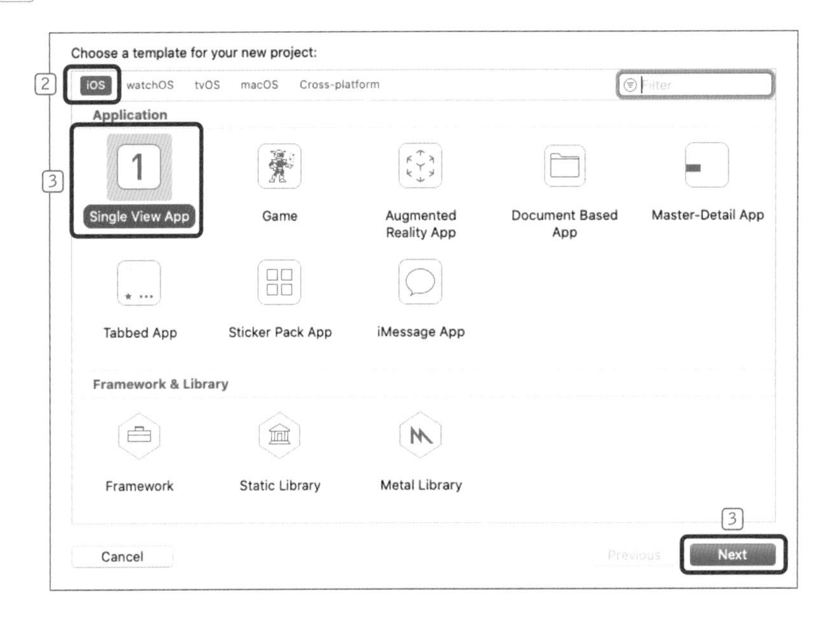

4 プロジェクト名などの設定を行います。

この例では「Product Name」(プロジェクト名)に「HelloSwiftUI」を指定しています。「User Interface」で「**SwiftUI**」を選択すると、フレームワークにSwiftUIが使用されます。

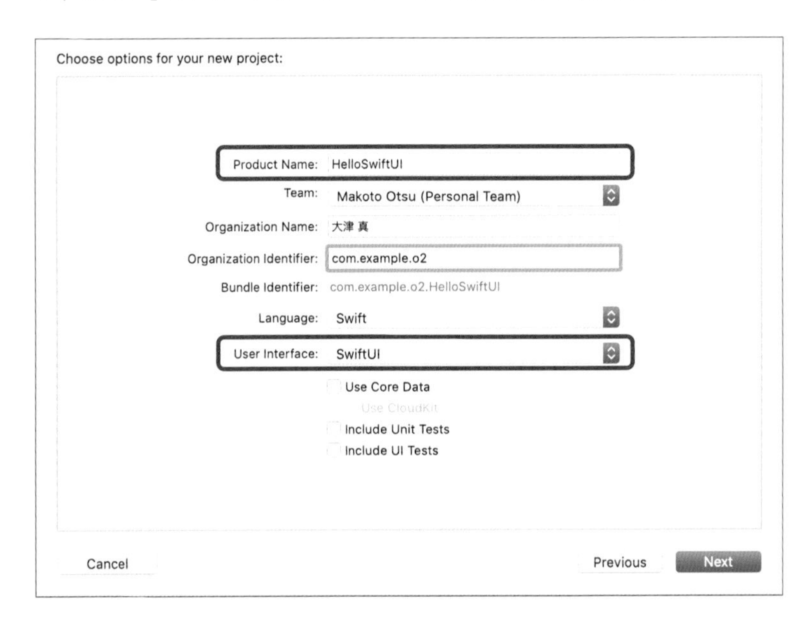

■「Choose options for your new project」のオプション

オプション	説明
Product Name	プロジェクト名を設定する。デフォルトではこれがアプリの名前になる
Team	Apple IDを登録したチーム。個人の無料アカウントの場合には「ユーザ名(Personal Team)」を選択する
Organization Name	組織名を設定する。個人の名前でもよい
Organization Identifier	開発者を特定するための識別子。実際にApp Storeで配布する際には一意に特定できるものが必要。ドメイン名を逆にした形式がしばしば使用される。なお、個人で実験用のプロジェクトを作成する場合にドメインがないときには「com.example.<ユーザ名>」(「example.com」は実際に登録されているドメイン名ではなく、説明などに使用されるサンプル用のドメイン名)などを指定するとよい
Language	使用するプログラミング言語の設定。「Swift」を選択する
User Interface	ユーザインターフェースとして使用するフレームワークの設定。「SwiftUI」を選択する
Use Core Data	データを永続化するCore Dataを使用するかどうかの設定。本書のサンプルではチェックしない
Include Unit Test	ユニットテスト(単体テスト)のひな形を作成するかどうかの設定。本書のサンプルではチェックしない
Include UI Test	UIテストのひな形を作成するかどうかの設定。本書のサンプルではチェックしない

5 「Next」ボタンをクリックし、次の画面で保存先のフォルダを指定します。

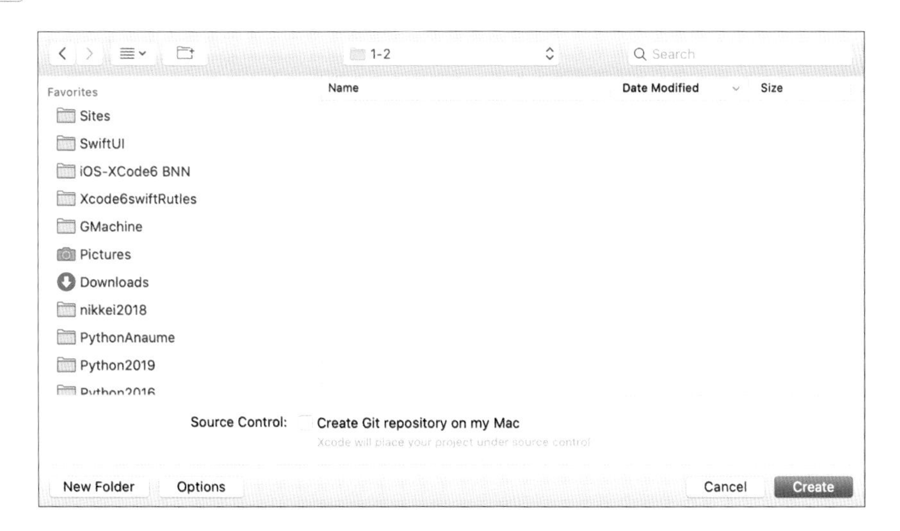

NOTE 「Create Git repository on my Mac」は、バージョン管理システム「Git」のリポジトリを作成するかどうかの設定です。本書のサンプルではチェックしていませんが、Gitを導入している方は必要に応じてチェックしてください。

6 「Create」ボタンをクリックすると、プロジェクトが作成されます。

「Product Name」で指定したフォルダが作成され、プロジェクト関連のファイルが保存されます。そして作業画面である「ワークスペース」ウィンドウが表示されます。

■「ワークスペース」ウィンドウ

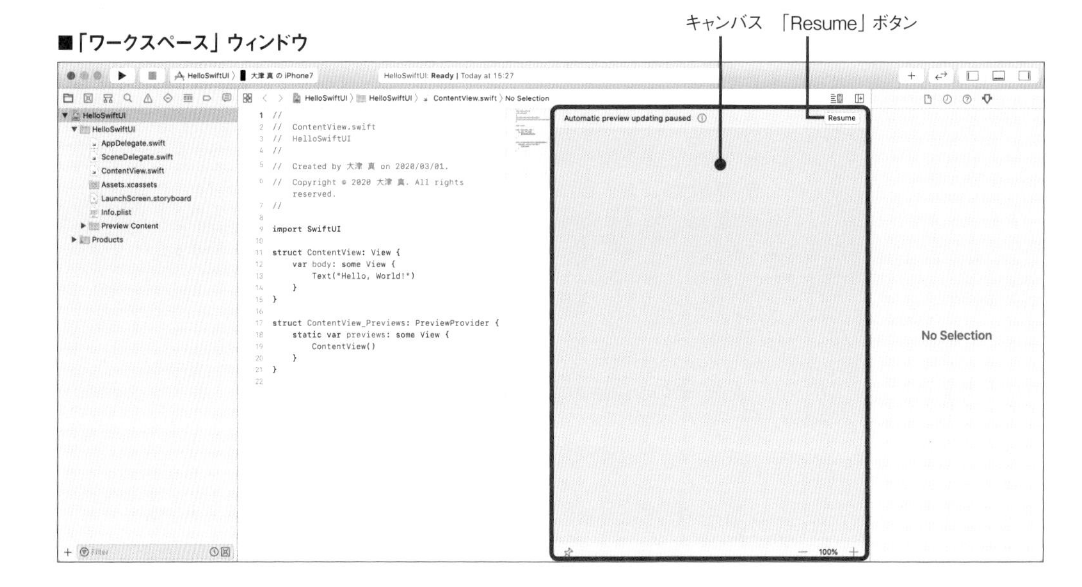

◉アプリのプレビューを表示する

ソースファイルや画像ファイルなどのリソースからオブジェクトを生成するためのプロセスを「ビルド」といいます。右側のキャンバスの「**Resume**」ボタンをクリックするとプロジェクトがビルドされ、しばらくするとテンプレートから作成されたアプリのプレビュー画面が表示されます（次ページ図）。

デフォルトでは、文字列をラベルとして表示する**Textビュー**がひとつ配置されています。初期状態ではTextビューにサンプルとして「**Hello, World!**」という文字列が表示されています。

ノートPCなどでプレビューが画面に入りきらない場合には、右下の「**-**」「**+**」ボタンや、表示倍率部分をクリックすると表示されるメニューで表示倍率を調整できます。

NOTE キャンバスの表示／非表示は、「Editor」メニューの「Canvas」で切り替えられます。

■ アプリのプレビュー画面

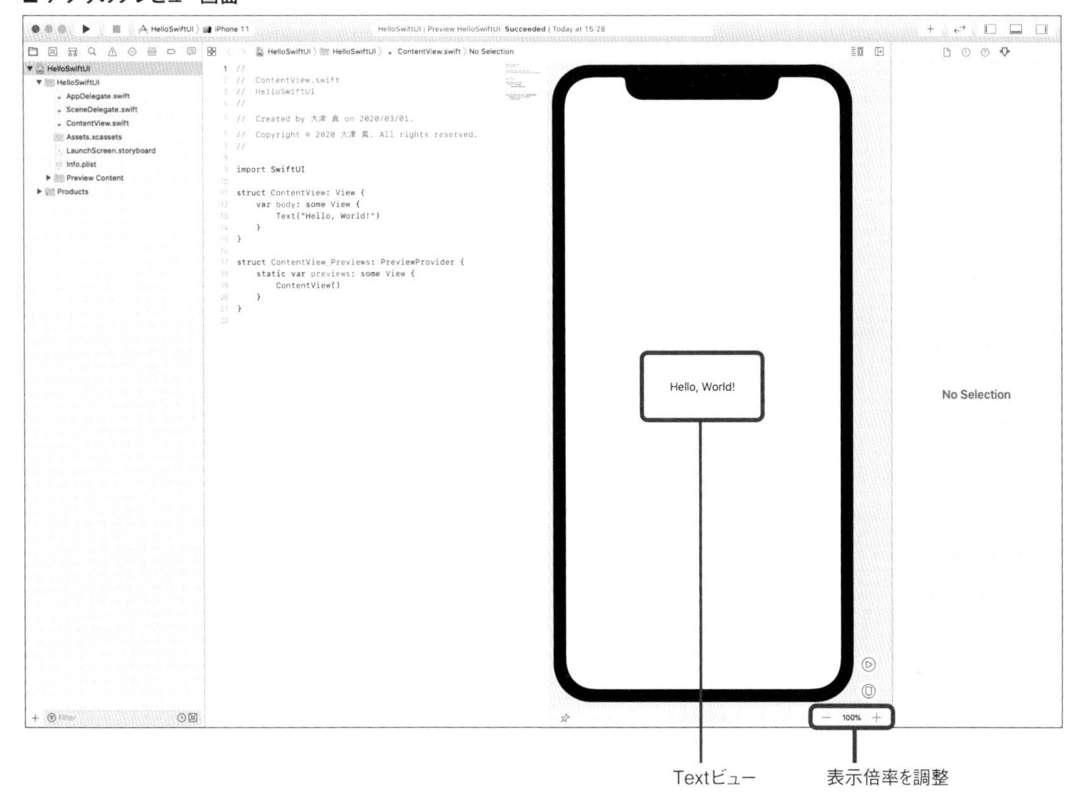

◉ プロジェクトフォルダについて

作成されたプロジェクトのフォルダは階層構造になっています。「プロジェクト名」のフォルダ直下にある「**プロジェクト名.xcodeproj**」がXcodeのプロジェクトファイルです。ダブルクリックすると、Xcodeが起動しプロジェクトが開かれます。

同じ階層にはさらに「プロジェクト名」フォルダがあります。その下には拡張子が「**.swift**」のソースファイルや、**plist**形式の設定ファイルである「**Info.plist**」などがあります。

■ プロジェクトフォルダ

1-2

名前	変更日	サイズ	種類
▼ HelloSwiftUI	今日 15:30	--	フォルダ
▼ HelloSwiftUI	今日 15:26	--	フォルダ
AppDelegate.swift	今日 15:26	1 KB	Swift Source
▶ Assets.xcassets	今日 15:26	--	Xcode...Catalog
▶ Base.lproj	今日 15:26	--	フォルダ
ContentView.swift	今日 15:26	367 バイト	Swift Source
Info.plist	今日 15:26	2 KB	Property List
▶ Preview Content	今日 15:26	--	フォルダ
SceneDelegate.swift	今日 15:26	3 KB	Swift Source
HelloSwiftUI.xcodeproj	今日 15:26	31 KB	Xcode Project

プロジェクトファイル

10項目、iCloudの空き12.52 GB

1-2-2 Xcodeの画面構成

Xcodeの画面構成の概略について説明しましょう。

■ Xcodeの画面

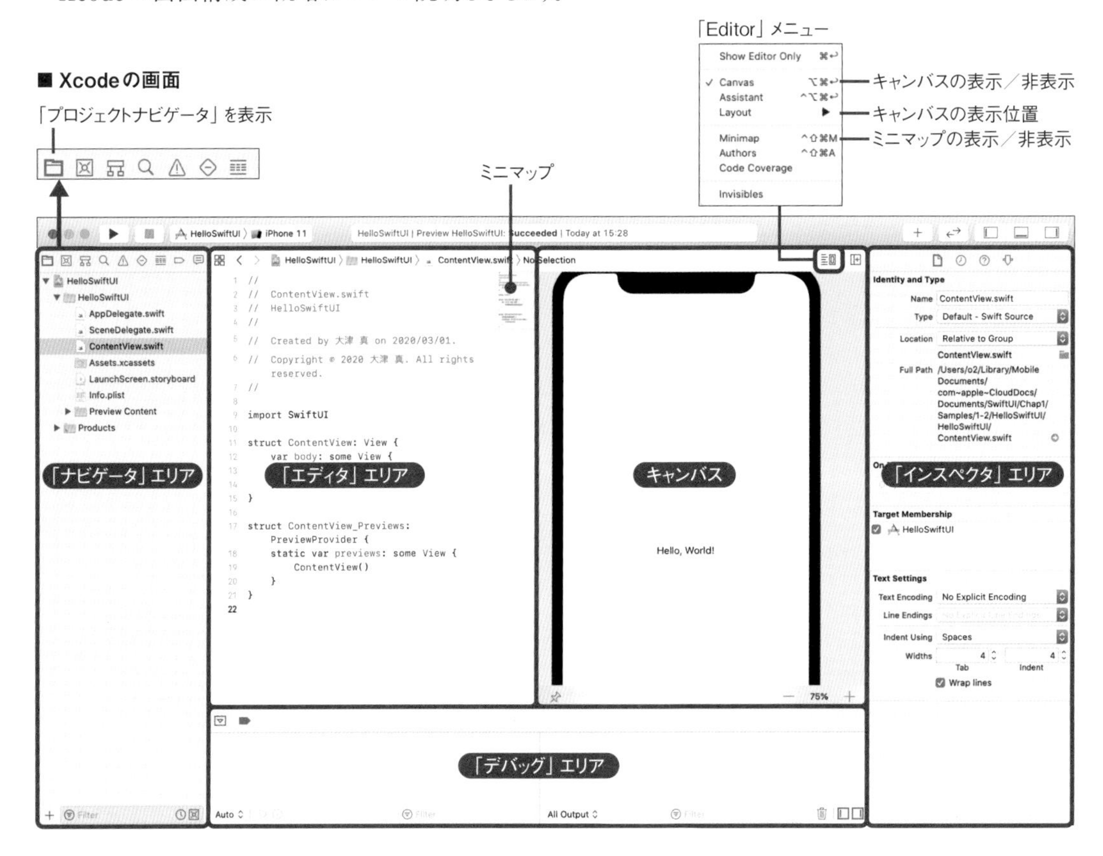

■Xcode各部の機能

エリア	説明
ナビゲータ	編集するファイルを選択するエリア（最上位のプロジェクト名を選択するとプロジェクトの設定画面となる）
エディタ	ソースファイルや設定ファイルを編集するエリア。アプリのプレビューを表示するキャンバスと、ミニマップを表示できる
デバッグ	print関数の出力やデバッグ情報が表示されるエリア
インスペクタ	選択したUI部品の詳細情報やヘルプなどが表示されるエリア

左側の「**ナビゲータ**」エリアの「**プロジェクトナビゲータ**」にはプロジェクトに含まれるファイルの一覧が階層構造で表示されます。

「ナビゲータ」エリアでファイルを選択すると、その中身が「**エディタ**」に表示されます。

「**ミニマップ**」はソースファイル全体を縮小表示したものです。長いプログラムで現在の位置を把握したり、クリックやスクロールで目的の位置に移動する場合に使用します。「Editor」メニューの「Minimap」で表示／非表示を切り替えられます。

◉エリアの表示／非表示の切り替え

「**ナビゲータ**」エリア、「**インスペクタ**」エリア、「**デバッグ**」エリアの表示／非表示の切り替えは、ツールバー右側のアイコンをクリックすることで行います。

■エリアの表示／非表示の切り替え

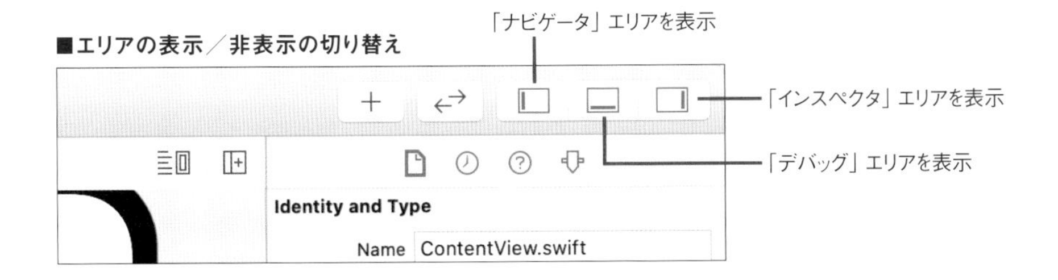

1-2-3 「ContentView.swift」がメイン画面のビュー

「ナビゲータ」エリアの「**プロジェクトナビゲータ**」で表示されるファイルの中で、拡張子が「**.swift**」のファイルがSwiftのソースファイルです。「Single View App」テンプレートから作成したプロジェクトでは、「**ContentView.swift**」が、アプリを起動すると表示されるメイン画面のためのビューとなります。このような内部にいろいろなビューを格納するビューを「**コンテンツビュー**」と呼びます。

「プロジェクトナビゲータ」でファイルを選択すると、その中身が「**エディタ**」エリアに表示されます（実際にはなにも選択されていないとContentView.swiftが表示されます）。

選択したファイルが「ContentView.swift」などのビューの場合、キャンバスで「**Resume**」ボタンをクリックするとそのプレビューが表示されるわけです。

■「プロジェクトナビゲータ」、「エディタ」エリア、プレビュー

```
//
//  ContentView.swift
//  HelloSwiftUI
//
//  Created by 大津 真 on 2020/03/01.
//  Copyright © 2020 大津 真. All rights reserved.
//

import SwiftUI

struct ContentView: View {
    var body: some View {
        Text("Hello, World!")
    }
}

struct ContentView_Previews: PreviewProvider {
    static var previews: some View {
        ContentView()
    }
}
```

なお、ソースファイルのコードが更新されると、自動的にキャンバスのプレビュー画面も更新されます。ただし、変更内容によっては自動更新されず、再び「**Resume**」ボタンが表示される場合があります。また、ソースコードにエラーのある場合もプレビュー画面は更新されません。

1-2-4 テンプレートによって生成されるファイルについて

「ナビゲータ」エリアの「**プロジェクトナビゲータ**」には、テンプレートによって作成され、種類別にグループ分けされた、さまざまなファイルが保存されています。

■「プロジェクトナビゲータ」

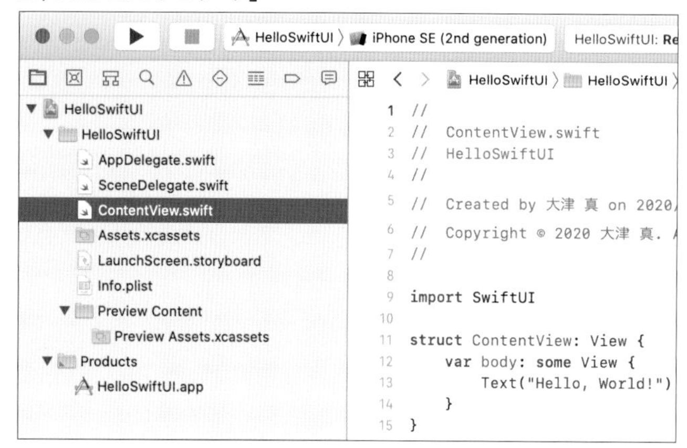

■テンプレートによって生成されるファイル

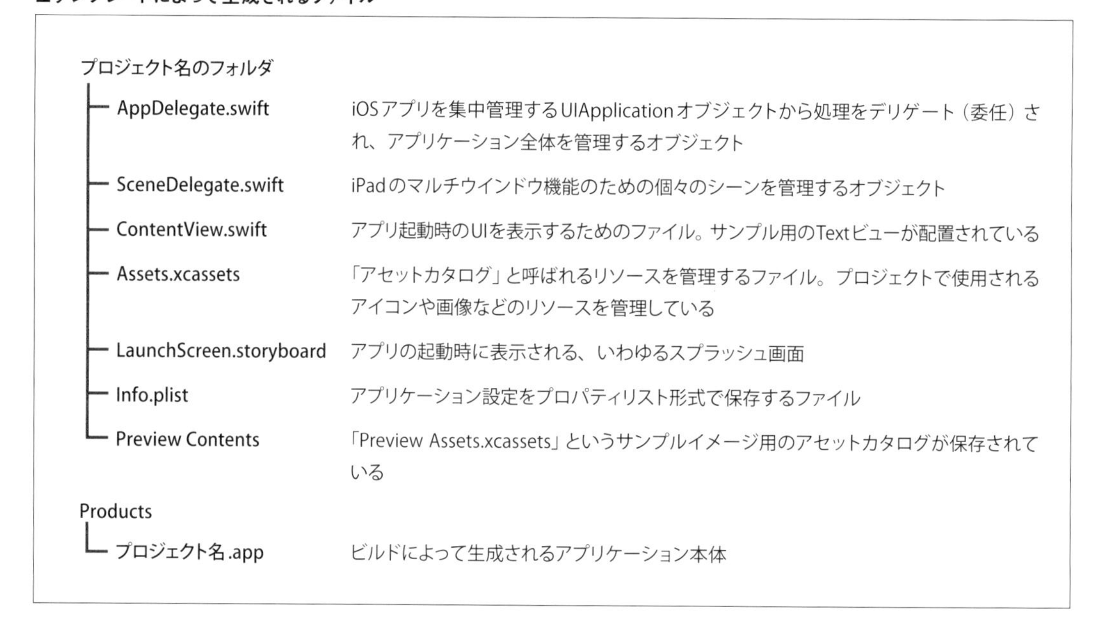

これらのファイルの中で、「**ContentView.swift**」がアプリの初期画面に表示されるUIを構築するためのファイルです。もっとも基本的なiOSアプリは、ContentView.swiftのみを編集することにより作成できます。本書の前半のサンプルでもContentView.swiftのみ編集してアプリを作成します。

NOTE iOS 13以降に搭載されたiPadのマルチウインドウ機能のために、iOS 12以前のAppDelegate.swiftは、メインのAppDelegate.swiftと個々のシーンを管理するSceneDelegate.swiftに分割されました。

NOTE 「ナビゲータ」エリアのフォルダは、Finderのフォルダと対応するものではありません。あくまでもプロジェクト内でファイルをグループ分けするものです。

1-2-5 ターゲットの基本設定

「ナビゲータ」エリアの「プロジェクトナビゲータ」の表示は階層構造になっています。トップレベルであるプロジェクトを選択すると、「エディタ」エリアには、バージョン番号などプロジェクトの設定項目が表示されます。

ビルドによって生成される成果物のことを「**ターゲット**」といいます。ひとつのプロジェクトには、複数のターゲットを含めることができます。

テンプレートからプロジェクトを作成した時点では、iOS用アプリ用のターゲットが、プロジェクト名と同じ名前で用意されています。

■ターゲットの設定

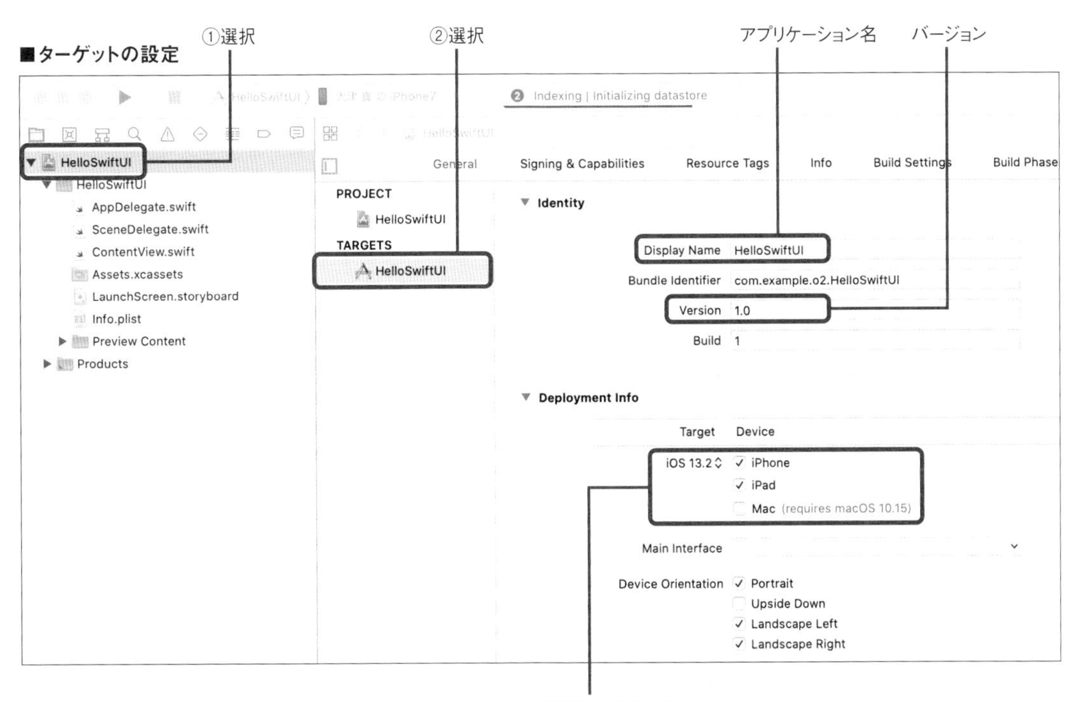

◉「General」パネル

iOS用アプリのターゲットの場合、設定は6つのパネルで構成されています。基本的な設定は「**General**」パネルで行います。ここではアプリケーションのバージョンや、対象とするデバイスを設定します。たとえば「Deployment Info」の「Devices」では「iPhone」や「iPad」など動作対象のデバイスを設定します。

◉OSバージョンの設定

「PROJECT」→「プロジェクト名」→「Info」パネル→「Deployment Target」では、アプリケーションを配布可能なOSのバージョンを選択できます。iOSの場合SwiftUIを使用するためには「iOS 13.x」以降を選択する必要があります。

■OSバージョンの設定

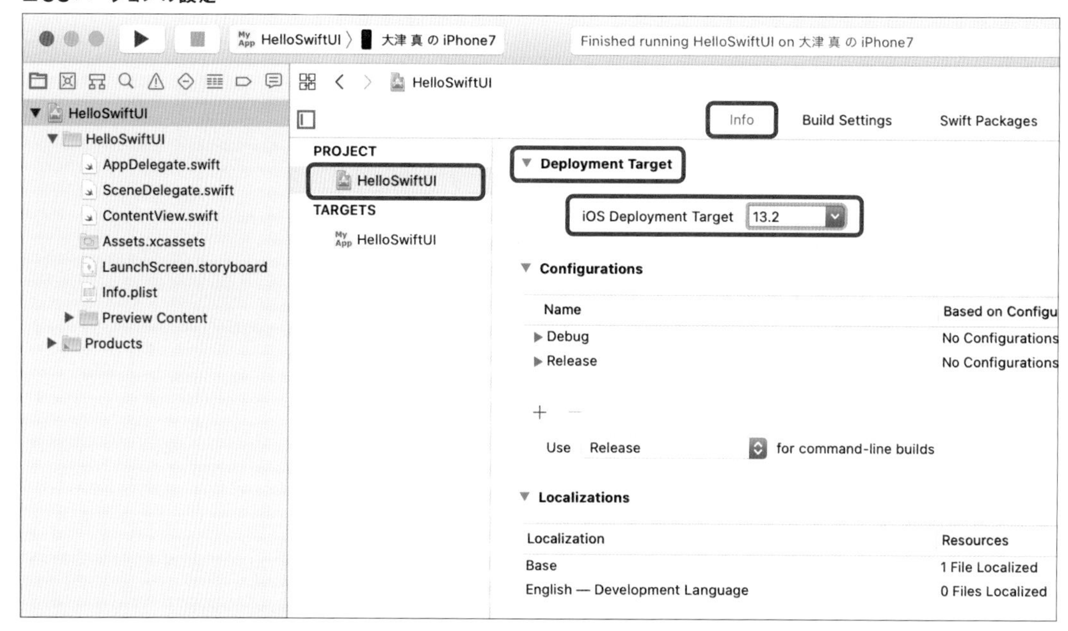

1-2-6 ソースファイルを選択する

プロジェクトナビゲータでソースファイルなどのテキストファイルを選択すると、「エディタ」エリアはソースエディタに切り替わります。Swiftのソースファイルの拡張子は「**.swift**」です。「ContentView.swift」のようなビューを選択すると、キャンバスにプレビューを表示できます。

それ以外のソースファイルは編集画面のみが表示されます。たとえば、プロジェクトナビゲータの「プロジェクト名」→「AppDelegate.swift」を選択すると、AppDelegateクラスが記述されたソースファイルが「エディタ」エリアに表示され、編集可能な状態になります。

■ ソースファイルを選択

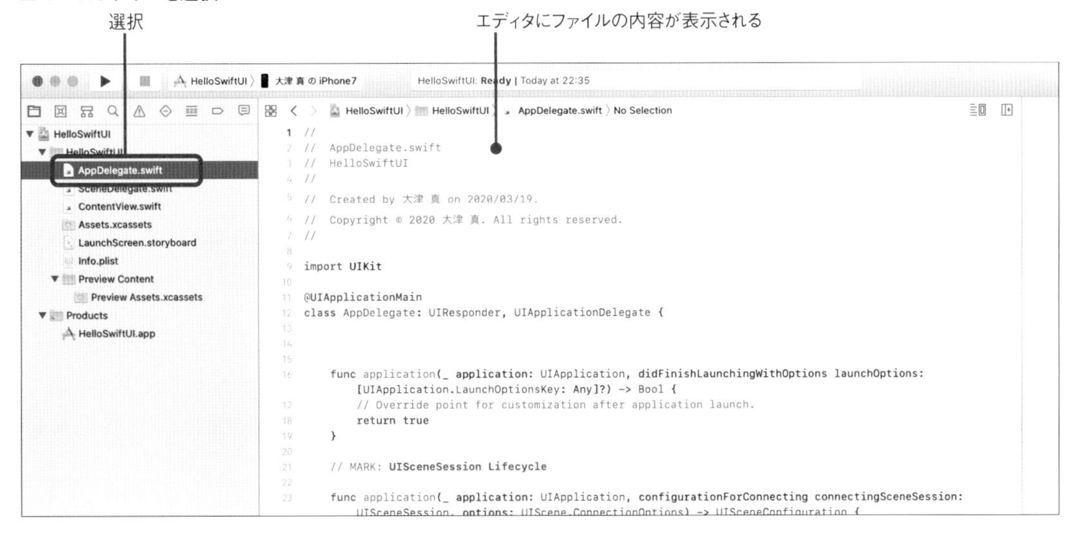

1-2-7 プレビューで使用するデバイスを変更するには

Xcodeでは、ビルドの設定や、実行ファイル、デバッガの構成などをまとめて、「**スキーム**」という単位で管理しています。デフォルトではプロジェクト名と同じ名前の汎用的なスキームがひとつ用意されています。たとえば、「HelloSwiftUI」プロジェクトなら「HelloSwiftUI」というスキームが用意されています。スキームはツールバーの、「**スキーム**」ドロップダウンリストで確認できます。

■ スキーム

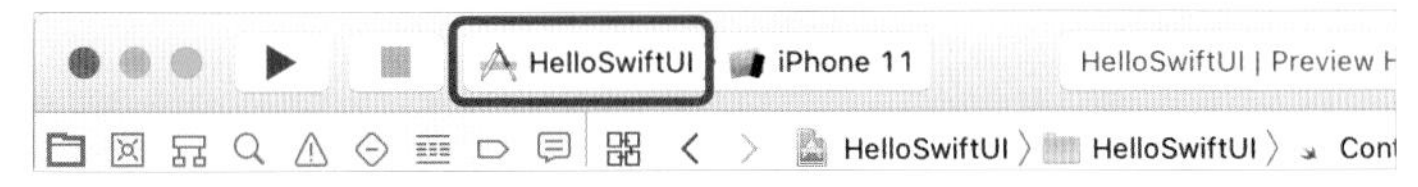

スキーム名の右側のデバイス名をクリックすると表示されるドロップダウンリストには、現在有効なデバイスの一覧が表示されます。デバイスを変更すると、キャンバスのプレビューがそのデバイスのものに変更されます。

■デバイスの選択

1-2-8 iOSシミュレータでのテスト

アプリを**iOSシミュレータ**（「Simulator」アプリ）で実行するには、スキーム名の右側のドロップダウンリストでデバイスを選択し、「**Run**」ボタン▶をクリックします。

■「Run」ボタン

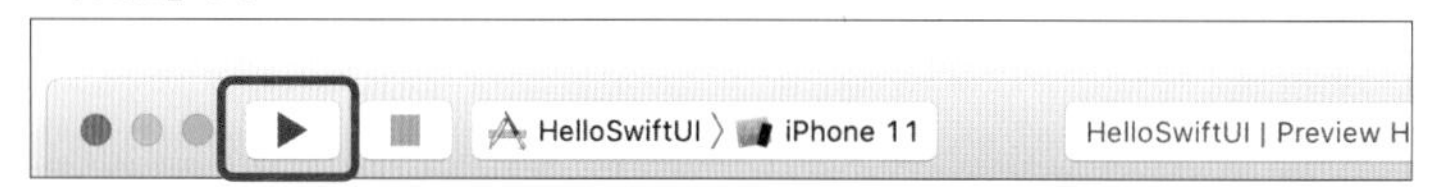

するとiOSシミュレータが起動し、アプリが実行されます（下左図）。

iOSシミュレータで「ホーム」画面を表示するには、上部の「**Home**」ボタンをクリックするか、「Device」メニューから「Home」（shift＋⌘＋H）を選択します（下右図）。

■ iOSシミュレータで実行

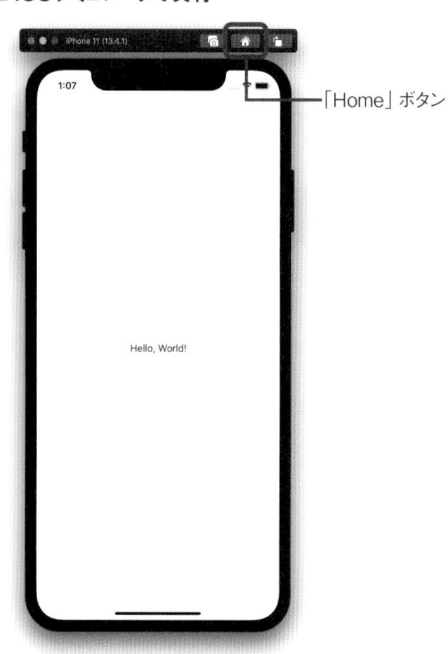

「Run」ボタンをクリックすると「Simulator」が起動し、アプリが実行される

■「Home」画面

「ホーム」画面を表示するには「Home」ボタンをクリック

◉iOSシミュレータを日本語化する

iOSシミュレータには、実機と同じように「Safari」や「Settings」（設定）、「Photos」（写真）などといったアプリケーションがインストールされています。ただし、デフォルトでは言語設定が英語なので、必要に応じて日本語に変更しましょう。

「Settings」アプリケーションを開いて、「General」→「Language & Region」→「iPhone Language」で「日本語」を選択します。

■iOSシミュレータを日本語化

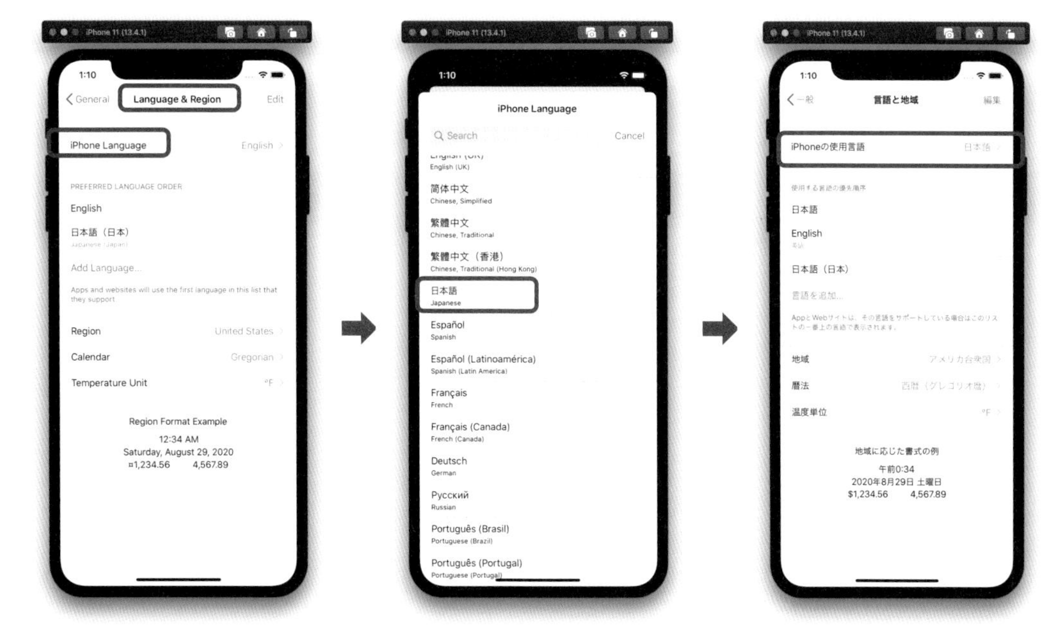

以上で表示が日本語になります。

■日本語化された「Home」画面

◉アプリケーションアイコンの設定

　アプリケーションのアイコンは、プロジェクトナビゲータから「**Assets.xcassets**」（アセットカタログ）を選択し「**AppIcon**」で設定します。アイコン画像のフォーマットはPNG形式です。

■「AppIcon」

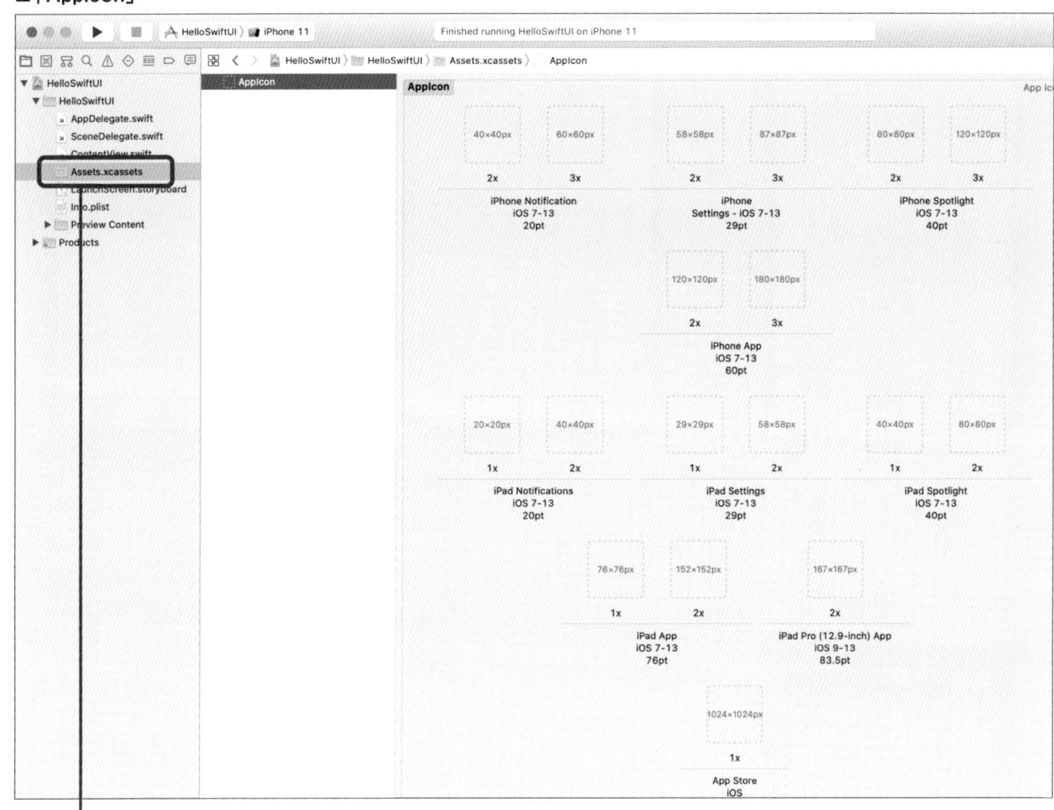

「Assets.xcasssets」を選択

　アイコンはデフォルトではなにも登録されていません。

　iOSデバイスでは「App」（アプリアイコン）、「Spotlight」（スポットライト）、「Settings」（設定）、「Notification」（通知）のサイズの異なる4種類のアイコンが使用されます。また、それら以外に、App Storeでの配布用にもアイコンが必要です。

　作成したアイコンは、FinderからAppIconにドラッグ＆ドロップで登録できます。これらのアイコンは、自分で個々のサイズを用意することもできますが、ひとつの画像からそれぞれのサイズのアイコンを生成してくれるサービスを利用すると便利です。

　たとえば、「**App Icon Generator**」のWebサイトでは「1024×1024ピクセル」の画像からiOS用のすべてのサイズのアイコンを自動生成してくれます。

■ アプリケーションアイコンの各サイズを自動生成できるApp Icon Generator（https://appicon.co）

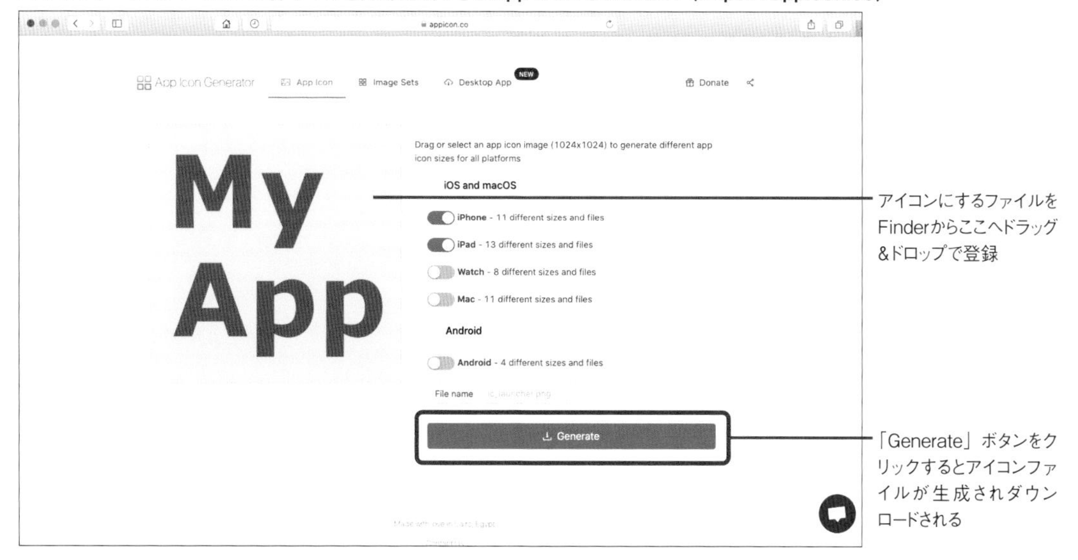

ダウンロードしたZipファイルを解凍すると、アセットカタログのフォルダ「Assets.xcassets」が用意されるので次のようにして登録します。

1. Xcodeの「プロジェクトナビゲータ」で「Assets.xcassets」を選択します。
2. 「Assets.xcassets」を右クリックして表示されるメニューから「Delete」を選択して削除します。
3. 削除した領域にFinderから「Assets.xcassets」をドラッグします。
4. 次のようなダイアログボックスが表示されるので、「Copy items if needed」をチェックし、「Finish」ボタンをクリックします。

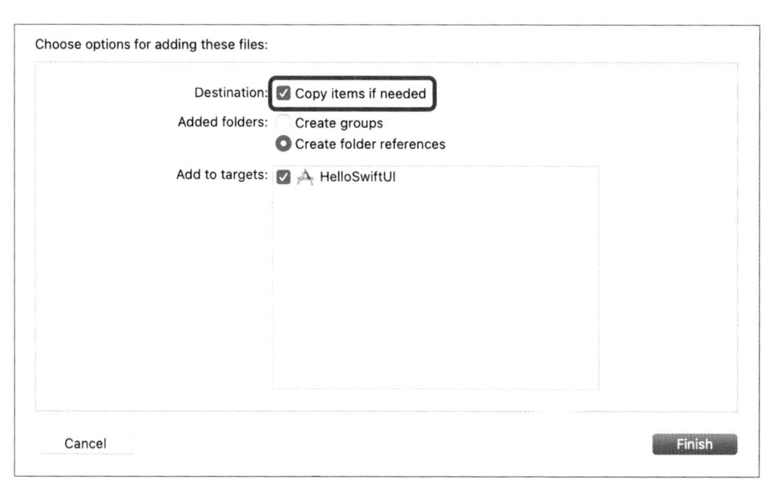

以上で、アイコンが登録されます。

■アイコンが登録された

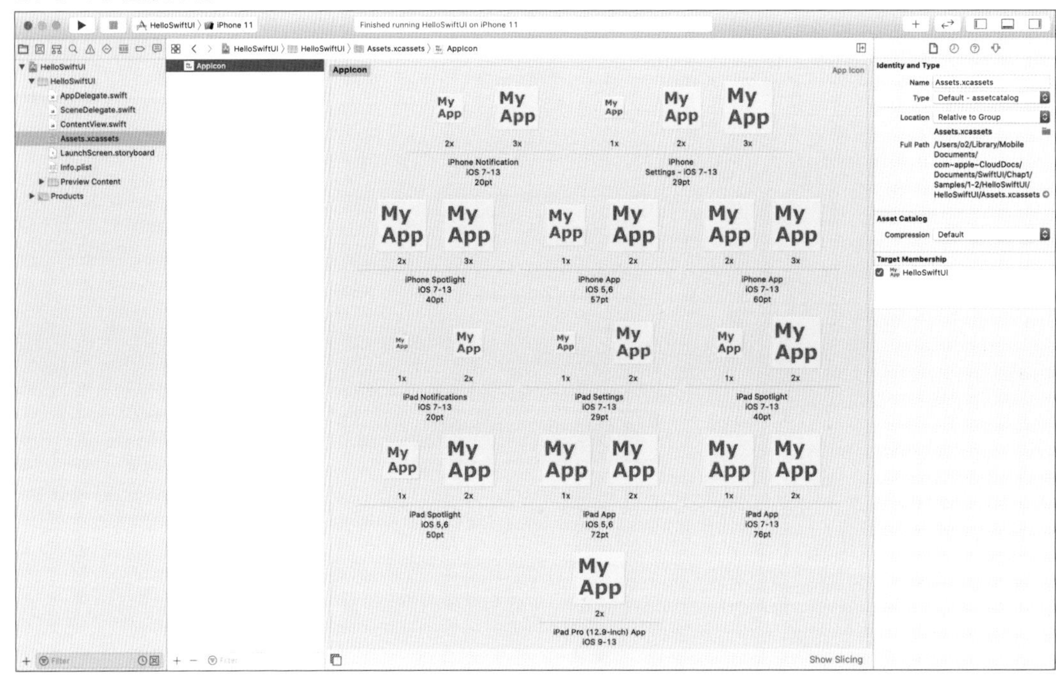

シミュレータで確認すると、アプリにアイコンが設定されたことがわかります（アイコン画像の角の丸い部分は自動的に設定されます）。

■アイコンが設定される

1-2-9 実機で実行する

開発中のiOSアプリを実機にインストールして実行することもできます。

1 実機とMacをUSBケーブルで接続し、iPhoneのロックを解除します。

2 「スキーム」のデバイスで実機を選択します。

3 「Run」ボタン ▶ をクリックします。

4 初めて実機でテストする場合には、開発者を「信頼できるデベロッパ」として許可する必要があります。iPhoneの「設定」アプリの「一般」→「デバイス管理」→「Apple Development: アカウント」を選択し、表示される「"Apple Development: アカウントのApp"をこのiPhoneで信頼」ダイアログボックスで「信頼」をタップします。

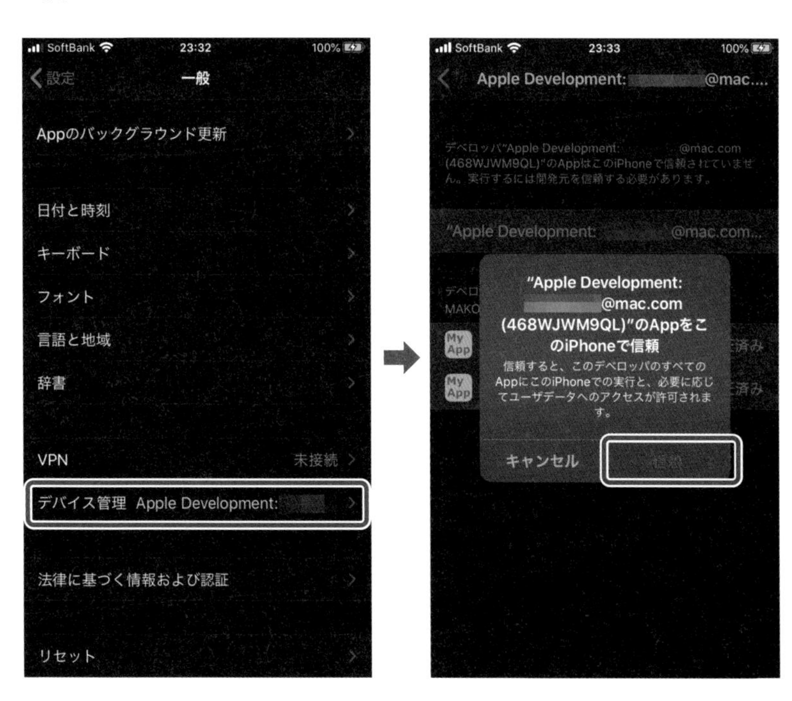

以上で、実機でアプリが起動します。

■実機でアプリを起動

NOTE Apple Developer Programの有料プログラムのメンバーシップに登録していない場合には、1週間に10個以上のアプリをビルドすると、実機でのテストはできなくなります（1週間経過すると再び実行できるようになります）。また、無料アカウントの場合、同時に実機にインストールできるアプリは2つまでです。

Chapter 2

SwiftUIアプリを作成するための Swift言語のポイント

この章では、SwiftUIでアプリケーションを
構築するために不可欠な
Swift言語の概要について説明します。
とくにクロージャ、関数、構造体が
SwiftUIをマスターする上での
重要なポイントになります。

Learning SwiftUI
with Xcode
and Creating
iOS Applications

2-1 Swiftの概要とPlaygroundについて

Learning SwiftUI with Xcode and Creating iOS Applications

この節では、まずSwift言語の特徴について説明します。そのあとで、Swiftプログラムのリアルタイムな実行環境であるPlaygroundを使ってSwiftプログラムを実行する方法について説明します。

POINT

この節の勘どころ

- ◆ Swiftはオブジェクト指向言語
- ◆ 構造体とクラスからインスタンスを生成する
- ◆ 関数型プログラミングのアプローチも可能
- ◆ コードを試すのに便利なPlayground

2-1-1 Swiftはどんな言語？

Swiftは、「**オブジェクト指向言語**」に分類されるプログラミング言語です。さらに、最近のモダンなプログラミング言語の特徴である**関数型プログラミング**のエッセンスを取り入れています。

以下に、オブジェクト指向言語の概要と、関数型プログラミングのメリットをざっと説明しておきましょう。

◉オブジェクトとインスタンス

「**オブジェクト**」(object)とは、日本語では「**もの**」というような意味です。オブジェクト指向言語では、プログラムの対象をオブジェクト、つまり「もの」としてとらえてプログラミングを行います。

Swift言語では、オブジェクトを生成するための設計図のようなものとして「**クラス**」(class)と「**構造体**」(structure)の2種類が用意されています。ただしSwiftUIでは、構造体のほうが速度的に有利という理由などから、構造体がメインで使用されます。

構造体やクラスから生成されて使用可能な状態になったオブジェクトを「**インスタンス**」と呼びます。たとえば、床掃除用のロボット掃除機を例にすると、「**Robot**」という構造体から、「**myRobot**」や「**yourRobot**」といったインスタンスを生成できます。

■ 構造体からインスタンスを生成

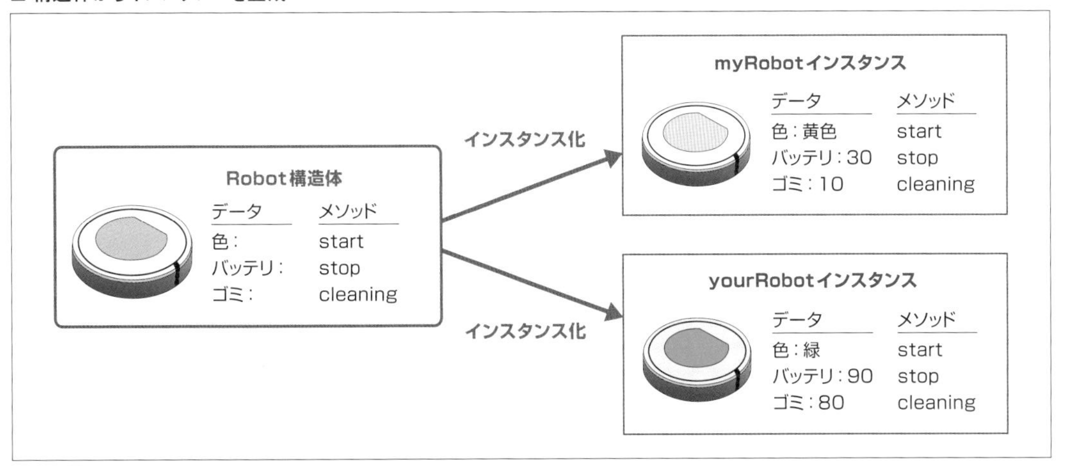

各インスタンスには、必要なデータを「変数」として持つことができます。たとえば、掃除用ロボットでは、「色」「バッテリの残量」「ゴミの量」といったデータが思いつくでしょう。このようなインスタンスに固有のデータのことを「**プロパティ**」や「**インスタンス変数**」といいます。

また、オブジェクトに対する指令のことを「**メッセージ**」と呼びます。オブジェクトにメッセージを送ると、対応する「**メソッド**」が呼び出されます。たとえば、ロボットに「掃除開始」というメッセージを送ると、対応するメソッドが呼び出され、ロボットが動き出すといったイメージです。

■ オブジェクトにメッセージを送る

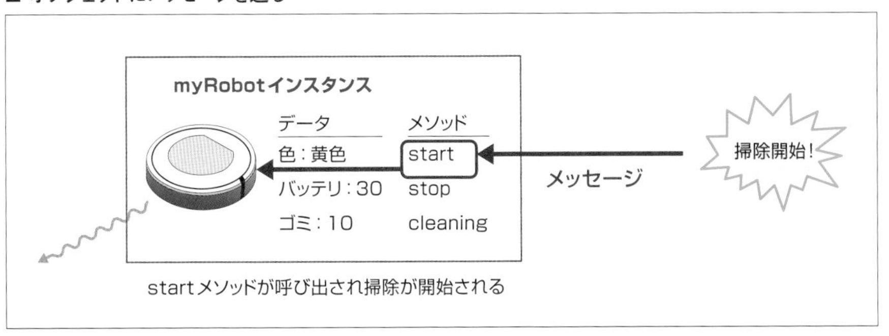

startメソッドが呼び出され掃除が開始される

◉関数型プログラミングのメリットは？

関数を主体にして処理を行う言語を「**関数型言語**」などと呼びます。純粋な関数型言語としてはHaskellなどが有名です。関数型言語というとちょっと特殊な言語といったイメージを持つ方もいるかもしれませんが、PythonやRuby、JavaScriptなど最近のモダンな言語には、関数型言語のプログラミング・スタイルを取り入れているものが少なくありません。その大きな理由は、関数型プログラミングにおける記述のシンプルさと生産性の高さにあると言われます。最新の言語であるSwiftも関数型プログラミングのエッセンスを取り入れています。

ここでは、関数型プログラミングの便利さの一端をお見せしましょう。なお、これを理解するには配列やforループなどのプログラミングの基礎知識が必要になりますので、プログラミング初心者の方は、シンプルに記述できるといったイメージだけでも掴んでいただければと思います。

たとえば、数値が格納されている配列**myArray**があるとしましょう。配列とは複数の値を格納・管理できるデータ型です。配列myArrayから正の値の要素のみを取り出して、値を2倍して、新たな配列newArrayに格納するという処理を行いたいとします。

これを、関数型プログラミング的アプローチを取らずに、伝統的な繰り返しの制御構造である**forループ**を使用して行うSwiftプログラムの例は次のようになります。

```
var myArray = [10, -8, 5, 6, -4, 1, 21]
var newArray = [Int]()

for value in myArray {
    if  value > 0 {
        newArray.append(value * 2)
    }
}
```

上記のプログラムでは、配列myArrayの要素をforループで順に取り出して、正の数であれば、それを2倍し、配列newArrayに格納するという処理を行っています。

同じことを、関数型プログラミング的アプローチを使用して行うと次のようになります。

```
var myArray = [10, -8, 5, 6, -4, 1, 21]
var newArray = myArray.filter{$0 > 0}.map{$0 * 2}  ←❶
```

細かな説明は省略しますが、上記の❶では次のような手順で処理を行っています。

1 配列myArrayからfilterメソッドを使用して正の値の要素を取り出した配列を戻す
2 mapメソッドを使用して1の配列の要素を2倍にした配列を戻す

■ ❶の処理

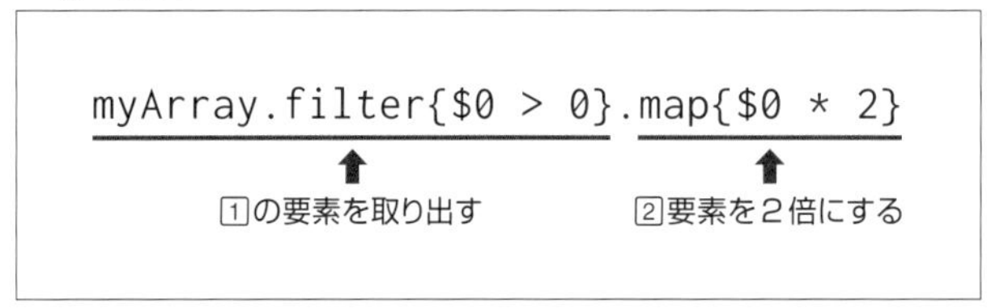

どうでしょう? 見た目もシンプルですし、処理の内容もわかりやすいのではないでしょうか。

2-1-2 Playgroundを利用する

XcodeにはSwiftのプログラムの実験や検証に便利なインタラクティブな実行環境である「**Playground**」が用意されています。Playgroundとは日本語では「遊び場」の意味です。入力したコードをPlayground内で実行し結果を確認できます。

Swiftプログラムの学習用に使用できることはもちろん、プロジェクトの作成時に、コードのアイデアをPlaygroundで検証しながら作成し、まとまったらプロジェクト内のソースファイルにコピ＆ペーストするといった使い方も可能です。

◉ Playgroundファイルを作成する

Playgroundは、プロジェクトとは別の**Playgroundファイル**として作成します。拡張子は「**.playground**」です。

Xcodeの起動時にPlaygroundファイルを作成するには、次のようにします。

1 「Welcome to Xcode」画面で「Get Started with a playground」を選択します。

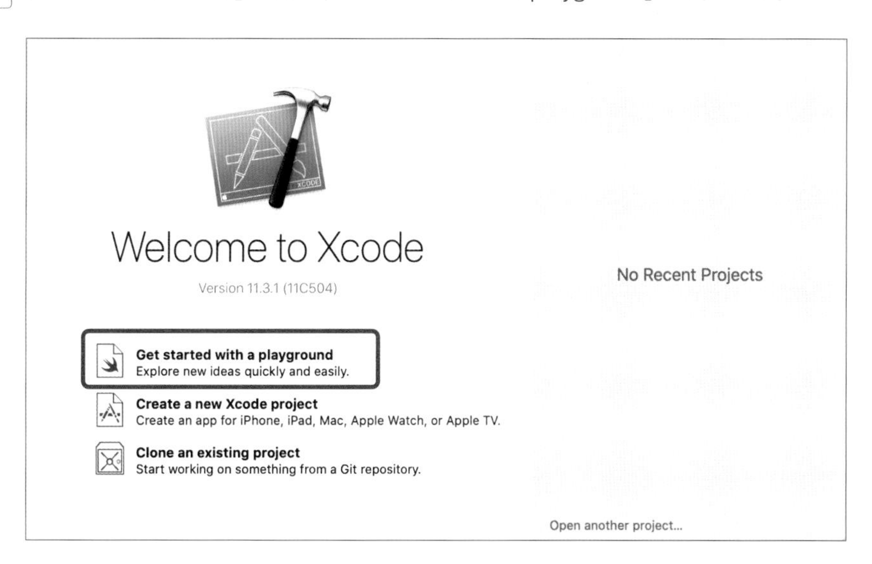

NOTE 「File」メニューから「New」→「Playground」を選択しても同じです。

2 「Choose a template for your new playground」画面でPlaygroundファイルのタイプを選択します。次の例では「iOS」の「Blank」を選択しています。

NOTE Playgroundファイルの拡張子「.playground」は自動的に付加されます。

3 次の画面でPlaygroundファイルの保存先を設定し「Create」ボタンをクリックします。

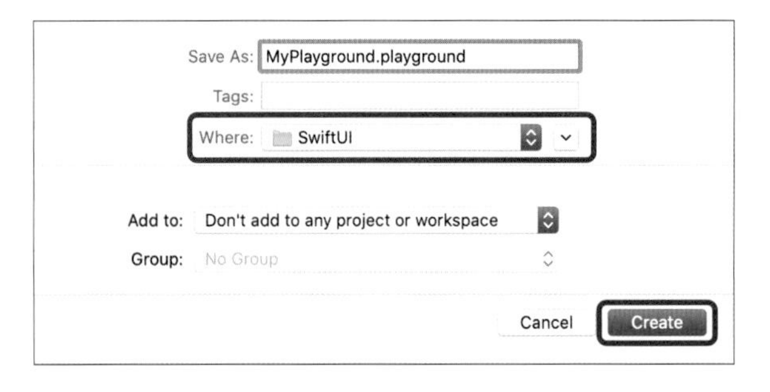

NOTE 「Add to:」ドロップダウンリストでプロジェクトを選択することで、Playgroundファイルをプロジェクトの一部として設定できます。

以上で、Playgroundファイルが作成され、エディタで開かれます。

NOTE 複数のPlaygroundファイルを同時に開いておくことも可能です。なお、既存のPlaygroundファイルを開く場合には「File」メニューから「Open」を選択し、目的のPlaygroundファイルを選択します。

■ Playgroundファイル

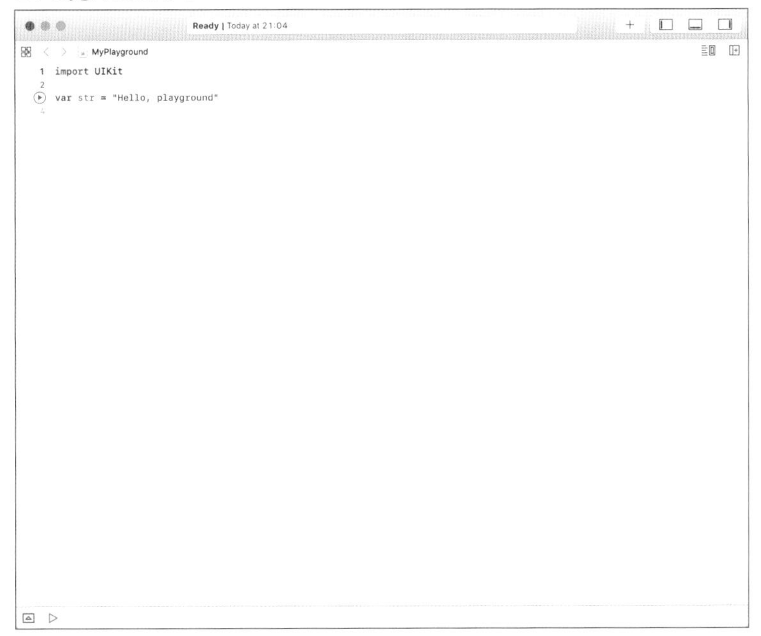

◉ Playgroundのウィンドウ構成

プラットフォームに「iOS」を選択した場合には、iOSのGUIを作成するのに必要な**UIKit**モジュールがインポートされています。UIKitはSwiftUI以前に広く使用したフレームワークです。このChapterのサンプルでは使用しないので削除してもかまいません。

その下にはサンプルのコードが入力されています。デフォルトでは変数**str**に「"Hello, playground"」という文字列を代入するステートメントが入力されています。Playgroundのエディタは2つの領域に分かれていて左側にコードを入力します。右側に変数の内容などが表示されます。

■ print関数を2つ追加

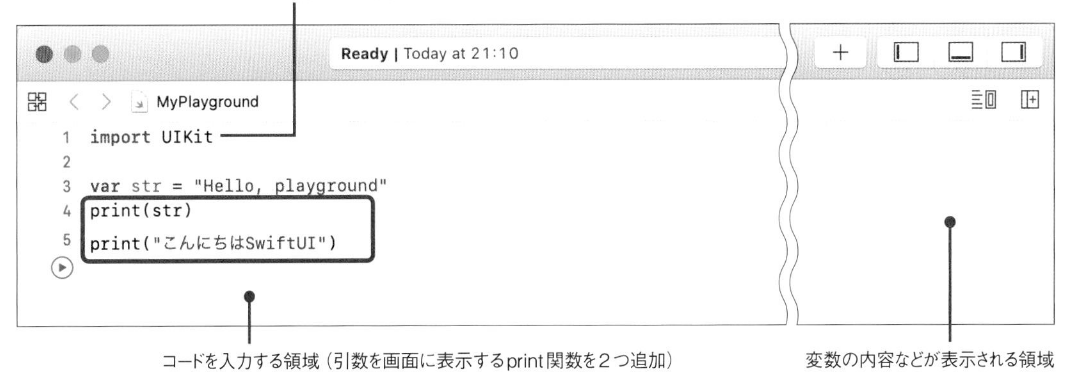

上図の例では、引数を画面に表示する**print**関数を2つ追加しています。

◉コードを実行する

コードを実行するには、「**Play**」ボタンをクリックします。すると「**Console Output**」に出力が表示されます。

■ コードを実行する

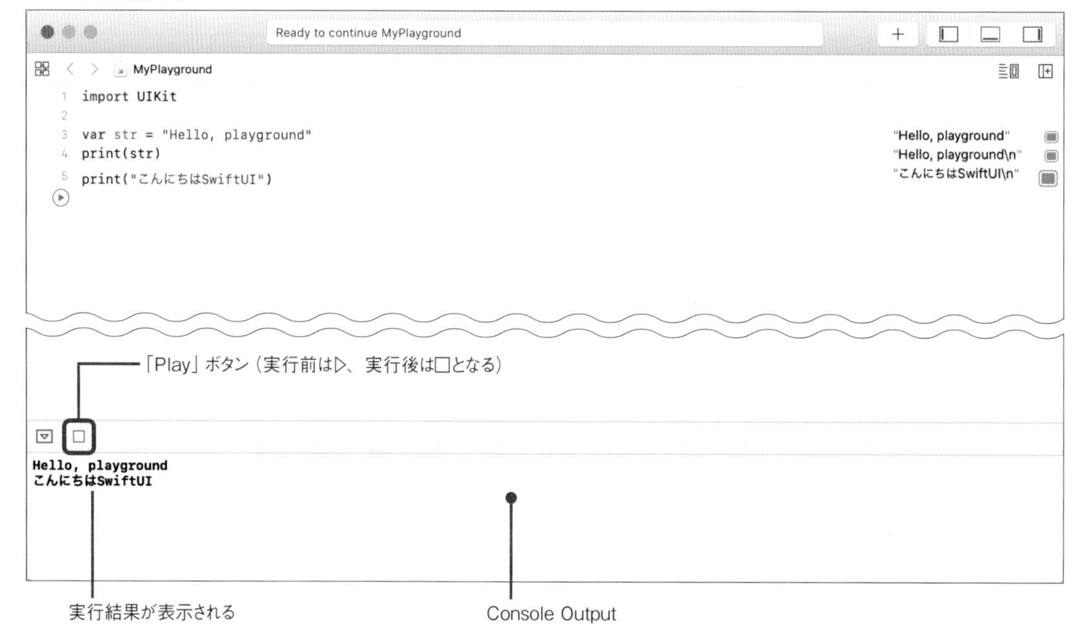

NOTE コードを指定した位置まで実行するには、行番号の左に表示される▶ボタンをクリックします。▶ボタンは、マウスポインタを行番号にあわせるとその位置に移動します。

◉自動実行する

エディタでコードを編集した時点でプログラムを自動実行するように設定できます。それには「Play」ボタンを押すと表示されるメニューから「**Automatically Run**」を選択します。

■ コードを自動実行するには「Automatically Run」を選択

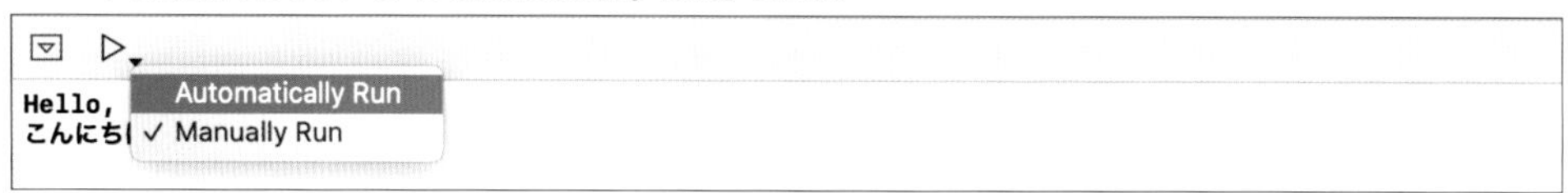

◉Playgroundファイルはバンドル

通常のSwiftプログラムのソースファイルと異なり、Playgroundファイルは単純なテキストファイルではありません。複数のファイルから構成された**バンドル**（パッケージファイル）です。

■ Playgroundファイル

バンドルの内容を表示するには、Playgroundファイルのアイコンを右クリックしメニューから「**パッケージの内容を表示**」を選択します。するとバンドルの内容が表示されます。

■ バンドルの内容を表示

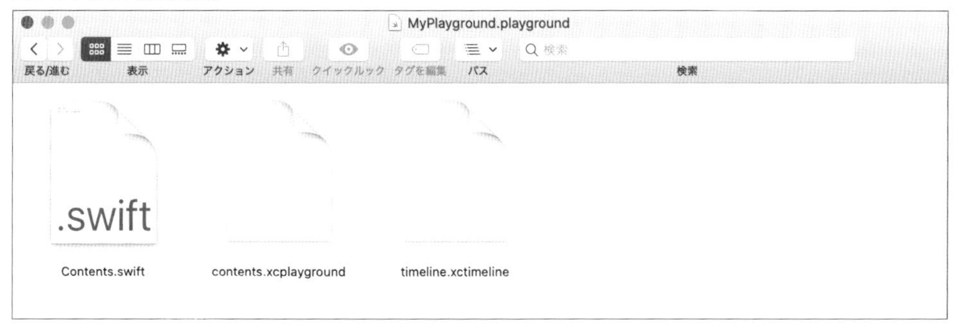

「**Contents.swift**」がPlaygroundで入力したプログラムが格納されたSwiftのソースファイル（テキストファイル）です。

column

Swift Playgrounds

本書ではSwift言語のすべてを解説していませんので、Swift言語が初めての方は別の入門書やインターネットのサイトなどで学習する必要があります。

プログラミングの初心者におすすめなのが、楽しく遊びながらSwiftのコードの基礎を学べるアプリ「**Swift Playgrounds**」（Mac版のアプリ名は「Playgrounds」）です。Swift PlaygroundsはiPadおよびmacで動作するアプリです。App Storeから無料でダウンロードできます。

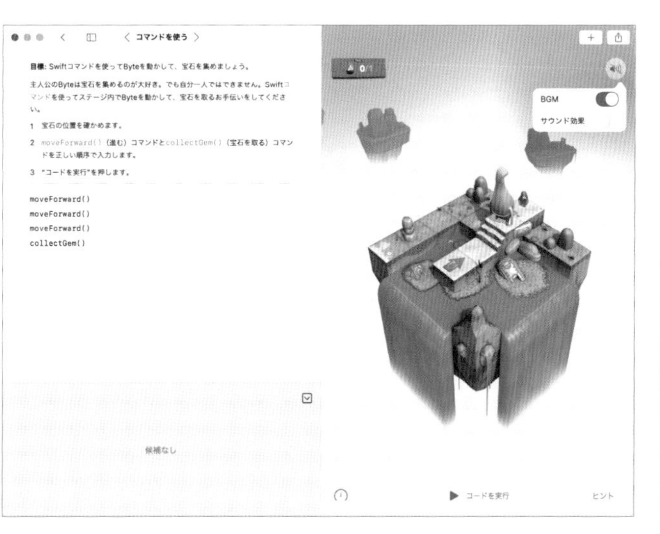

2-2 Swiftのデータ型を理解する

Learning SwiftUI with Xcode and Creating iOS Applications

この節では、Swift言語における基本的なデータの型について説明します。実際にPlaygroundを使用して確認しながら読み進めるとよいでしょう。

POINT

この節の勘どころ

- ◆ 型を自動認識する型推論
- ◆ 整数はInt型、小数はDouble型、文字列はString型が基本
- ◆ オブジェクトはイニシャライザで生成する
- ◆ データをまとめて管理する配列と辞書

2-2-1 ステートメントとコメントについて

プログラムにおける1つの文のことを「**ステートメント**」といいます。Swiftではステートメントの終わりにセミコロン「;」は不要です。記述しても問題ありませんが、記述しないのがSwiftの流儀です。次のステートメントは、引数を画面に表示する**print**関数を実行しています。

```
print("Hello")
```

ただし、1行に複数のステートメントを記述する場合には、ステートメントの区切りとしてセミコロン「;」が必要になります。

```
print("Hello"); print("Swift")
```

◉コメント

「**コメント**」はソースファイルに記述する注釈です。実行時には無視されます。Swiftでは、「//」以降、その行の終わりまでがコメントとなります。

```
// これはコメントです。
print("Hello, World!")   //これはコメントです。
```

↑ これ以降がコメント

複数行をまとめてコメントにすることもできます。「/*」から「*/」までの範囲がコメントになります。

```
/*
    コメント行1
    コメント行2
    コメント行3
    ...
*/
```

2-2-2 変数の宣言

すべてのデータには「**型**」(Type) があります。たとえば整数の基本は**Int**型、文字列は**String**型です。Swiftは型に厳格な言語です。たとえばInt型の変数にString型の値を代入するといったことはできません。

変数を使用するためにはあらかじめ宣言しておく必要があります。変数は**var**キーワードで宣言します。

■ 変数の宣言

```
var 変数名: 型
```

宣言済みの変数に値を代入するには次のようにします。

■ 変数に値を代入

```
変数名 = 値
```

Int型の変数ageを宣言して、値を代入するには次のようにします。

```
var age: Int
age = 29
```

次のように1行で記述してもかまいません。

```
var age: Int = 29
```

なお、定数(値を変更できない変数)は**let**キーワードで宣言します。

```
let myName: String = "山田太郎"
```

NOTE 「=」の前後には1つ以上のスペースが必要です。

```
let myName: String="山田太郎"    ←「=」の前後にスペースがないとエラー
```

2-2-3 型を自動認識する型推論

変数の宣言時に、型を指定することを「**型アノテーション**」といいます。変数（または定数）を宣言すると同時に値を代入する場合には、「型アノテーション」を省略し、型を判定してくれる機能があります。これを「**型推論**」と呼びます。

代入する値が整数の場合には**Int型**、小数の場合には**Double型**、文字列の場合には**String型**と判定されます。

```
var height: Int = 100
```

⬇ 型アノテーションを省略

```
var height = 100
```

```
let myName: String = "山田太郎"
```

⬇ 型アノテーションを省略

```
let myName = "山田太郎"
```

2-2-4 基本的な型を知ろう

Swiftで用意されている基本的なデータの型（Type）について説明しましょう。Swiftではすべてのデータはオブジェクトです。すべての型は「**構造体**」もしくは「**クラス**」として定義されています。数値や文字列など基本的な型は構造体です。

◉ 整数型

整数型の代表が**Int型**です。それ以外にもデータ長に応じて、「**符号付整数型**」と「**符号なし整数型**」が各4種類、合計8種類の整数型が用意されています。

■ 整数型

符号付き	符号なし	データ長
Int	UInt	32ビット環境では32ビット、64ビット環境では64ビット
Int8	UInt8	8ビット
Int16	UInt16	16ビット
Int32	UInt32	32ビット
Int64	UInt64	64ビット

Int型以外の整数型を使用するには、型アノテーションが必要です。たとえば**Int8型**の変数ageを宣言して、値に「22」を代入するには次のようにします。

```
var age: Int8 = 22
```

◉浮動小数点数型

小数を表せる浮動小数点型には、**Double型**と**Float型**の2種類が用意されています。

■ 浮動小数点数型

型	データ長
Float	32ビット
Double	64ビット

型アノテーションなしで宣言し、小数の値を代入するとDouble型になります。

```
var num1 = 3.14     ←Double型
```

Float型の変数を宣言するには、型アノテーションをする必要があります。

```
var height: Float = 174.5      ←Float型
```

◉Bool型

Bool型は真偽値を表すデータ型です。値としては「**true**」もしくは「**false**」のどちらかを取ります。

```
var isTrue: Bool = true
```

Bool型にも型推論が働くため、上記の例は次のようにしても同じです。

```
var isTrue = true
```

◉String型（文字列）

文字列は**String型**です。これはString構造体のインスタンスです。文字列はダブルクォーテーション「"」で囲みます。

```
let myName: String = "山田太郎"
```

型推論が働くため、上記の例は次のようにしても同じです。

```
let myName = "山田太郎"
```

NOTE シングルクォーテーション「'」は使用できません。

```
let myName: String = '山田太郎'     ←これはエラー
```

複数行の文字列は「"""」で囲みます。

```
var lines = """
これは1行目
これは1行目
これは2行目
"""
```

2-2-5 数値演算を行う演算子

次に、Swiftに用意されている四則演算と剰余算を行う**演算子**を示します。

■ 基本的な演算子

演算子	説明
+	加算
-	減算
*	乗算
/	除算
%	剰余算

なお、「+」演算子は文字列の連結にも使用できます。

```
let greeting = "Hello" + " " + "Swift"    ← "Hello Swift"になる
```

次のような代入演算子も用意されています。

■ 演算を行って元の変数に代入する演算子

演算子	説明	例
+=	足し算を行って結果を元の変数に代入	num += 3
-=	引き算を行って結果を元の変数に代入	num -= 4
*=	かけ算を行って結果を元の変数に代入	num *= 4
/=	割り算を行って結果を元の変数に代入	num /= 4

NOTE

インクリメント「++」とデクリメント「--」は、Swift 3以降では廃止されました。

column

データ長を調べるには

Swift 3以降では、型のデータ長を調べるには「MemoryLayout<T>.size」(「T」は型)を使用します。右のようにして使用します。

```
print(MemoryLayout<Int>.size) // -> 8
print(MemoryLayout<Float>.size) // -> 4
print(MemoryLayout<Double>.size) // -> 4
print(MemoryLayout<Bool>.size) // -> 1
```

2-2-6 式展開で文字列内に値を埋め込む

「**式展開**」(String Interpolation) と呼ばれる機能を使用すると、文字列リテラル内に変数や式の結果を埋め込むことができます。埋め込みたい部分に「**\(変数や式)**」を記述します。

例1 変数を埋め込む

■ SwiftTest1.playground (一部)

SAMPLE Chapter2➡2-2➡SwiftTest1.playground

```
let yourName: String = "田中一郎"
print("こんにちは\(yourName)さん")
```

■実行結果

```
こんにちは田中一郎さん
```

例2 計算式を埋め込む

■ SwiftTest1.playground (一部)

```
var num1 = 10
print("結果: \(num1 * 100)円")
```

■ 実行結果

```
結果: 1000円
```

2-2-7 オブジェクトを生成する

ステートメントに記述した「100」「3.14」といった数値や、「"Hello Swift"」のような文字列を「**リテラル**」といいます。

```
var num1 = 3.14   ← 数値のリテラル
var str = "Hello Swift"   ← 文字列のリテラル
```

リテラルが用意されていない構造体やクラスからオブジェクトを生成するには、「**型名(引数)**」のようなシンプルな形式の「**イニシャライザ**」を使用します。

たとえば、日付時刻を管理する構造体に**Date**がありますが、Dateイニシャライザを引数なしで実行すると、現在の日付時刻を管理するDateオブジェクトが生成されます。

```
let now: Date = Date()
```

この場合も型推論が働くので型アノテーションは省略できます。

```
let now = Date()
```

2-2-8 データ型の変換について

Swiftは型に厳格なため、たとえ数値どうしであっても整数型の値を浮動小数点数型の変数に代入することはできません。これは精度が落ちない場合でも同じです。次のように、**Int型**の変数を、**Double型**の変数に代入しようとするとエラーになります。

```
let num3: Int = 10
var num4: Double = num3    ←エラー
```

この場合、Double型のイニシャライザを使用して型変換する必要があります。

■ SwiftTest1.playground（一部）

SAMPLE Chapter2➡2-2➡SwiftTest1.playground

```
let num3: Int = 10
var num4: Double = Double(num3)
```

ただし、「10」のような整数値のリテラルをDouble型の値に直接代入するのはOKです。

```
var num5: Double = 10
```

◉数値と文字列の変換

数値を文字列に変換するにはString型のイニシャライザを使用します。

```
let num5 = 2021
let year = String(num5)
```

逆に数字の文字列を数値に変換するには、Int型やDouble型のイニシャライザを使用します。

```
let ageStr = "15"
let age = Int(ageStr)
```

2-2-9 複数の値をまとめるタプル

複数の値をまとめて1つの値として管理するデータ型に「**タプル**」（tuple）があります。タプルは、Python言語をご存知の方にはおなじみのデータ型でしょう。

タプルのリテラルは値をカンマ「,」で区切り、全体を「**( )**」で囲みます。

■タプル

```
(値1, 値2, ...)
```

それぞれの値のデータ型は異なっていてもかまいません。

型アノテーションをする場合、型をカンマ「,」で区切り、全体を「( )」で囲みます。たとえば、名前(String型)と年齢(Int型)を管理するタプルを生成し、変数person1に格納するには次のようにします。

```
var person1: (String, Int) = ("江藤花子", 35)
```

タプルの場合も型推論が働くので、宣言と同時に値を代入する場合には型アノテーションは省略できます。

```
var person1 = ("江藤花子", 35)
```

タプルの各要素には、「**変数名.番号**」でアクセスできます。番号は先頭の要素を0とする整数値です。

■ **SwiftTest1.playground (一部)**

```
var person1 = ("江藤花子", 35)
print(person1.0)
person1.1 = 40        ←2番目の要素を「40」に
print(person1)
```

■ **実行結果**

```
江藤花子
("江藤花子", 40)
```

値の前に「**名前:**」を記述することにより、それぞれの要素に名前を付けることができます。

■ **要素に名前を付ける**

```
(名前1:値1, 名前2:値2, 名前3:値3, ...)
```

これで、各値には「変数名.名前」でアクセスできます。

■ **SwiftTest1.playground (一部)**

```
var customer1 = (number:101, name:"木村太郎", age:43)
print(customer1.name)     ←nameの値を表示
customer1.age += 1        ←ageの値に1を足す
print(customer1.age)      ←ageの値を表示
```

■ **実行結果**

```
木村太郎
44
```

2-2-10 配列(Array)の基本操作

複数のデータをまとめて取り扱う型のことを「**コレクション型**」と呼びます。Swiftにはコレクション型として、**配列**（Array）、**辞書**（Dictionary）、**セット**（Set）といった構造体が用意されています。

まずは、「配列」について説明しましょう。配列は一連のデータを、変数名とインデックス（添字）でアクセスできるようにしたものです。Swiftでは配列は**Array**構造体のインスタンスです。

配列を宣言する書式は次のようになります。

■配列を宣言する書式

```
var 変数名: Array<型>
```

次のような短縮形も用意されています。

■配列を宣言する書式（短縮形）

```
var 変数名: [型]
```

配列をリテラルとして記述するには要素をカンマ「,」で区切り、全体を「**[ ]**」で囲みます。

Int型の配列**ages**を宣言し、5つの要素を代入するには次のようにします。

```
var ages: Array<Int> = [9, 8, 25, 8, 9]
```

もしくは

```
var ages: [Int] = [9, 8, 25, 8, 9]
```

なお、宣言と同時に値を代入する場合には、型推論が働くので型アノテーションは省略できます。

```
var ages = [9, 8, 25, 8, 9]
```

指定した要素にアクセスするには「**配列名[インデックス]**」という書式を使用します。インデックスは最初の要素を「0」とする整数値です。

次に配列agesから2番目の要素を取り出して変数**myAge**に格納する例を示します。

```
let myAge = ages[1]
```

varで宣言した配列の要素は変更可能ですが、letで宣言した配列の要素は変更できません。

```
var nums1 = [1, 2, 3, 4]    ←varで宣言
nums1[0] = 9    ←要素を変更できる

let nums2 = [1, 2, 3, 4]    ←letで宣言
nums2[0] = 9    ←エラー
```

配列の要素数は**count**プロパティで確認できます。

SAMPLE Chapter2➡2-2➡SwiftTest1.playground

■ SwiftTest1.playground（一部）

```
var names = ["田中一郎", "山田花子", "大木勇魚"]
print(names[1])    ←2番目の要素を表示
print(names.count)  ←要素数を表示
```

■ 実行結果

```
山田花子
3
```

◉要素の追加と削除

varで宣言したSwiftの配列は、要素の値を変更できるだけでなく、要素を削除したり、追加したりできます。つまり要素数をあとから自由に変更可能です。

配列の最後の要素の次に、新たな要素を追加するには**append**メソッドを使用します。

メソッド	**append**
宣言	mutating func append(_ newElement: Int)
説明	配列の最後に要素を追加する

NOTE 「メソッド」の「宣言」はデベロッパードキュメントでのメソッドの書式を示しています。メソッドはfuncで定義します。mutatingはプロパティの内容を変更することを示します。

```
mutating func append(_ newElement: Int)
                     ↑   ↑          ↑
               外部引数名 内部引数名   型
```

外部引数名の「_」は引数名なしで引数を指定できることを表します。

次に、配列**nums1**の最後に「20」を追加する例を示します。

■ SwiftTest1.playground（一部）

```
var nums1 = [9, 8, 25]
nums1.append(20)  ←最後に要素を追加
print(nums1)
```

■ 実行結果

```
[9, 8, 25, 20]
```

指定したインデックス位置の要素を削除するには**remove**メソッドを使用します。途中の要素を削除すると、それ以降の要素が1つずつ前にずれます。

メソッド	**remove**
宣言	@discardableResult mutating func remove(at index: Int) -> Element
説明	指定した位置の要素を削除し、それを戻り値として戻す

NOTE 宣言の「@discardableResult」は戻り値を使用しない場合に警告を出さない指定です。

次に、配列**nums2**の2番目の要素（インデックスが「1」の要素）を削除する例を示します。

■ SwiftTest1.playground（一部）

SAMPLE Chapter2➡2-2➡SwiftTest1.playground

```
var nums2 = [9, 8, 25]
nums2.remove(at: 1)      ←インデックスが1の要素を削除
print(nums2)
```

■ 実行結果

```
[9, 25]
```

NOTE removeメソッドの引数に「at:」が必要な点に注目してください。これは「引数ラベル」と呼ばれるものです。Swiftの関数やメソッドの引数には引数ラベルが必要なものが少なくありません。詳しくは「2-4 関数の定義とクロージャの使い方」（P.073）で解説します。

配列の最初の要素を削除する**removeFirst**メソッド、最後の要素を削除するメソッドとして**removeLast**メソッドが用意されています。

メソッド	**removeFirst**
宣言	@discardableResult mutating func removeFirst() -> Element
説明	配列の最初の要素を削除する

メソッド	**removeLast**
宣言	@discardableResult mutating func removeLast() -> Element
説明	配列の最後の要素を削除する

■ SwiftTest1.playground（一部）

```
var langs = ["Swift", "Java", "C", "Python"]
langs.removeFirst()   ←最初の要素を削除
langs.removeLast()    ←最後の要素を削除
print(langs)
```

■ 実行結果

```
["Java", "C"]
```

2-2-11 辞書（Dictionary）の基本操作

辞書は、キーと値のペアでデータを管理する型です。Swiftでは辞書は**Dictionary**構造体のインスタンスです。辞書の宣言の書式は次のようになります。

■辞書の宣言の書式

```
var 変数名: Dictionary<キーの型, 値の型>
```

もしくは

```
var 変数名: [キーの型: 値の型]
```

ID番号（String型）をキーに、名前（String型）を管理する辞書**customers**を宣言するには次のようにします。

```
var customers: Dictionary<String, String>
```

もしくは

```
var customers: [String: String]
```

辞書をリテラルとして記述するには、「**キー: 値**」のペアをカンマ「**,**」で区切り、全体を「**[ ]**」で囲みます。

■辞書をリテラルとして記述

```
[キー1: 値1, キー2: 値2, キー3: 値3, ...]
```

辞書**customers**を宣言してデータを代入するには次のようにします。

```
var customers: [String: String] = ["M101": "井上徹", "M102": "織田真", "W301":␣⇨
    "岸直子"]
```

※半角スペースを入れて改行せずに続ける

型推論が働くので型アノテーションを省略してもかまいません。

```
var customers = ["M101": "井上徹", "M102": "織田真", "W301": "岸直子"]
```

指定したキーの要素にアクセスするには次のようにします。

■指定したキーの要素にアクセス

```
変数名[キー]
```

たとえば、辞書customresのキーが「"M102"」の要素を表示するには次のようにします。

```
print(customers["M102"]!) // → 織田真
```

NOTE キーを指定して要素を取得するとその値はP.068「2-3-5 オプショナル型の取り扱い」で説明するオプショナル型となります。上記のように最後に「!」を指定すると、「アンラップ」（→P.069）という操作をして値を取り出せます。対応するキーに対する値がない場合にはnil（値がない状態を示す値）が戻されます。

なお、配列と同じようにcountプロパティに要素数が代入されています。

◎要素の変更と追加

varで宣言した辞書は、あとから要素を追加、変更できます。なお、存在しないキーを指定して値を代入すると、辞書に新たなキーと値のペアが登録されます。配列と同じように**count**プロパティ（→P.055）で要素数を確認できます。

次に辞書の使用例を示します。

■ SwiftTest1.playground（一部）

```
var customers: [String: String] = ["M101": "井上徹", "M102": "織田真", "W301": ⇨
    "岸直子"]                          ※半角スペースを入れて改行せずに続ける
customers["M102"] = "織田誠"   ← 要素を変更
customers["W302"] = "田村恭子" ← 要素を追加
print(customers["M102"]!)
print(customers.count)  ← 要素数を表示
print(customers)    ← すべての要素を表示
```

■ 実行結果

```
織田誠
4
["M101": "井上徹", "W302": "田村恭子", "W301": "岸直子", "M102": "織田誠"]
```

NOTE 辞書の要素の順番は、代入した順番とは無関係です。

column

PlaygroundではMarkdown形式のコメントを記述する

Playgroundは、プログラムのテスト環境としてだけでなく、プログラムの学習用のドキュメントとして、あるいはサンプルプログラムをグループで共有するといった場合にも便利です。その際、コードのコメントにリッチなMarkdown記法を使用することが可能です。

複数行のコメントの場合には「/*」のあと、1行コメントの場合には「//」のあとに「:」を記述するとMarkdownとみなされます。

次に、複数行のコメントをMarkdown形式で記述した例を示します。

SAMPLE Chapter2➡2-2➡markdown1.playground

■ markdown1.playground

```
import UIKit
/*:
# Swiftのデータ
 Swiftで用意されている基本的なデータの型（Type）について説明しましょう。Swiftではすべてのデ
 ータはオブジェクトです。すべての型は構造体として定義されています。

## コレクション
-  配列
-  ディクショナリ
-  セット

<http://google.com>
*/
```

「Editor」メニューから「Show Rendered Markup」を選択すると、Markupがレンダリングされて表示されます。通常のコメントに戻すには「Editor」メニューから「Show Raw Markup」を選択します。

■ Markupのレンダリング結果

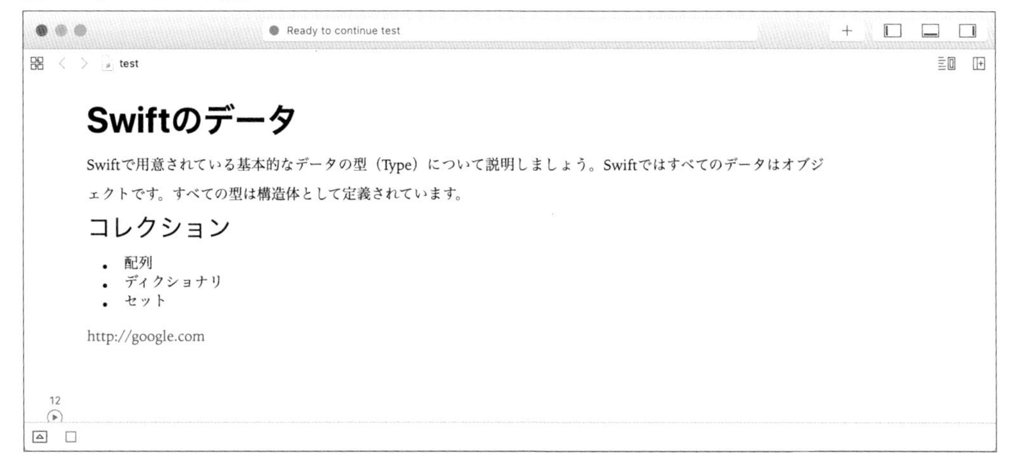

次のようにすることで、コメント部分にイメージを表示することもできます。

1 「ナビゲータ」エリアを表示し、「Resources」フォルダに表示するイメージファイルをドラッグ&ドロップで追加します。

2 Markdownで「`![代替テキスト](イメージファイル名)`」を記述します。

イメージパスにはResourcesは含めない点に注意してください。たとえばbird1.pngというファイルを追加したら「`![ジュウシマツ ](bird1.png)`」のように記述します。

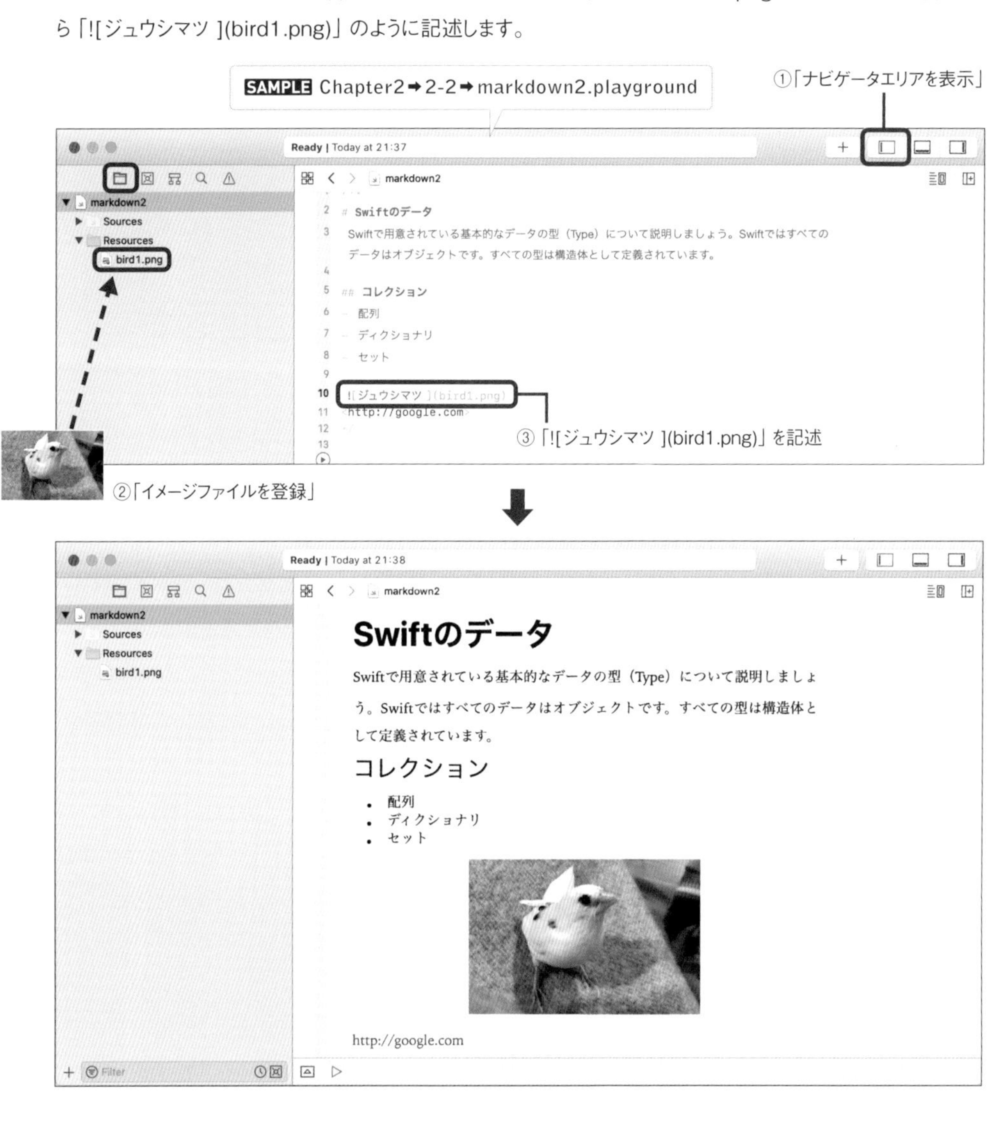

2-3 基本的な制御構造とオプショナル型の取り扱い

Learning SwiftUI with Xcode and Creating iOS Applications

この節では、Swiftにおける「条件分岐」や「繰り返し」といった制御構造の概要と注意点について説明します。そのあとで、安全なプログラミングに必要なオプショナル型の取り扱いについて説明します。

POINT

この節の勘どころ

- ◆ 処理を切り分けるif文とswitch文
- ◆ 処理を繰り返すfor-in文とwhile文
- ◆ nilを格納できるオプショナル型
- ◆ オプショナル型の値を取り出すアンラップ

2-3-1 if文で条件分岐

一般的なプログラム言語と同じく、Swiftには**条件分岐**を行う「**if文**」が用意されています。次にif文の基本的な書式を示します。

■ if文の書式

```
if 条件式 {
    ～条件式が成り立った場合の処理～
} else {
    ～条件式が成り立たなかった場合の処理～
}
```

Swiftでは条件式の結果は**Bool型**の真偽値（**true**、**false**）で判定されます。つまり、条件式の結果がtrueであれば「条件式が成り立った場合の処理」、falseであれば「条件式が成り立たなかった場合の処理」に分岐します。

次ページに、変数**score**の値に応じて「合格」「不合格」を表示する例を示します。

SAMPLE Chapter2➡2-3➡if1.playground

■ **if1.playground**

```
var score = 90
if score > 80 {
    print("合格")
} else {
    print("不合格")
}
```

NOTE JavaScriptやC言語のように条件式を「( )」で囲む必要はありません。

■ **実行結果**

```
合格
```

◉ブロックを囲む{ }は必ず必要

注意点としては、実行するステートメントが1つの場合にも、ブロックを囲む「{ }」は省略できません。

```
if score > 80 print("合格")      ←これはエラー
```

```
if score > 80 { print("合格") }  ←OK
```

◉条件判断はBool型の値で行う

条件式の結果は**Bool型**、つまり真偽値で判定されます。Bool型以外の値で判断することはできません。たとえばJavaScriptのように条件式に整数を記述するとエラーになります。

```
var num = 1
if num {      ←これはエラー
    print("Hello")
}
```

◉比較演算子

次の表に、2つの値を比較するための主な**比較演算子**を示します。

■ **主な比較演算子**

演算子	説明	例
==	等しい	a == b
!=	等しくない	a != b
>	より大きい	a > b
>=	以上	a >= b
<	より小さい	a < b
<=	以下	a <= b

比較演算子は文字列どうしの比較にも使用できます。

SAMPLE Chapter2➡2-3➡if2.playground

■ if2.playground

```
let a1 = "hello"
let a2 = "swift"
if a1 != a2 {
    print("a1とa2は等しくない")
}
if a1 > a2 {
    print("a1はa2より大きい")
}
```

■ 実行結果

```
a1とa2は等しくない
```

2-3-2 値の結果で分岐するswitch文

「**switch文**」は、変数の値や式の結果に応じて、対応する「**case文**」に分岐するための制御構造です。対応する値がない場合には、「**default文**」にジャンプします。次に、switch文の基本的な書式を次に示します。

■ switch文の基本的な書式

```
switch 変数もしくは式 {
case 値1:
    ～変数の値が値1の場合の処理～
case 値2:
    ～変数の値が値2の場合の処理～
  ……
default:
    ～いずれの値にも一致しない場合の処理～
}
```

C言語やObjective-Cなどと異なり、case文に分岐したあとにブロックを抜けるためのbreak文は不要です。次のcase（もしくはdefault）にくるとブロックを抜けます。

また、caseの値はカンマ「,」で区切ることによって複数指定することが可能です。次に、変数dayに、月曜日を1、火曜日を2、…といった整数値が入れられているとして、switch文を使用して、その値に応じて「通常営業」「午前中のみ営業」「休業」と表示する例を示します。

SAMPLE Chapter2➡2-3➡switch1.playground

■ switch1.playground

```
var day = 6 // 月:1、火:2、 ....、日:7
switch day {
case 1, 2, 3, 4, 5:
    print("通常営業")
case 6:
    print("午前中のみ営業")
case 7:
    print("休業")
default:
    print("無効な値です")        ←❶
}
```

注意点としては、Swiftのswitch文には**default文**とその処理が必ず必要です。上記の例の場合❶を削除するとエラーになります。

■ 実行結果

```
午前中のみ営業
```

2-3-3 for-in文で処理を繰り返す

Swiftに限らずプログラミング言語では、配列などからデータを1つずつ取り出して処理することを「**イテレート**」と呼びます。Swiftにおけるイテレートのための代表的なステートメントが「**for-in文**」です。

まずは、「**レンジ**」(Range)と呼ばれる、範囲を指定して値を1つずつ取り出せる構造体から、for-in文を使用してイテレートする方法について説明しましょう。

レンジを使った場合のfor-in文の書式は次のようになります。

■ レンジを使った場合のfor-in文の書式

```
for 変数 in レンジ {
    ～処理～
}
```

主なレンジには、「**クローズドレンジ**」(ClosedRange構造体)と、「**ハーフオープンレンジ**」(Range構造体)の2種類があります。

■ レンジの種類

レンジ	表記	説明
クローズドレンジ	a...b	aからbまでの数値をイテレート
ハーフオープンレンジ	a..<b	aからb未満までの数値をイテレート

for-in文ではレンジから1つずつ数値を取り出して変数に格納し処理を行っていきます。たとえば、**クローズドレンジ**で1から10までイテレートするには「**1...10**」とします。これを使用して1から10までの数値を順に表示するには次のようにします。

SAMPLE Chapter2➡2-3➡for1.playground

■ **for1.playground**

```
for num in 1...10 {
    print(num)
}
```

■ **実行結果**

```
1
2
3
4
5
6
7
8
9
10
```

クローズドレンジ「1...10」の代わりに、に**ハーフオープンレンジ**「**1..<10**」を使用すると最後の数値を含みません。

SAMPLE Chapter2➡2-3➡for2.playground

■ **for2.playground**

```
for num in 1..<10 {
    print(num)
}
```

■ **実行結果**

```
1
2
3
4
5
6
7
8
9
```

◉for-in文を配列に使う

「for-in文」は配列や辞書などコレクションの要素をイテレートするのにも使用できます。次に配列**colors**の要素を1つずつ取り出して表示する例を示します。

SAMPLE Chapter2➡2-3➡for3.playground

■ for3.playground

```
let colors = ["赤", "青", "オレンジ"]
for c in colors {
    print(c)
}
```

■ 実行結果

```
赤
青
オレンジ
```

◉for-in文を辞書に使う

for-in文を使用して辞書をイテレートすることで、キーと値のペアを順に取り出すことができます。この場合、それぞれの要素のキーと値のペアはタプルとなります。

■ for-inループでキーと値のペアを順に取り出す

```
for (変数1, 変数2) in 辞書 {
    ～処理～
}
```

次に、辞書**customers**のすべてのキーと値のペアを取り出して表示する例を示します。

SAMPLE Chapter2➡2-3➡for4.playground

■ for4.playground

```
var customers = ["M101": "井上徹", "M102": "織田真", "W301": "岸直子"]
for (key, value) in customers{
    print("\(key) → \(value)")
}
```

■ 実行結果

```
W301 → 岸直子
M102 → 織田真
M101 → 井上徹
```

◉辞書からすべてのキー／値を取り出す

辞書から、すべてのキーもしくはすべての値を取得するには、それぞれ**Dictionary構造体**の**keys**プロパティ、**values**プロパティを使用します。どちらもリードオンリーなプロパティです。

プロパティ	**keys**
説　明	辞書のすべてのキー

プロパティ	**values**
説　明	辞書のすべての値

なお、戻り値は配列（Array型）ではなく、イテレート可能な特別なコレクション型となります。for-in文でイテレートできます。

次に、for-in文を使用して辞書**customers**のすべての値（名前）を取り出し表示する例を示します。

■ for5.playground

SAMPLE Chapter2➡2-3➡for5.playground

```
var customers = ["M101": "井上徹", "M102": "織田真", "W301": "岸直子"]
for name in customers.values {
    print(name)
}
```

■ 実行結果

```
織田真
井上徹
岸直子
```

column

C言語ライクなfor文は廃止

C言語やJavaScriptで一般的な制御変数を増減させる次のようなfor文は、Swift3.0以降では廃止されています。

```
for i = 0; i < 10; i++ {
    println("ようこそSwiftの世界へ: \(i)")
}
```

2-3-4 while文で処理を繰り返す

繰り返しを行う制御構造としてオーソドックスな「**while文**」も用意されています。while文は、指定した条件式が成り立っている間、ブロック内の処理を繰り返す制御構造です。

■ **while文の書式**

```
while 条件式 {
    〜処理〜
}
```

次に、1から10までの総和を求めるプログラムをwhile文で記述した例を示します。

SAMPLE Chapter2➡2-3➡While1.playground

■ **while1.playgorund**

```
var i = 1
var sum = 0
while i <= 10 {   ←❶
    sum += i      ←❷
    i += 1        ←❸
}
print(sum)
```

❶で条件式に「**i <= 10**」を指定して、制御変数として使用する変数**i**が1から10まで処理を繰り返しています。ブロック内では❷で合計を管理する変数**sum**に変数iの値を加え、❸で制御変数iを1ずつ増加させています。

■ **実行結果**

```
55
```

2-3-5 オプショナル型の取り扱い

Swiftのデータを扱うには、「**オプショナル型**」(optional value) の理解が不可欠です。オプショナル型の変数は、値が存在する状態と、値が存在しない状態の2つの状態があります。値のない状態は「**nil**」という特別な値となります。

■ **オプショナル型**

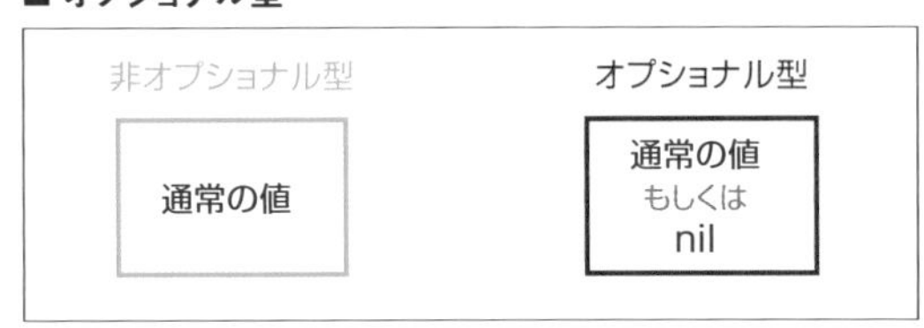

オプショナル型を活用することにより、変数に値がない場合にプログラムがクラッシュすることを防ぐことができます。

◉オプショナル型を宣言する

変数をオプショナル型として宣言するには、次のように型名の後ろに「**?**」を記述します。

■ **オプショナル型の変数宣言**

```
var 変数名: 型名?
```

こうすると変数には初期値として「**nil**」が代入されます。

たとえば、Int型の変数num1を、オプショナル型として宣言するには次のようにします。

```
var num1: Int?
```

これは次の形式の省略型（シンタックスシュガー）です。

```
var num1: Optional<Int>
```

2-3-6 オプショナル型の値を取り出すアンラップ

オプショナル型の変数は、その中に格納されている値を直接使用することはできません。「**アンラップ**」（unwrap）という処理によって、値を取り出す必要があります。

たとえば、次のように「**Int?**」として宣言したオプショナル型の値に対して足し算を行うと、実行時に「Value of optional type 'Int?' must be unwrapped to a value of type 'Int'」というエラーになります。

```
var num1: Int? = 10
var num2 = num1 + 4    ←エラーになる
```

なんらかの方法でアンラップする必要があります。

◉強制的にアンラップする

オプショナル型の値を強制的にアンラップするには変数名のあとに「**!**」を記述して「**変数名!**」とします。

```
var num1: Int? = 10
var num2 = num1! + 4   ←強制的にアンラップ(変数num2は14)
```

ただし、変数がnilの場合には実行時にエラーとなります。

```
var num1: Int?     ←オプショナル型の初期値はnil
var num2 = num1! + 4    ←エラーになる
```

このように、「!」によるアンラップの場合、変数がnilでないことが確実な場合以外は使用できません。

◉自動でアンラップする

宣言するときに「**型?**」ではなく「**型!**」とすると、使用時に自動でアンラップされます。

```
var num1: Int! = 10     ←「型!」で宣言
var num2 = num1 + 4     ←自動でアンラップされる(変数num2は14)
```

この場合も、変数がnilの場合にはエラーとなるため使用には注意が必要です。

```
var num1: Int!     ←オプショナル型の初期値はnil
var num2 = num1 + 4     ←エラーになる
```

2-3-7 オプショナルバインディングによる安全なアンラップ

より安全なアンラップを行うために「**オプショナルバインディング**」(Optional Binding)という書式が用意されています。

■ オプショナルバインディング

```
if let 変数 = オプショナル型の変数 {
    ～nilでない場合の処理～
} else {
    ～nilである場合の処理～
}
```

オプショナル型の変数に値が入っている場合、その値がifの後ろの「let 変数」で指定した変数に代入されます。その場合、代入されるのはオプショナル型ではなくアンラップされた値です。

NOTE ifの後ろの変数は「var」で宣言してもかまいません。

オプショナル型の変数が**nil**の場合には、ifの後ろの「**let 変数**」の変数に代入は行われず、変数は未定義値となります。

次に年齢が格納されたオプショナル型の変数**age**をオプショナルバインディングでアンラップする例を示します。

■ optional1.playground

SAMPLE Chapter2➡2-3➡optional1.playground

```
var age: Int? = 20  ←❶
if let val = age {
    print("年齢は\(val)才です")  ←❷
} else {
    print("ageの値がnilです")  ←❸
}
```

❶の変数**age**が「20」の場合、変数**val**はアンラップされた値「10」が代入され、❷で次のように表示されます。

■ 実行結果

```
年齢は20才です
```

ためしに❶を次のようにしてみましょう。

```
var age:Int?
```

変数ageはnilとなるため、❸が実行され「ageの値がnilです」と表示されます。

■ 実行結果

```
ageの値がnilです
```

◉guard文によるアンラップ

安全にアンラップを行うための別の方法として**guard文**を使うこともできます。guard文は、条件が成立しない場合にブロックで指定した処理を実行する構文です。

■ guard文

```
guard 条件 else {
    〜条件が成立しなかった場合の処理〜
}
```

この、guard文をオプショナルバインディングに使用するには、次のようにします。

■ guard文によるアンラップ

```
guard let 変数 = オプショナル型の変数 else {
    〜変数がnilであった場合の処理〜
}
```

guard文は、関数の先頭部分に記述した引数がnilの場合にreturn文で関数を抜けるという目的でしばしば使用されます。

```
func myFunc(name: String?) {
    guard let n = name else { return }

        ←引数がnilでない場合の処理を記述

}
```

2-3-8 ??演算子でオプショナル型の値にデフォルト値を設定する

??演算子（Nil-Coalescing Operator）を使用すると、オプショナル型の変数が**nil**であった場合のデフォルト値を設定できます。

■ **??演算子でオプショナル型の変数がnilであった場合のデフォルト値を設定**

```
オプショナル型の変数 ?? デフォルト値
```

次の例を見てみましょう。

SAMPLE Chapter2➡2-3➡optional2.playground

■ **optional2.playground**

```
var name: String? = "田中一郎"  ←❶
var theName = name ?? "名無しの権兵衛"  ←❷
print(theName)
```

❶でオプショナル型の変数**name**に「"田中一郎"」を代入しています。この場合、❷の変数**theName**値も「"田中一郎"」となります。

■ **実行結果**

```
田中一郎
```

❶を次のように変更してみましょう。

```
var name: String?
```

今度は変数nameがnilとなるため、❷で「名無しの権兵衛」と表示されます。

■ **実行結果**

```
名無しの権兵衛
```

関数の定義とクロージャの使い方

Learning SwiftUI with Xcode and Creating iOS Applications

Swift 言語において関数はもっとも重要な要素の 1 つです。クラスや構造体に紐づけられたメソッドでもあり、クロージャ（関数閉包）でもあります。この節では、関数とクロージャを使用する上でのポイントを説明します。

POINT

この節の勘どころ

- ◆ 処理をまとめる関数
- ◆ 引数には引数ラベルを設定できる
- ◆ クロージャ式でクロージャを生成する
- ◆ クロージャ式のいろいろな省略型に注意

2-4-1 関数を定義する

Swiftではオリジナルの関数をfuncキーワードで宣言します。

■ 関数の定義

```
func 関数名(引数ラベル1 引数名1: 型, 引数ラベル2 引数名2: 型, ...) -> 戻り値の型 {
    ～処理～
    return 戻り値
}
```

「**引数ラベル**」は、関数呼び出し時に、実引数を指定する際に個々の引数に対して設定するラベルです。「**外部引数名**」とも呼ばれます。funcで定義された関数は次のようにして呼び出します。

■ funcで定義された関数の呼び出し

```
関数名(引数ラベル1: 値1, 引数ラベル2: 値2, ...)
```

◉ 引数のデフォルト値

関数定義時に引数を「**引数名: 型名 = 値**」のように記述すると、引数を省略して呼び出した場合のデフォルト値を設定できます。

2-4-2 標準体重を求める関数を定義する

以上の説明をもとに、身長（cm）とBMIを引数に、標準体重を求める**stdWeight**関数の定義例を示しましょう。

標準体重は次の式で求めています。

標準体重 (kg) = 身長 (m) ×身長 (m) × BMI

SAMPLE Chapter2➡2-4➡stdWeight1.playground

■ **stdWeight1.playground（関数定義部分）**

```
func stdWeight(height theHeight: Double, bmi theBmi: Double = 22.0) -> Double {
        return (theHeight / 100) * (theHeight / 100) * theBmi
}
```

関数定義では引数**bmi**の値のデフォルト値として「22」を設定しています。次のようにして呼び出します。

■ **stdWeight1.playground（関数呼び出し部分）**

```
var height1 = 180.0
var myStdWeight1 = stdWeight(height: height1, bmi: 22.0)   ←❶
print("身長: \(height1)cm -> 標準体重: \(myStdWeight1)kg")

var height2 = 150.0
var myStdWeight2 = stdWeight(height: height2)   ←❷
print("身長: \(height2)cm -> 標準体重: \(myStdWeight2)kg")
```

❶では引数bmiを指定、❷では引数bmiを省略して、それぞれstdWeight関数を呼び出しています。

■ **実行結果**

```
身長: 180.0cm -> 標準体重: 71.28kg
身長: 150.0cm -> 標準体重: 49.5kg
```

◉関数定義の引数ラベルを省略する

関数定義の引数ラベルを省略することもできます。その場合、引数名がそのまま呼び出し時の引数ラベルになります。次にstdWeight関数を変更し、引数ラベルを省略して定義した例を示します。

SAMPLE Chapter2➡2-4➡stdWeight2.playground

■ **stdWeight2.playground（関数定義部分）**

```
func stdWeight(height: Double, bmi: Double = 22.0) -> Double {
        return (height / 100) * (height / 100) * bmi
}
```

この場合も、呼び出し時に引数ラベルを省略することはできないので注意してください。したがって、呼び出し方はstdWeight1.playgroundと同じです。

■ **stdWeight2.playground（関数呼び出し部分）**

```
var height1 = 180.0
var myStdWeight1 = stdWeight(height: height1, bmi: 22.0)
print("身長: \(height1)cm -> 標準体重: \(myStdWeight1)kg")

var height2 = 150.0
var myStdWeight2 = stdWeight(height: height2)
print("身長: \(height2)cm -> 標準体重: \(myStdWeight2)kg")
```

◉ 呼び出し時の引数ラベルを省略したい場合

呼び出し時に引数ラベルが不要の場合には、省略することもできます。その場合、関数定義の引数ラベル名に「_」（アンダースコア）を指定します。

次の例は、2つの整数の引数の和を求めます。ただしマイナスの値の引数は無視するものとします。

■ **sumFunc1.playground（関数定義部分）**

SAMPLE Chapter2➡2-4➡sumFunc1.playground

```
func mySum(_ num1: Int, _ num2: Int) -> Int {    ←❶
    var sum = 0
    if num1 > 0 {
        sum += num1
    }
    if num2 > 0 {
        sum += num2
    }
    return sum
}
```

❶で引数num1と引数num2を引数ラベルなしに設定しています。すると、次のようにして引数ラベルなしで呼び出すことができます。

■ **sumFunc1.playground（関数呼び出し部分）**

```
print(mySum(5, 4))
print(mySum(-1, 5))
```

■ **実行結果**

```
9
5
```

2-4-3 クロージャとは

モダンなプログラミング言語に欠かせない存在に「**クロージャ**」（Closure：関数閉包）があります。Swiftの関数はすべてクロージャです。クロージャとは、関数の**スコープ**（有効範囲）にある変数を自分が定義された環境に閉じ込めるためのデータ構造です。

これだけの説明では、わかりにくいと思われますので簡単な例で説明しましょう。

Swiftでは関数もオブジェクトです。関数の戻り値として関数を戻すことができます。次の例は、「整数をカウントアップする関数」を戻す、**makeCounter**関数の定義例です。引数にはカウンタの初期値を設定しています。

SAMPLE Chapter2➡2-4➡closure1.playground

■ closure1.playground（関数定義部分）

```
func makeCounter(initValue:Int) -> () -> Int {  ←❶
    var num = initValue  ←❷
    func counter() -> Int {  ┐
        num += 1             │←❸
        return num           │
    }                        ┘
    return counter  ←❹
}
```

❶の**func**文でmakeCounter関数を定義しています。

「戻り値の型」部分が「**() -> Int**」になっていますが、これは関数の型で「引数なしでInt型の値を戻す関数」を示します。

■ ❶のfunc文

❷で引数として渡された初期値を、ローカル変数**num**に代入しています。

❸で**counter**関数を内部関数として定義しています。

❹のreturn文でcounter関数を戻しています。

makeCounter関数を呼び出してカウンタ用の関数を生成し、それを変数に代入し、値をカウントアップする例を示します。

■ closure1.playground（一部）

```
var counter1 = makeCounter(initValue: 1)  ←❺
print("counter1: \(counter1())")  ←❻
print("counter1: \(counter1())")  ←❼
```

■ 実行結果

```
counter1: 2
counter1: 3
```

前ページ❷の変数**num**は**makeCounter**関数のローカル変数のため、上記❺のmakeCounter関数の呼び出しが終わると消滅しそうな気がします。ところが、上記の結果では、❻❼でcounter1を呼び出すと変数numがカウントアップされます。❺で生成されたカウンタ関数が、その外側の関数のローカル変数numの状態を保持しているのです。

これがクロージャの働きです。関数が生成された時点でそのスコープにある変数は、クロージャの中に閉じ込められるわけです。

次に、makeCounter関数を使用して複数のカウンタを生成する例を示します。この場合には、それぞれのカウンタで、数numの値が保持されるため、個別にカウントアップが行えます。

SAMPLE Chapter2➡2-4➡closure2.playground

■ closure2.playground（一部）

```
var counter1 = makeCounter(initValue: 1)  ←❶
var counter2 = makeCounter(initValue: 10)  ←❷
print("counter1: \(counter1())")  ┐
print("counter1: \(counter1())")  │
print("counter2: \(counter2())")  ├←❸
print("counter2: \(counter2())")  │
print("counter1: \(counter1())")  ┘
```

❶で初期値を1にしたカウンターを生成し、変数**counter1**に代入しています。

❷で初期値を10にしたカウンターを生成し、変数**counter2**に代入しています。

そのあとの❸ではcounter1とcounter2をカウントアップしています。それぞれが独立してカウントアップされていることを確認してください。

■ 実行結果

```
counter1: 2
counter1: 3
counter2: 11
counter2: 12
counter1: 4
```

2-4-4 クロージャ式でクロージャを生成する

func文でクロージャ（関数）を定義する代わりに、「**クロージャ式**」という構文を使用してもクロージャを生成できます。クロージャ式にはいろいろな省略型がありますが、まずは省略なしの基本的な書式を示します。

■クロージャ式

```
{ (引数宣言) -> 戻り値の型 in
      ～処理～
      return 戻り値
}
```

全体を「**{ }**」で囲み、先頭に「**(引数宣言) -> 戻り値の型 in**」を記述します。そのうしろに処理の中身を記述します。戻り値がある場合には**return文**で戻します。

NOTE func文による関数定義（→P.073）と異なり、クロージャ式では「関数名」がありません。そのため「無名関数」とも呼ばれます。

簡単な例として、2つの引数の和を求めるクロージャを生成し、変数**mySum1**に代入する例を示します。

■ closure3.playground（一部）

SAMPLE Chapter2➡2-4➡closure3.playground

```
let mySum1 = { (num1: Int, num2: Int) -> Int in
    return num1 + num2
}
```

これで、mySum1を通常の関数と同じようにして呼び出します。

■ closure3.playground（一部）

```
var num = mySum1(4, 5)
print(num)
```

■ 実行結果

```
9
```

2-4-5 クロージャ式の省略型

クロージャ式にはさまざまな省略型が用意されています。ここでは基本的な省略型について説明しましょう。

◉引数や戻り値の型を省略する

整数（Int）や文字列（String）などのデータと同様に、クロージャ（および関数）にも型があります。型は次の形式です。

■クロージャ式（および関数）の型

（引数1の型，引数2の型，...）-> 戻り値の型

したがって、前述の例は変数mySum1に、次のように型アノテーションを行って宣言したのと同じです。

■ closure4.playground（一部）　SAMPLE Chapter2➡2-4➡closure4.playground

```
let mySum1: (Int, Int) -> Int = { (num1: Int, num2: Int) -> Int in
    return num1 + num2
}
```

この場合、型推論が働くのでクロージャ内の引数の型と戻り値の型は省略できます。

■ closure5.playground（一部）　SAMPLE Chapter2➡2-4➡closure5.playground

```
let mySum1: (Int, Int) -> Int = { (num1, num2) in
    return num1 + num2
}
```

◉returnを省略する

この例のように、クロージャ内の処理が1つだけの場合には「**return**」が省略できます。

■ closure6.playground（一部）　SAMPLE Chapter2➡2-4➡closure6.playground

```
let mySum1: (Int, Int) -> Int = { (num1, num2) in
    num1 + num2
}
```

◉引数名を省略する

クロージャの最初の部分の「**(引数宣言) -> 戻り値の型 in**」を省略することもできます。その場合、引数には順に「**$0**」、「**$1**」、……という特別な変数名でアクセスできます。

SAMPLE Chapter2➡2-4➡closure7.playground

■ closure7.playground（一部）

```
let mySum1: (Int, Int) -> Int = {
    $0 + $1
}
```

全体を1行で記述してもかまいません。

SAMPLE Chapter2➡2-4➡closure8.playground

■ closure8.playground（一部）

```
let mySum1: (Int, Int) -> Int = { $0 + $1 }
```

2-4-6 クロージャを引数にするメソッドについて

Swiftにはクロージャを引数にするメソッドが多数あります。たとえば配列はArray構造体です。Array構造体には、要素を抽出する**filter**メソッドが用意されています。

次のようにして使用します。

■配列の要素を抽出するfilterメソッド

```
let 新しい配列 = 元の配列.filter(要素を処理するクロージャ)
```

filterメソッドには、各要素に対してなんらかの条件判断を行い、結果が**true**となる値を返すクロージャを指定します。

次に、filterメソッドを使用して、整数からなる配列から、偶数のみ取り出す例を示します。

SAMPLE Chapter2➡2-4➡filter1.playground

■ filter1.playground

```
let nums1 = [1, 9, 3, 20, 5, 8]
let nums2 = nums1.filter({(num: Int) -> Bool in  ←❶
    return num % 2 == 0  ←❷
})
print(nums2)
```

❶でfilterメソッドに、クロージャを指定しています。❷で「num % 2 == 0」、つまり偶数であるかどうかを調べて結果を**Bool型**のデータとして戻しています。

■ 実行結果

```
[20, 8]
```

なお、型推論が働くため「(num: Int) -> Bool in」は省略可能です。その場合、引数は、変数名「**$0**」でアクセスできます。

■ **filter2.playground（一部）**

SAMPLE Chapter2➡2-4➡filter2.playground

```
let nums2 = nums1.filter({
    return $0 % 2 == 0
})
```

さらに、ステートメントが1つだけなので**return**も省略できます。

■ **filter3.playground（一部）**

SAMPLE Chapter2➡2-4➡filter3.playground

```
let nums2 = nums1.filter({ $0 % 2 == 0 })
```

◉後置記法にする

メソッドの最後の引数がクロージャの場合、メソッド呼び出しの「()」のあとにクロージャ式を置くことができます。これを「**後置記法**」（Trailing Closures）と呼びます。filter3.playgroundの例は次のように後置記法にできます。

```
let nums2 = nums1.filter({ $0 % 2 == 0 })
```

⬇

```
let nums2 = nums1.filter(){ $0 % 2 == 0 }
```

さらに、メソッドにクロージャ以外の引数がない場合には、メソッド名のうしろの「()」も省略できます。

■ **filter4.playground（一部）**

SAMPLE Chapter2➡2-4➡filter4.playground

```
let nums2 = nums1.filter{ $0 % 2 == 0 }
```

2-5 オリジナルの構造体とクラスを使用する

Learning SwiftUI with Xcode and Creating iOS Applications

この節では、オリジナルの構造体とクラスを定義する方法について説明します。継承、プロトコル、エクステンションといった機能についても説明します。

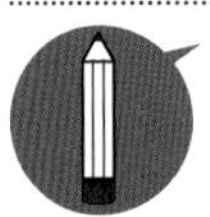

POINT
この節の勘どころ

- ◆ 構造体は「struct」、クラスは「class」で定義する
- ◆ プロパティの値を処理する計算プロパティ
- ◆ 構造体は値型、クラスは参照型
- ◆ クラスの機能を引き継ぐ継承
- ◆ 構造体やクラスの仕様を設定するプロトコル
- ◆ 構造体やクラスに機能を追加するエクステンション

2-5-1 構造体とクラスを定義する

構造体は「**struct**」、クラスは「**class**」で定義します。

■ 構造体の定義

```
struct 構造体名 {
        ～プロパティの定義～
        ～メソッドの定義～
}
```

■ クラスの定義

```
class クラス名 {
        ～プロパティの定義～
        ～メソッドの定義～
}
```

◉ 構造体とクラスの相違

次の表に構造体とクラスの基本的な相違点を示します。

■ クラスと構造体

	クラス	構造体
データのタイプ	参照型	値型
継承	可能	不可

参照型と**値型**の相違についてはP.088「2-5-6 値型と参照型の相違について」で説明します。

元のクラスの機能を引き継いで新たな機能を追加したクラスを作成することを「**継承**」と呼びます。クラスは継承が使用できますが構造体はできません。ただし、どちらも「**エクステンション**」という仕組みにより機能を追加できます。

継承についてはP.093「2-5-7 クラスは継承可能」で、エクステンションについてはP.095「2-5-8 機能を拡張するエクステンション」で説明します。

2-5-2 構造体の定義例

シンプルな構造体の例として、名前（**name**）をプロパティとして持つ**Robot1**構造体の例を示します。メソッドとしては「こんにちは。私は〜です」と表示する**hello**メソッドを用意します。

SAMPLE Chapter2➡2-5➡struct1.playground

■ struct1.playground（構造体定義部分）

```
struct Robot1 {
    var name: String  ←❶
    func hello() {
        print("こんにちは。私は\(name)です")   ←❷
    }
}
```

❶でプロパティとして変数**name**を宣言しています。

❷がメソッドの**hello**定義です。Swiftではメソッドは構造体やクラスの内部で定義された関数です。通常の関数と同ように**func**キーワードで宣言します。

次にRobot1構造体からインスタンスを生成する例を示します。

■ struct1.playground（一部）

```
let atom = Robot1(name: "アトム")  ←❸
atom.hello()  ┐
atom.hello()  ┘←❹
print(atom.name)  ←❺
```

❸で、Robot1構造体のインスタンスを生成しています。イニシャライザの引数で「プロパティ名: 値」を指定してnameプロパティを「"アトム"」に初期化しています。

インスタンスのメソッドは「**インスタンス名.メソッド名()**」で呼び出せます。❹でhelloメソッドを2回呼び出しています。

インスタンスのプロパティには、「**インスタンス名.プロパティ**」でアクセスできます。❺でnameプロパティを表示しています。

■ **実行結果**

```
こんにちは。私はアトムです
こんにちは。私はアトムです
アトム
```

2-5-3 イニシャライザについて

生成されたクラスや構造体のインスタンスを初期化するのが**イニシャライザ**の役割です。Robot1クラスでは、イニシャライザを定義していません。構造体では、利便性を考慮し、すべてのプロパティを引数で渡して初期化する暗黙のイニシャライザが自動的に用意されるのです。そのようなイニシャライザを「**メンバーワイズ・イニシャライザ**」と呼びます。

◉自分でイニシャライザを定義する

もちろん、自分でイニシャライザを定義することもできます。イニシャライザは、「**init**」という名前の関数として定義します。ただし、funcキーワードは記述しません。

■ **イニシャライザの定義**

```
init(引数) {
    〜処理〜
}
```

Robot1構造体にイニシャライザを追加した、**Robot2**構造体の例を示しましょう。なお、通常の関数と同じく、initの引数で引数ラベル（外部引数名）を明示的に指定しない場合には、自動的に内部引数名と同じ引数ラベルが設定されます。

次のRobot2構造体の定義例では、イニシャライザの引数に空文字列「""」が渡された場合にnameプロパティの値を「無名ロボット」に設定しています。

■ struct2.playground（構造体定義部分）

SAMPLE Chapter2→2-5→struct2.playground

```
struct Robot2 {
    var name: String
    init(name: String) {
        if name == "" {
            self.name = "無名ロボット"
        } else {                          ←❶
            self.name = name
        }
    }
    func hello() {
        print("こんにちは。私は\(name)です")
    }
}
```

❶でイニシャライザを定義しています。

次にRobot2の構造体のインスタンスを2つ生成する例を示します。

■ struct2.playground（一部）

```
let r1 = Robot2(name: "ウルトラ太郎")  ←❷
print(r1.name)
let r2 = Robot2(name: "")  ←❸
print(r2.name)
```

❷では引数nameに「"ウルトラ太郎"」を指定し、❸では空文字列「""」を指定してRobot2構造体のインスタンスを生成しています。

■ 実行結果

```
ウルトラ太郎
無名ロボット
```

column

イニシャライザで引数ラベルを使いたくない場合には

クラス／構造体のイニシャライザの引数は引数ラベルを指定しないと、内部引数名がそのまま引数ラベルとして公開されます。これは初期化のときのミスを防ぐための配慮ですが、意図的に外部引数名をなしにすることもできます。それにはイニシャライザの定義で外部引数名部分にアンダスコア「_」を記述します。たとえば、Robot2構造体のイニシャライザで引数に外部引数名を使用しないようにするには、次のようにします。

```
struct Robot2 {
    var name: String
    init(_ name: String) {   ←外部引数名に「_」を記述
    ～略～
    }
    func hello() {
        print("こんにちは。私は\(name)です")
    }
}
```

これで、インスタンスの生成時に外部引数名なしにイニシャライザを呼び出せるようになります。

```
let r1 = Robot2("ウルトラ太郎")
```

2-5-4 計算プロパティについて

「**計算プロパティ**」(computed property）を使用すると、外部からプロパティにアクセスした場合に、プロパティに対して何らかの処理を行って返したり、あるいはプロパティに値を設定したときに何らかの処理を行うことができます。

■ 計算プロパティ

```
var 計算プロパティ名: 型 {
    get {
        ～処理～
        return 値
    }
    set(newValue) {
        ～処理～
    }
}
```

計算プロパティによる値の取得を「**ゲッター**」、値の設定を「**セッター**」といいます。「**get**」でゲッターを、「**set**」でセッターを定義します。

◉計算プロパティの使用例

次の例を見てみましょう。円の金額（**yen**）と、為替レート（**rate**）を通常のプロパティとして定義し、ドルの金額（**dollar**）を計算プロパティとして用意する**Wallet**構造体の定義例を示します。

SAMPLE Chapter2➡2-5➡cProperty1.playground

■ cProperty1.playgorund

```
struct Wallet {
    var yen: Double
    let rate = 100.0
    var dollar: Double {          ←❶
        get {
            return yen / rate     ←❷
        }
        set(newValue) {
            yen = newValue * rate ←❸
        }
    }
}

var myWallet = Wallet(yen:100)
print(myWallet.dollar)  ←❹
myWallet.dollar = 4     ←❺
print(myWallet.yen)     ←❻
```

❶で**dollar**計算プロパティを定義しています。

❷のゲッターでは**yen**プロパティを**rate**プロパティで割った結果を戻しています。

❸のセッターでは引数として渡された値に**rate**プロパティの値をかけて**yen**プロパティに代入しています。

❹でゲッターを呼び出しdollarプロパティの値を表示しています。❺でセッターを呼び出し**dollar**プロパティの値を設定しています。

❻で**yen**プロパティの値を表示しています。

■ 実行結果

```
1.0
400.0
```

◉ゲッターの省略型

計算プロパティ値を取得するだけの場合には、「**set{ ～ }**」、つまりセッターは記述する必要がありません。また「**get{**」「**}**」は省略可能です。さらに「**return**」も省略可能です。

前述のdollar計算プロパティで値の取得だけを行う場合、つまりゲッターだけを定義する場合には次のように記述できます。

```
var dollar: Double {
    yen / rate
}
```

2-5-5 構造体のプロパティをメソッドで変更するには

デフォルトでは構造体内で定義したメソッド内で、プロパティの値を変更することはできません。プロパティの値を変更するにはメソッドの定義に「**mutating**」を指定する必要があります。

次の例をみてみましょう。

SAMPLE Chapter2➡2-5➡struct3.playground

■ **struct3.playgorund**

```
struct MyNum {
    var num: Int
    mutating func add3() {  ←❶
        num += 3
    }
}

var myNum = MyNum(num: 5)
myNum.add3()
print(myNum.num)
```

❶で「**mutating**」を指定して、プロパティ「num」の値に3を足すadd3メソッドを定義しています。

■ **実行結果**

```
8
```

「mutating」を削除するとエラーになることを確認してみましょう。

2-5-6 値型と参照型の相違について

Swiftのデータの型は、「**値型**」(Value Type)と「**参照型**」(Reference Type)の2種類に大別されます。構造体とクラスのもっとも大きな相違の1つが、前者が値型、後者が参照型である点です。値型と参照型の値は、とくに変数/定数に格納された際の取り扱いが異なるので注意が必要です。

◉ 構造体は値型

Swiftではクラス以外の型は基本的に値型です。変数は値を格納する箱のようなイメージですが、値型は箱の中に値そのものが格納されます。Int型の例で説明しましょう。たとえば、次のようにすると、箱の中に「10」という値が格納されます。

■ 変数myNumに値「10」を代入

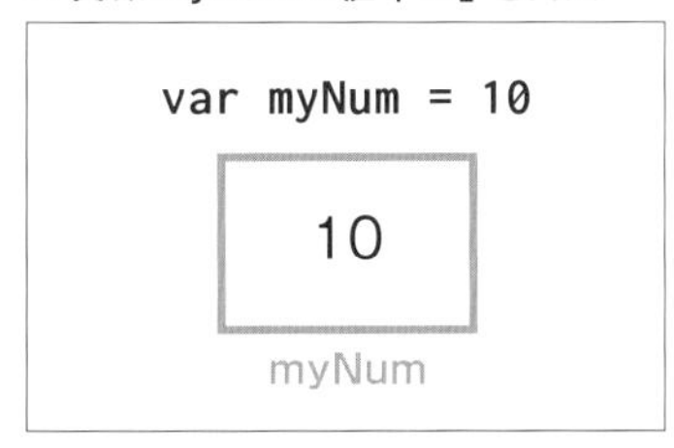

ここで、変数myNumを、別の変数yourNumに代入すると、値がコピーされ、yourNumという箱にも「10」という値が入ります。

■ 変数myNumを別の変数yourNumに代入

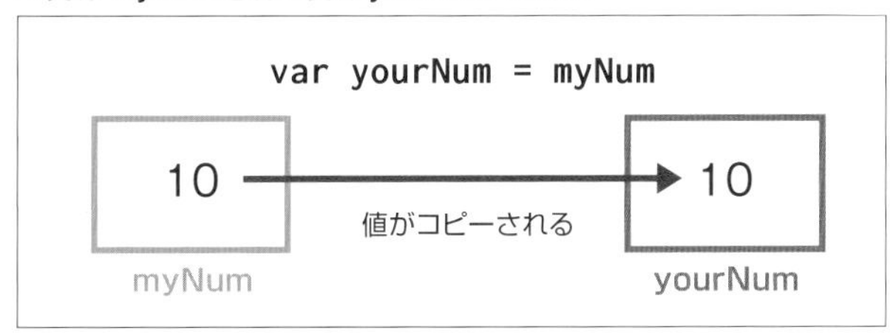

オリジナルの構造体も同じです。生成したインスタンスを別の変数にコピーすると新たなインスタンスが生成され、すべてのプロパティがコピーされます。

次ページのCustomer構造体の例を見てください。

SAMPLE Chapter2➡2-5➡valueType1.playground

■ **valueType1.playground**

```
struct Customer {
    var name = "No Name"
    var number = 0
}

// インスタンスc1を生成して初期化
var c1 = Customer(name: "山田太郎", number: 1)  ←❶

// c1をc2にコピー
var c2 = c1  ←❷

// c2のプロパティを変更
c2.name = "加藤花子"   ┐
c2.number = 2         ┘←❸

// c1のプロパティを表示
print("番号: \(c1.number), 名前: \(c1.name)")   ┐
// c2のプロパティを表示                            │←❹
print("番号: \(c2.number), 名前: \(c2.name)")   ┘
```

❶で、**Customer**構造体のインスタンス**c1**を生成し、❷でc1を**c2**に代入しています。これでCustomer構造体のインスタンスc2が新たに生成され、c1のすべてのプロパティがc2のプロパティに代入されます。

❸でc2の**name**プロパティと**number**プロパティの値を変更しています。

❹でc1とc2のnumberプロパティとnameプロパティの値をそれぞれ表示しています。

次に実行結果を示します。c1とc2は独立したインスタンスのため、異なる結果になることを確認してください。

■ **実行結果**

```
番号: 1, 名前: 山田太郎    ←c1のプロパティ
番号: 2, 名前: 加藤花子    ←c2のプロパティ
```

◉letで宣言した構造体のインスタンス

値型である構造体の場合、**let**で宣言した定数にインスタンスを代入した場合にはプロパティを変更できません。たとえば前述のリスト「valueType1.playground」の❶をletで宣言して、プロパティを変更しようとするとエラーになります。

```
let c1 = Customer(name: "山田太郎", number: 1)
c1.name = "大津真"  ←エラー
```

◉クラスは参照型

構造体と異なり、クラスは**参照型**です、参照型の場合、インスタンスを変数に代入すると、変数にはインスタンスを指し示す値（Reference）が格納されます。

たとえば、オリジナルのクラスとして**Robot**クラスがあるとします。Robotクラスのインスタンスを生成し、変数**myRobot**に代入したとします。この場合、変数myRobotはインスタンスの実体を指し示しています。

■参照型

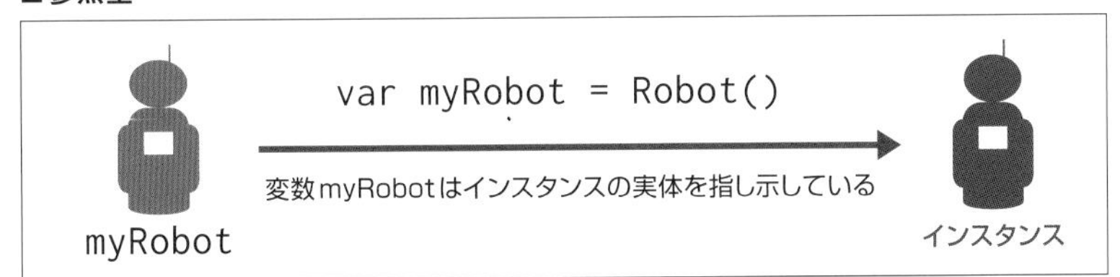

変数myRobotを、別の変数**yourRobot**に代入すると、どちらも同じインスタンスを指し示すことになります。したがって、どちらの変数を介しても同じインスタンスにアクセスすることになります。

■同じインスタンスにアクセス

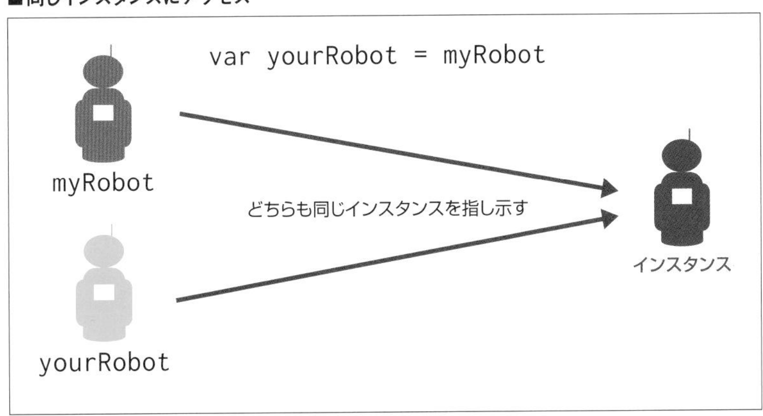

次ページに、前述のvalueType1.playgroundの**Customer** 構造体をクラスに変更して、同じ処理を行った例を示します。

■ refType1.playground

SAMPLE Chapter2➡2-5➡refType1.playground

```
class Customer {                                   ┐
    var name = "No Name"                           │
    var number = 0                                 │
    init(name: String, number: Int) {  ┐           │←❶
        self.name = name               │←❷         │
        self.number = number           │           │
    }                                  ┘           │
}                                                  ┘

// インスタンスc1を生成して初期化
var c1 = Customer(name: "山田太郎", number: 1)

// c1をc2にコピー
var c2 = c1

// c2のプロパティを変更
c2.name = "加藤花子"   ┐←❸
c2.number = 2         ┘

// c1のプロパティを表示
print("番号: \(c1.number), 名前: \(c1.name)")
// c2のプロパティを表示
print("番号: \(c2.number), 名前: \(c2.name)")
```

❶の**Customer**クラスの定義は、valueType1プロジェクトのCustomer構造体の**struct**キーワードを**class**に変更し、新たに❷でイニシャライザを追加したものです。そのほかの処理は同じです。

次に実行結果を示します。❸で**c2**の値を変更していますが、**c1**と**c2**は同じ実体を指し示すため、**c1**と**c2**のプロパティは同じになります。

■ 実行結果

```
番号: 2, 名前: 加藤花子   ←c1のプロパティ
番号: 2, 名前: 加藤花子   ←c2のプロパティ
```

◉letで宣言したクラスのインスタンス

構造体と異なり、参照型のクラスでは、インスタンスを**let**で宣言した定数に代入した場合でもプロパティを変更できます。

```
let c1 = Customer(name: "山田太郎", number: 1)
c1.name = "大津真"   ←OK
```

その理由は、変数／定数にはインスタンスそのものではなく、その実体を指し示す値が格納されているからです。

ただし、letで宣言した定数には別のインスタンスを代入できません。

```
let c1 = Customer(name: "山田太郎", number: 1)
c1 = Customer(name: "丸山一郎", number: 2)  ←エラー
```

2-5-7 クラスは継承可能

構造体とクラスの大きな相違に、クラスの「**継承**」があります。継承とはあるクラスの機能を引き継いで新たにプロパティやメソッドを定義したクラスを作成することです。

このとき、元になるクラスを「**スーパークラス**」、「スーパークラス」を継承したクラスを「**サブクラス**」といいます。

■クラスの継承

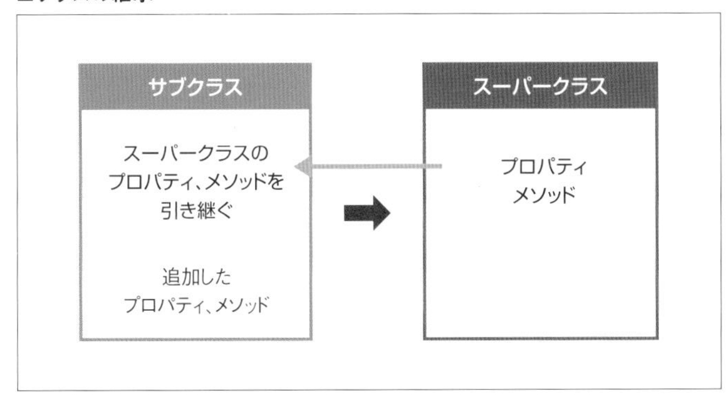

Swiftで、既存のクラスを継承したクラスを定義するのはとても簡単です。次のように、クラス定義のクラス名の後に「**: スーパークラス名**」を記述します。

■既存のクラスを継承したクラスを定義

```
class クラス名: スーパークラス名 {
    ～クラスの中身～
}
```

シンプルな例を示しましょう。次のような**Hello**クラスがあるとします。Helloクラスには、**hello**プロパティと、その値を表示する**sayHello**メソッドが定義されています。

SAMPLE Chapter2➡2-5➡inheritance1.playground

■ **inheritance1.playground（一部）**

```
class Hello {
    var hello = "こんにちは"
    func sayHello() {
        print(hello)
    }
}
```

このクラスを継承し、**goodbye**プロパティと、その値を表示する**sayGoodbye**メソッドを加えた**HelloGoodbye**クラスの定義例は次のようになります。

■ **inheritance1.playground（一部）**

```
class HelloGoodbye: Hello {
    var goodbye = "さようなら"
    func sayGoodbye() {
        print(goodbye)
    }
}
```

以上で**HelloGoodbye**クラスのインスタンスを生成すると、HelloGoodbyeクラス、つまり自分自身のメソッドやプロパティに加えて、**Hello**クラスのメソッドやプロパティにアクセスできます。

■ **inheritance1.playground（一部）**

```
// HelloGoodbyeクラスのインスタンスを生成
var greeting = HelloGoodbye()   ←❶

// Helloクラスのhelloプロパティを変更
greeting.hello = "よろしくお願いいたします"   ←❷

// HelloクラスのsayHelloメソッド
greeting.sayHello()   ←❸

// HelloGoodbyeクラスのsayGoodbyeメソッド
greeting.sayGoodbye()  ←❹
```

❶でHelloGoodbyeクラスのインスタンスを生成して変数**greeting**に格納しています。

❷でHelloクラスの**hello**プロパティを変更しています。

❸でHelloクラスのsayHelloメソッドを、❹でHelloGoodbyeクラスのsayGoodbyeメソッドをそれぞれ呼び出しています。

■ 実行結果

```
よろしくお願いいたします　←❸の結果
さようなら　←❹の結果
```

2-5-8 機能を拡張するエクステンション

構造体やクラスの機能を動的に拡張する機能に「**エクステンション**」(extension) があります。次のような書式になります。

■エクステンション

```
extension 構造体やクラス {
    ～拡張する機能～
}
```

前述の継承が使用できるのはクラスのみですが、エクステンションは構造体にも使用できます。注意点としては、エクステンションで定義できるプロパティは、計算プロパティのみということです。

前述の**Hello**クラスを、**Hello**構造体に変更し、エクステンションによって、「さようなら」と表示する**sayGoodbye**メソッドを追加する例を示します。

■ extension1.playground

SAMPLE Chapter2➡2-5➡extension1.playground

```
struct Hello {
    var hello = "こんにちは"
    func sayHello() {
        print(hello)
    }
}

extension Hello {                  ←❶
    func sayGoodbye() {            ←❷
        print("さようなら")
    }
}

var greeting = Hello()
greeting.sayHello()
greeting.sayGoodbye()    ←❸
```

❶でHello構造体のエクステンションを定義し、❷でsayGoodbyeメソッドを追加しています。❸で追加したsayGoodbyeメソッドを実行しています。

■ 実行結果

```
こんにちは
さようなら
```

2-5-9 プロトコルについて

構造体やクラスには「**プロトコル**」(Protocol) という機能が用意されています。プロトコルとは構造体やクラスの規格を定義したようなもので、仕様書のようなイメージです。Java言語をご存知のかたはインターフェースと同じ機能と考えてよいでしょう。

構造体やクラスがプロトコルの実装を行うことを「**プロトコルに適合する**」といいます。構造体をプロトコルに適合させるには次のようにします。

■プロトコルに適合させる (構造体)

```
struct 構造体名: プロトコル名 {
    ～
}
```

クラスの場合、継承するクラスがある場合には、その後ろにプロトコル名を記述します。

■プロトコルに適合させる (クラス)

```
class クラス名: スーパークラス名, プロトコル名{
    ～
}
```

NOTE カンマ「,」で区切ることにより複数のプロトコルに適合させられます。

プロトコルは、構造体に必要なプロパティやメソッドの情報を記述したものです。「**protocol**」キーワードで定義します。

■プロトコルの定義

```
protocol プロトコル名 {
    メソッド1
    メソッド2
}
```

たとえば、挨拶をする**hello**メソッドを持つ**Greeting**プロトコルの定義例を示します。

SAMPLE Chapter2➡2-5➡protocol1.playground

■ **protocol1.playground（一部）**

```
protocol Greeting {
    func hello() -> String
}
```

Greetingプロトコルに適合する構造体あるいはクラスでは、必ずhelloメソッドを実装する必要があります。

次に、**Greeting**プロトコルに適合した**Robot**構造体を定義してインスタンスを作成する例を示します。

■ **protocol1.playground（一部）**

```
struct Robot: Greeting {
    var name: String
    func hello() -> String {
        return "こんにちは。私は\(name)"
    }
}

var r1 = Robot(name: "アトム")
print(r1.hello())
```

■ **実行結果**

```
こんにちは。私はアトム
```

◉関数の引数の型にプロトコルを指定できる

変数の型をプロトコルとして宣言することができます。また、関数やメソッドの引数の型をプロトコルに設定することで、そのプロトコルに適合する任意のデータを受け取れます。

たとえば、**Greeting**プロトコルに適合した、**Robot**構造体と**Doll**構造体がある場合、Greeting型の変数には、Robotのインスタンス、Dollのインスタンスのどちらも代入できます。また、Greeting型を引数にする関数にはRobot構造体とDoll構造体、どちらのインスタンスも渡すことができます。

次ページの例を見てみましょう。

■ protocol2.playground

SAMPLE Chapter2➡2-5➡protocol2.playground

```
protocol Greeting {
    func hello() -> String
}

struct Robot: Greeting {
    var name: String
    func hello() -> String {
        return "こんにちは。私は\(name)"
    }
}                                          ←❶

struct Doll: Greeting {
    var name: String
    func hello() -> String {
        return "ハロー。私は\(name)"
    }
}                                          ←❷

var g1: Greeting = Robot(name: "R2D2")
var g2: Greeting = Doll(name: "リカ")       ←❸

func greet(obj: Greeting){
    print(obj.hello()) ←❺
}                                          ←❹

greet(obj: g1)   ←❻
greet(obj: g2)   ←❼
```

❶で**Robot**構造体を、❷で**Doll**構造体を定義しています。どちらも**Greeting**プロトコルに適合します。

❸でGreeting型の変数**g1**と**g2**を用意し、それぞれRobot構造体とDoll構造体のインスタンスを代入しています。

❹でGreeting型の引数objを取る**greet**関数を定義し、その内部では❺で、引数**obj**に対して**hello**メソッドを実行しています。

こうすると、greet関数は、Greetingプロトコルに適合したRobot構造体とDoll構造体のどちらのインスタンスも受け取ることができます。

❻で、Robot構造体のインスタンス、❼でDoll構造体のインスタンスを引数に、greet関数を呼び出しています。

■ 実行結果

```
こんにちは。私はR2D2
ハロー。私はリカ
```

Chapter 3

SwiftUIによるレイアウトの概要

このChapterでは、
「Single View App」テンプレートにより生成された
プロジェクトをもとに、ビューのレイアウト方法と、
モディファイアを使用した属性の変更方法について説明します。
また、イメージの表示方法についても説明します。

Learning SwiftUI
with Xcode
and Creating
iOS Applications

3-1 コンテンツビューの概要とビューの属性の変更について

Learning SwiftUI with Xcode and Creating iOS Applications

この節では「Single View App」テンプレートにより生成されたコンテンツビューのファイル「ContentView.swift」の概要を説明します。そのあとで、ビューの属性を設定するモディファイアについて説明します。

POINT

この節の勘どころ

- ◆ ContentView構造体が最初に表示されるコンテンツビュー
- ◆ プレビューを表示するContentView_Previews構造体
- ◆ ビューの属性はモディファイアによって設定する
- ◆ 「アトリビュートインスペクタ」や「インスペクタ」ウィンドウを使用して属性を設定する

3-1-1 ContentView.swiftの構造について

次に、「**Single View App**」テンプレートを選択してSwiftUIの新規プロジェクトを生成し、プレビューを実行した画面を示します（プロジェクトの作成方法はP.019「1-2-1 新規プロジェクトの作成」参照）。

■ 「Single View App」テンプレートを利用したプロジェクトのコンテンツビュー

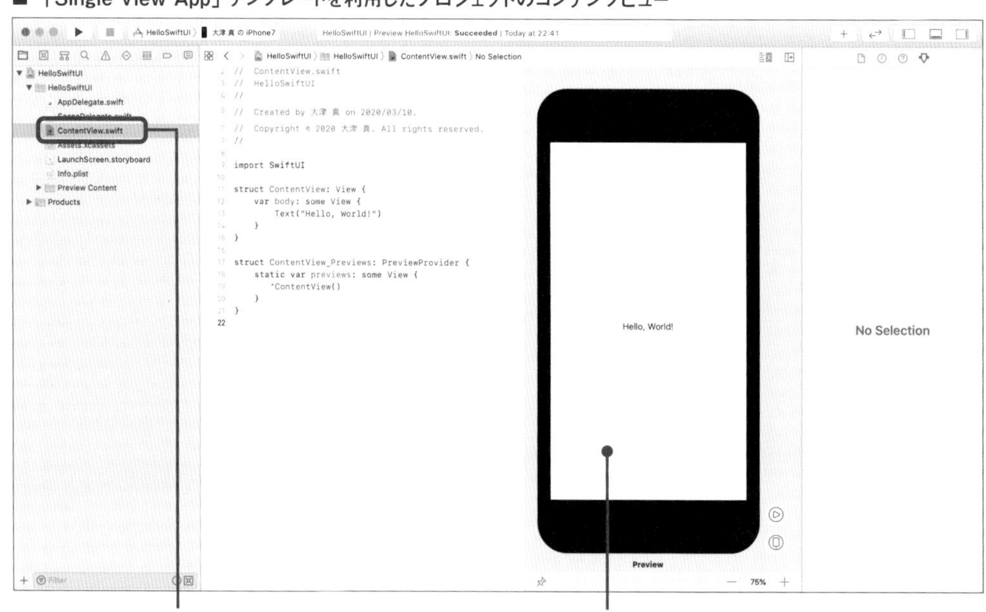

「ナビゲータ」エリアの「プロジェクトナビゲータ」に用意された、**ContentView.swift**が「**コンテンツビュー**」(最初に表示され、内部にコンテンツを配置するためのビュー)のためのSwiftソースファイルです。

SAMPLE Chapter3➡3-1➡HelloSwiftUI2

■ ContentView.swift（HelloSwiftUI2プロジェクト）

```
import SwiftUI  ←❶

struct ContentView: View {
    var body: some View {
        Text("Hello, World!")      ←❷
    }
}

struct ContentView_Previews: PreviewProvider {
    static var previews: some View {
        ContentView()              ←❸
    }
}
```

❶の**import**文はフレームワークをインポートする命令です。SwiftUIフレームワークをインポートしています。これでSwiftUIに用意された構造体やクラスが利用できるようになります。

◉ContentView構造体

❷でコンテンツビュー本体である**ContentView**構造体が定義されています。

```
struct ContentView: View {     ←a
    var body: some View {
        Text("Hello, World!") ←c    ←b
    }
}
```

aで、ビューの機能を提供する**View**プロトコルに適合させています。Viewプロトコルに適合している構造体では、ビューの本体部分となる**body**プロパティを実装する必要があります。

bが**body**プロパティの定義です。型の「**some View**」はさまざまな型のビューに対応させるための指定です。

NOTE 型の「some」は、型を抽象化する「Opaque Return Type」と呼ばれる指定です。Viewプロトコルに適合した任意の型を表します。この例ではTextビューを戻しているため「some View」を「Text」としてもOKです。ただし、ビューにはさまざまな種類があるため「some View」で任意の型に対応させているわけです。

bodyプロパティの内部ではUIのパーツとなるビューを記述します。デフォルトではcで文字列をラベルとして表示する**Textビュー**が配置されています。

なお、**body**プロパティは計算プロパティ（→P.086）で、次の省略型です。

```
var body: some View {
    get {
        return Text("Hello, World!")
    }
}
```

bodyプロパティは、ゲッターのみなので「**get{ ～ }**」が省略されています。またステートメントがひとつだけなので「**return**」が省略されているわけです。

◉ContentView_Previews構造体

キャンバスにプレビューを表示させているのが、❸（前ページContentView.swift）の**PreviewProvider**プロトコルに適合した**ContentView_Previews**構造体です。

```
struct ContentView_Previews: PreviewProvider {
    static var previews: some View {   ←a
        ContentView()   ←b
    }
}
```

aの**previews**プロパティに「**static**」修飾子がついていますが、これはインスタンスを生成することなくアクセスできることを表しています。このようなプロパティを「**タイププロパティ**」といいます。

bで前述のContentView構造体のインスタンスを生成しています。

キャンバスの「Resume」ボタンをクリックするとプロジェクトのビルドが実行されます。続いて、自動的にpreviewsプロパティが取得され、キャンバスにビューのプレビューが表示されるというわけです。

なお、シミュレータや実機で確認する場合には、このContentView_Previews構造体は参照されません。

3-1-2 Textビューの文字列を変更する

ビューには、さまざまな属性を設定できます。**Textビュー**であれば、表示する文字列、フォントのサイズや背景色などを設定できます。

エディタ上でText(~)（次ページ図❶）をクリックして選択、もしくはキャンバスでTextビューをクリックして選択した状態で❷、「**インスペクタ**」エリアの「**アトリビュートインスペクタ**」を表示してみましょう❸。

たとえば、「**Text**」ではラベルとして表示するテキストを変更できます❹。

「**Text**」で文字列を変更すると、ソースファイルのTextビューのイニシャライザの文字列も変更され❺、プレビューにも反映されます❻。もちろん「アトリビュートインスペクタ」を使用せずに、Textビューのイニシャライザの文字列を直接書き換えてもかまいません❼。

■ Textビューの文字列を変更

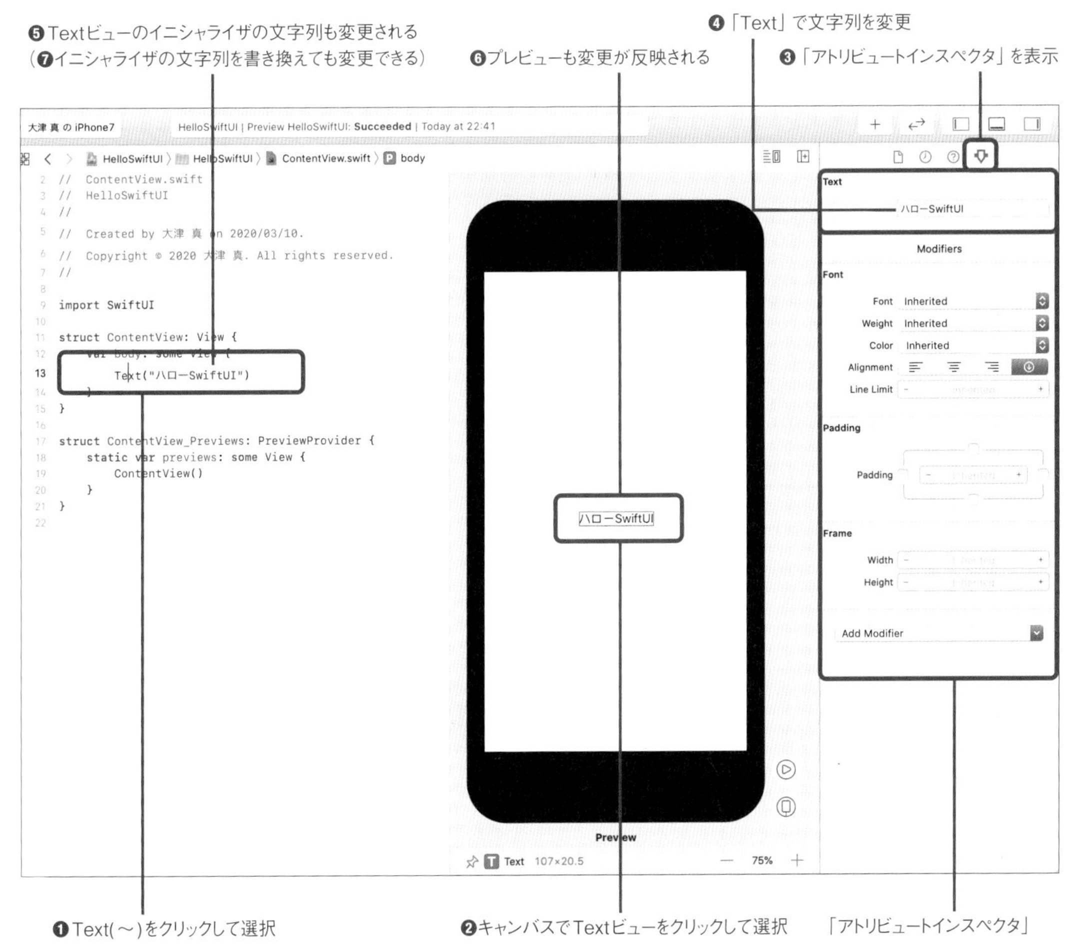

3-1-3 モディファイアによる属性の変更

ビューの属性を変更するメソッドのことを「**モディファイア**」(Modifier) といいます。「**アトリビュートインスペクタ**」の「**Modifiers**」では基本的なモディファイアを設定できます。

■ **選択されているビューのモディファイアを設定する**

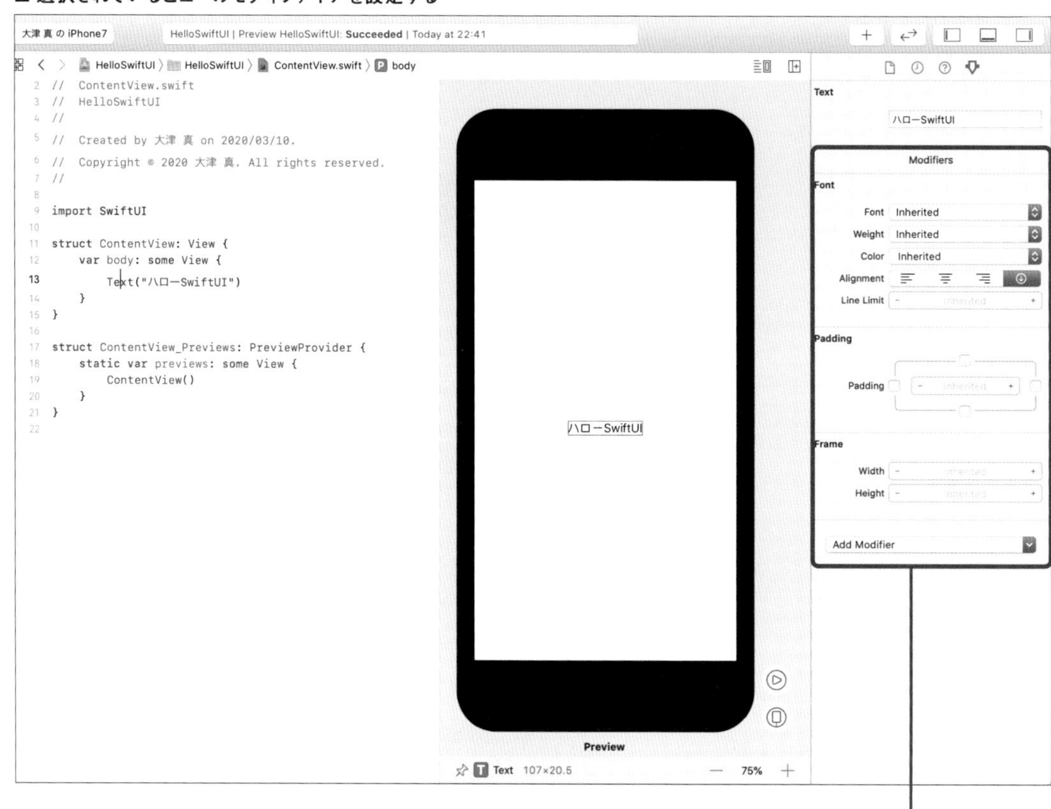

選択されているビューのモディファイアを設定する

NOTE ビューには親子関係があります。この場合、コンテンツビューが親でTextビューが子になります。デフォルトでは「Font」や「Color」などが「**Inherited**」になっていますが、これは親の設定を引き継ぐことを表しています。

◉いろいろな属性を変更する

たとえば、「**Font**」ドロップダウンリストではフォントのサイズを選択できます。「**Large Title**」が一番大きく、下に行くほど小さくなります。

■「Font」ドロップダウンリストでフォントのサイズを選択

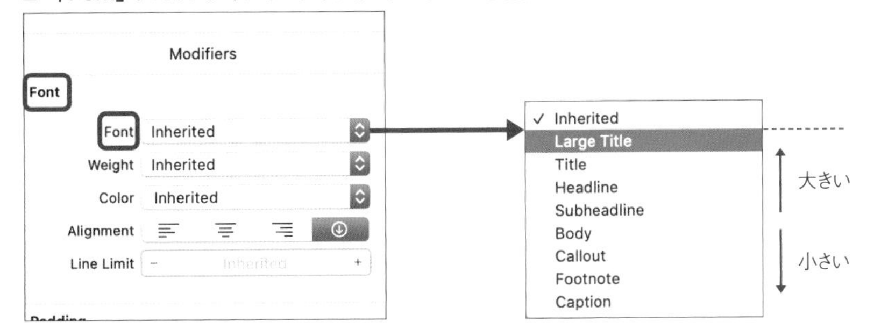

試しに「Font」を「Large Title」に変更してみましょう。

プレビューが自動的にアップデートされ、フォントサイズが変更されます（更新されない場合には「Resume」ボタンをクリックします）。

■フォントサイズの変更

エディタではContentView構造体の**body**プロパティが次のように変更されています。

```
struct ContentView: View {
    var body: some View {
        Text("ハローSwiftUI")
            .font(.largeTitle)  ←❶追加される
    }
}
```

❶で、Textビューに**font**モディファイア（fontメソッド）が追加されています。

fontモディファイアは、Textビューの次の行に記述されていますが、次のように1行で記述したのと同じです。

```
Text("ハローSwiftUI")
    .font(.largeTitle)
```

```
Text("ハローSwiftUI").font(.largeTitle)
```

「**Color**」はフォントの色を選択します。「Red」を選択してみましょう。

■ **フォントの色を変更**

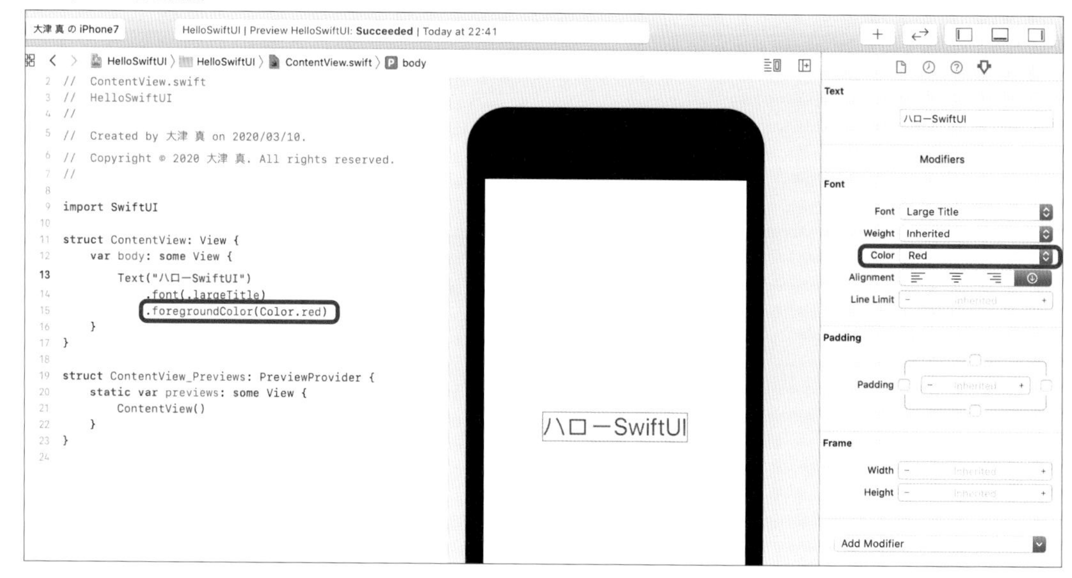

Textビューには文字色を赤にする**foregroundColor**モディファイアが追加されます。

```
Text("ハローSwiftUI")
    .font(.largeTitle)
    .foregroundColor(Color.red)
```

NOTE 引数の「Color.red」はColor構造体のredプロパティです。このようにインスタンスを生成せずに「構造体名.プロパティ名」でアクセスするプロパティを「タイププロパティ」といいます。

NOTE 各モディファイアは変更が加えられたビューを戻します。たとえばfontモディファイアはフォントが変更されたビューを戻し、foregroundColorモディファイアは文字色が変更されたビューを戻します。このように何らかの値（この場合はビュー）を戻すメソッドを鎖のように連結して順に処理することを「メソッドチェーン」といいます。

◉モディファイアをコメントにして効果を確認する

「アトリビュートインスペクタ」で属性を設定すると、エディタではモディファイアのメソッドが1行にひとつずつ並べられます。これで、各行をコメントにすることで簡単にモディファイアの効果をオン／オフできます。

```
        Text("ハローSwiftUI")
//            .font(.largeTitle)    ← フォントの設定をオフにする
            .foregroundColor(Color.red)
```

NOTE 行を選択して「⌘ + /」キーを押すと、コメントの設定／解除を切り替えられます。

◉ドロップダウンリストによるモディファイアの追加

アトリビュートインスペクタの「**Add Modifier**」ドロップダウンリストでは、さまざまなモディファイアを選択できます。たとえば「**Background**」を選択すると、アトリビュートインスペクタに「Background」が追加され、ドロップダウンリストから背景色を選択できるようになります。

■「Add Modifier」ドロップダウンリスト

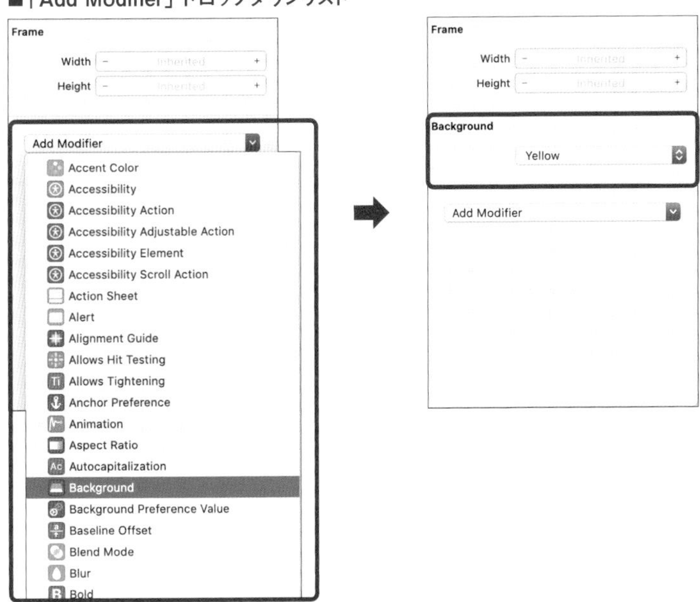

また、エディタで確認すると**background**モディファイアが追加されたことがわかります。

■ backgroundモディファイアで背景色を設定

次に、枠線を表示する「**Border**」を追加してみましょう。

■ Borderモディファイアで枠線を設定

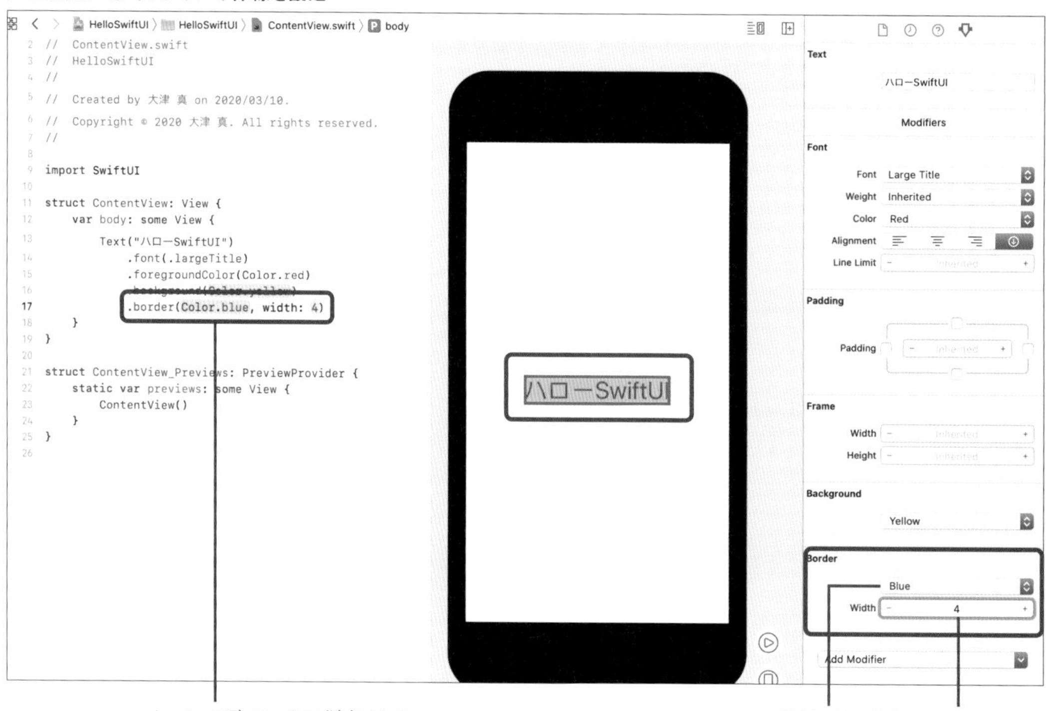

「**Padding**」では上下左右の余白が設定できます。

■「Padding」では上下左右の余白が設定

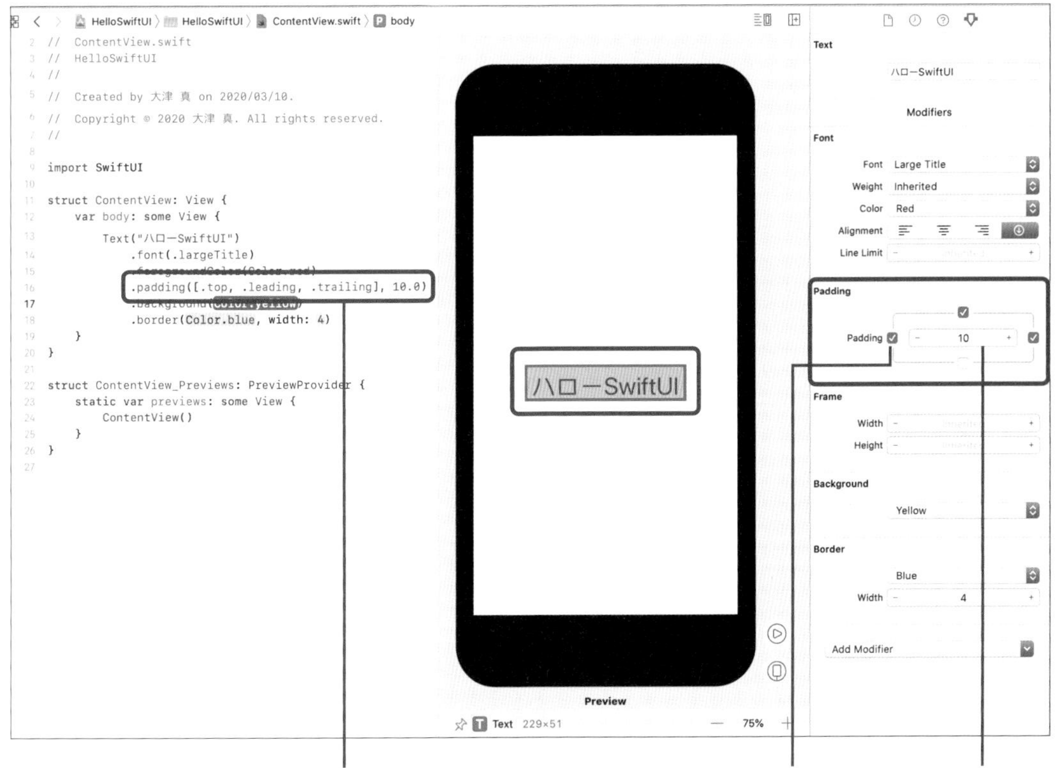

◉コードを直接修正してモディファイアを設定する

アトリビュートインスペクタではビューの属性をすべて設定できるわけではありません。より詳細な修正はコードを直接修正します。また、慣れてくるとエディタでモディファイアを直接追加、編集したほうが早い場合もあるでしょう。

たとえば、フォントのサイズはアトリビュートインスペクタでは「Large Title」「HeadLine」などの登録された値のみが選択できます。「Large Title」を選択すると、次のようなfontモディファイアが追加されます。

```
Text("ハローSwiftUI")
    .font(.largeTitle)
```

引数の「**.largeTitle**」は、**Font**構造体のタイププロパティです。型推論が働くため「**Font.largeTitle**」の「Font」が省略されています。

数値でフォントサイズを指定するにはFont構造体のタイプメソッドである**system**メソッドに**size**引数を指定します。たとえば30ポイントにするには次のようにします。

```
        Text("ハローSwiftUI")
        .font(.system(size: 30))
```

なお、「.system(～)」は「Font.system(～)」の省略形です。

3-1-4 ビューのフレームを設定する

ビューの幅と高さはアトリビュートインスペクタの「**Frame**」で設定できます。たとえば、「**Frame**」の「**Width**」(幅) を300、「**Height**」(高さ) を100にすると、次のような**frame**モディファイアが追加され、ビューの領域であるフレームが設定されます。

```
        Text("ハローSwiftUI")
            ～
            .frame(width: 300.0, height: 100.0)
```

■ frameモディファイアでフレームサイズを設定

◉フレーム内での配置の設定

デフォルトでは、フレームを設定すると内部のコンテンツはその中央に配置されます。次に、幅と高さを300に設定した例を示します（サンプルはHelloSwiftUI3プロジェクト）。

■HelloSwiftUI3プロジェクト

SAMPLE Chapter3➡3-1➡HelloSwiftUI3

配置位置を設定するには**frame**モディファイアに**alignment**引数を追加し、**Alignment**構造体のタイププロパティを設定します。たとえば「**Alignment.bottom**」に設定すると下寄せで配置されます。

```
Text("ハロ—SwiftUI")
 ～
 .frame(width: 300.0, height: 300.0, alignment: Alignment.bottom)
```

alignment引数を追加

■ フレーム内部のコンテンツを下寄せに設定

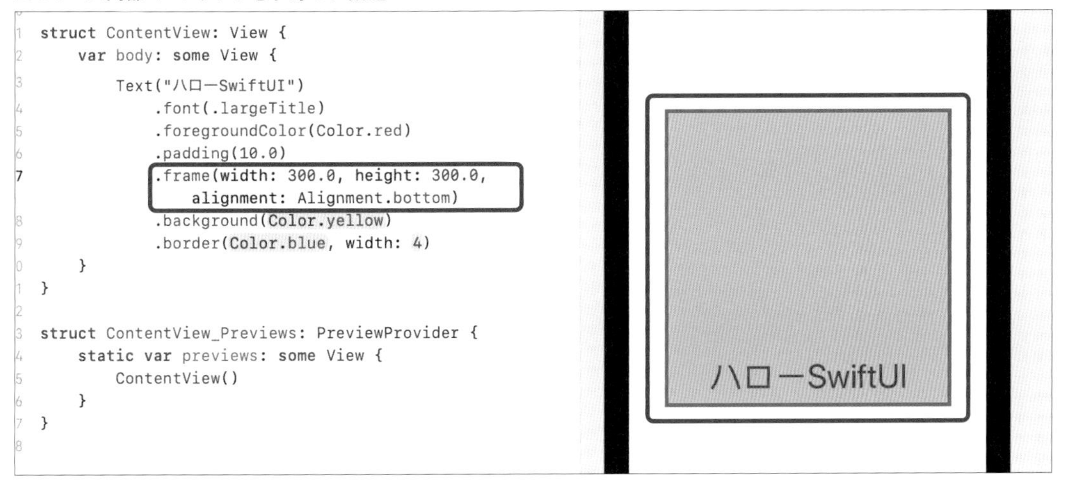

なお、「**Alignment.bottom**」は構造体名を省略して「**.bottom**」と記述できます。

```
.frame(width: 300.0, height: 300.0, alignment: Alignment.bottom)
```

⬇

```
.frame(width: 300.0, height: 300.0, alignment: .bottom)
```

次の表に、フレーム内の配置を設定するための**Alignment**構造体のタイププロパティを示します。

■配置を設定する

プロパティ	説明
center	中央（デフォルト）
leading	左寄せ
trailing	右寄せ
top	上寄せ
bottom	下寄せ
topLeading	左上寄せ
topTrailing	右上寄せ
bottomLeading	左下寄せ
bottomTrailing	右下寄せ

次に、「**topTrailing**」（右上寄せ）に設定した例を示します。

■ フレーム内部のコンテンツを右上寄せに設定

```
1  struct ContentView: View {
2      var body: some View {
3          Text("ハローSwiftUI")
4              .font(.largeTitle)
5              .foregroundColor(Color.red)
6              .padding(10.0)
7              .frame(width: 300.0, height: 300.0,
                 alignment: .topTrailing)
8              .background(Color.yellow)
9              .border(Color.blue, width: 4)
10     }
11 }
12
13 struct ContentView_Previews: PreviewProvider {
14     static var previews: some View {
15         ContentView()
16     }
17 }
18
```

column モディファイアの適用順に注意

モディファイアのメソッドは、ビューに適用され、新たなビューを戻します。そのためモディファイアを連続して実行できるわけです。このときモディファイアの実行順に注意する必要があります。

次の例は、**frame** モディファイア実行したあとに、**background** モディファイアと **border** モディファイアを実行した状態です。

■ frame、background、borderの順に実行

```
struct ContentView: View {
    var body: some View {
        Text("ハローSwiftUI")
            .font(.largeTitle)
            .foregroundColor(Color.red)
            .padding(10.0)
            .frame(width: 300.0, height: 300.0)
            .background(Color.yellow)
            .border(Color.blue, width: 4)
    }
}

struct ContentView_Previews: PreviewProvider {
    static var previews: some View {
        ContentView()
    }
}
```

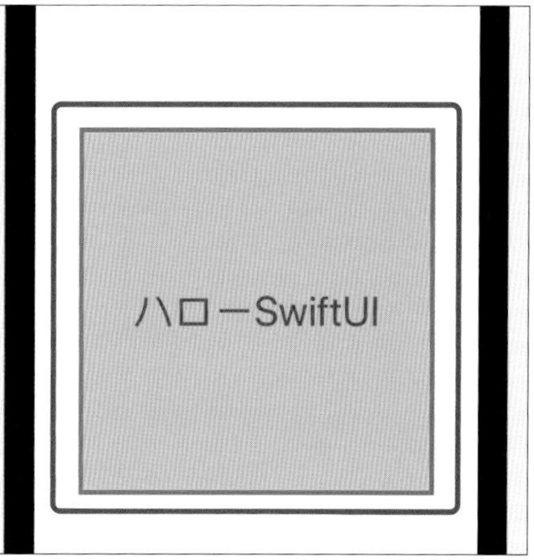

これに対し、**background** モディファイアと **border** モディファイアのあとに **frame** モディファイアを実行すると、背景色と枠線が設定されなくなります。

■ background、border、frameの順に実行

```
struct ContentView: View {
    var body: some View {
        Text("ハローSwiftUI")
            .font(.largeTitle)
            .foregroundColor(Color.red)
            .padding(10.0)
            .background(Color.yellow)
            .border(Color.blue, width: 4)
            .frame(width: 300.0, height: 300.0)
    }
}

struct ContentView_Previews: PreviewProvider {
    static var previews: some View {
        ContentView()
    }
}
```

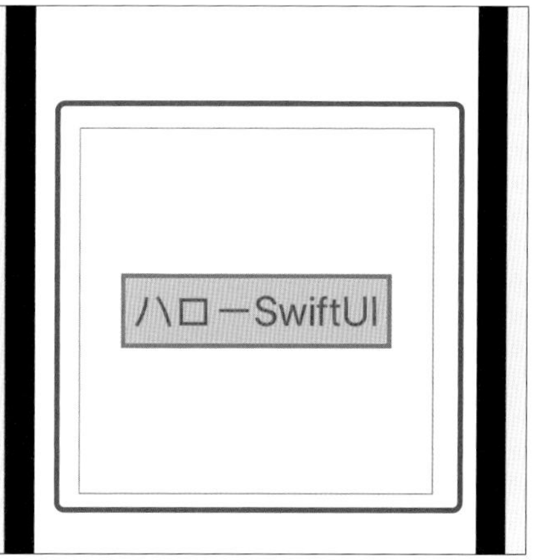

3-1-5 「インスペクタ」ウィンドウを使用してビューの属性を変更する

ビューの属性の設定は、「アトリビュートインスペクタ」のほかに「**インスペクタ**」ウィンドウによっても行えます。

1 エディタ上で ⌘ キーを押しながらビューをクリックします。表示されるメニューから「Show SwiftUI Inspector」を選択します。

ビューを ⌘ +クリック

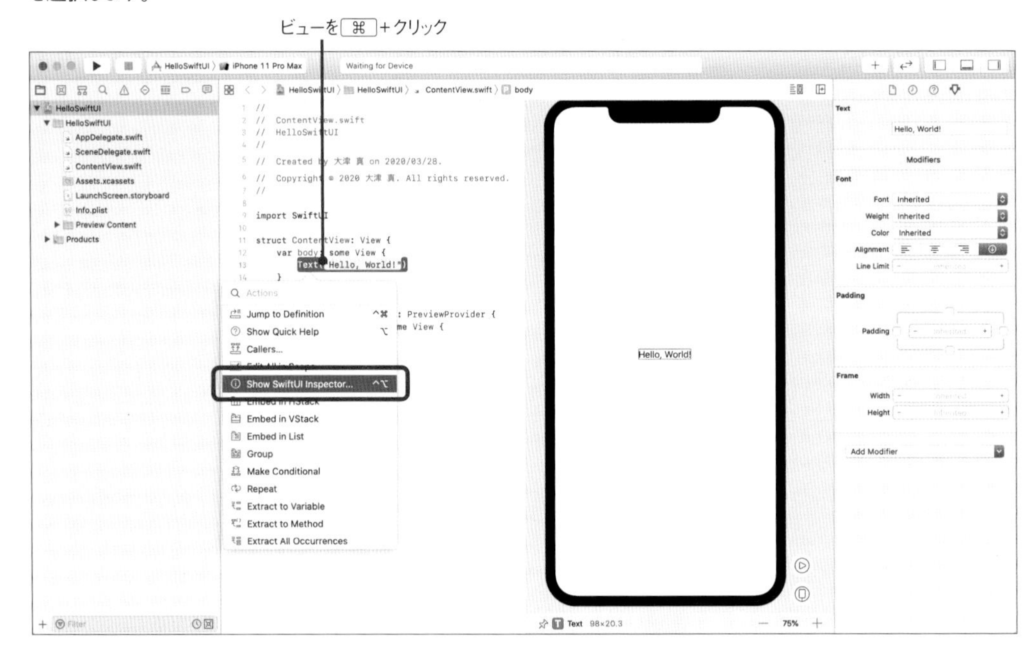

2 「インスペクタ」ウィンドウが表示されます。

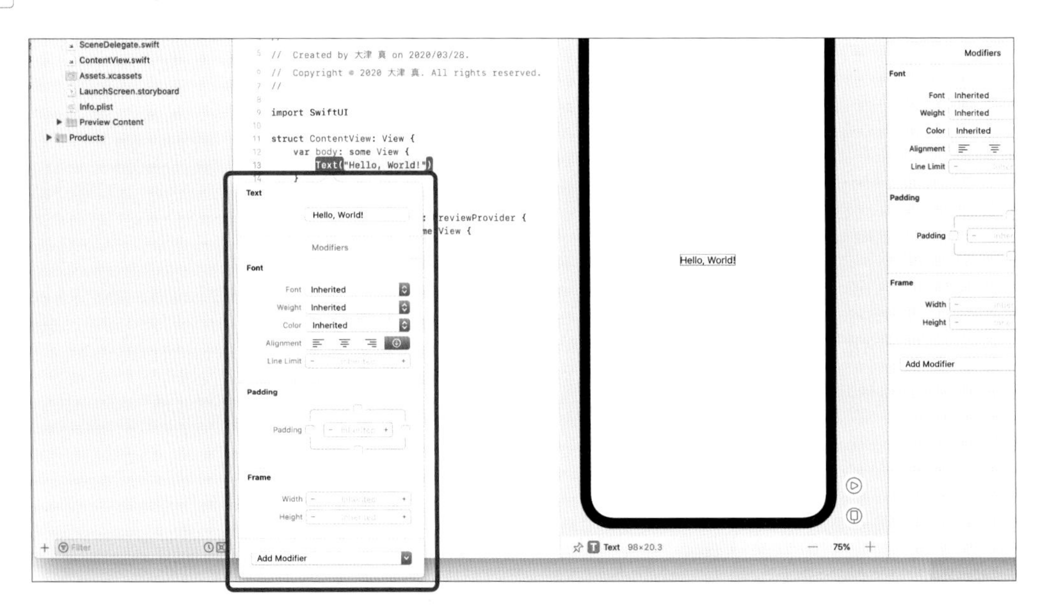

3-2 スタックレイアウトでビューをまとめる

Learning SwiftUI with Xcode and Creating iOS Applications

この節では、複数のビューをまとめて配置するスタックレイアウトについて説明します。スタックレイアウトを活用すると、異なるサイズのデバイスで複数のビューのレイアウトを柔軟に行えます。

POINT

この節の勘どころ

- ◆ ビューを垂直方向に配置するVStack
- ◆ ビューを水平方向に配置するHStack
- ◆ ビューを前後に重ねて配置するZStack
- ◆ スタックレイアウトを組み合わせて使用する

3-2-1 スタックレイアウトについて

コンテンツビューの**body**プロパティに直接記述できるのビューはひとつだけです。コンテンツビューに、複数のビューを配置したい場合には**VStack**、**HStack**、**ZStack**といった**スタックレイアウト**を使用します。なお、スタックレイアウトは組み合わせて使用することができます。

■VStack、HStack、ZStack

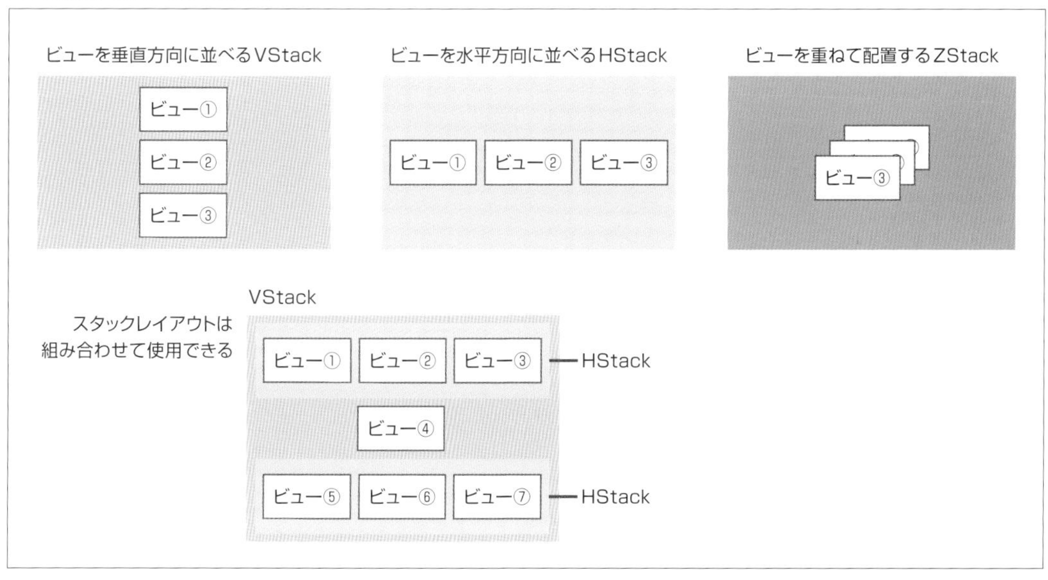

3-2-2 ビューを縦方向に並べるVStack

VStackを使用すると、ビューを垂直方向に（現時点で最大10個）並べて配置できます。次のような書式になります。

■ビューを縦方向に並べる書式

```
VStack {
    ビュー1
    ビュー2
    ...
}
```

VStackを使用してTextビューを複数個並べてみましょう。もちろんVStack文を直接エディタで記述してもいいのですが、ここではメニューから選択する方法を説明しましょう。

1. エディタでContentView.swiftを開き、bodyプロパティ内のTextビューを、⌘キーを押しながらクリックします。表示されるメニューから「Embed in VStack」を選択します。

   Textビューが「VStack{」と「}」で囲まれます。

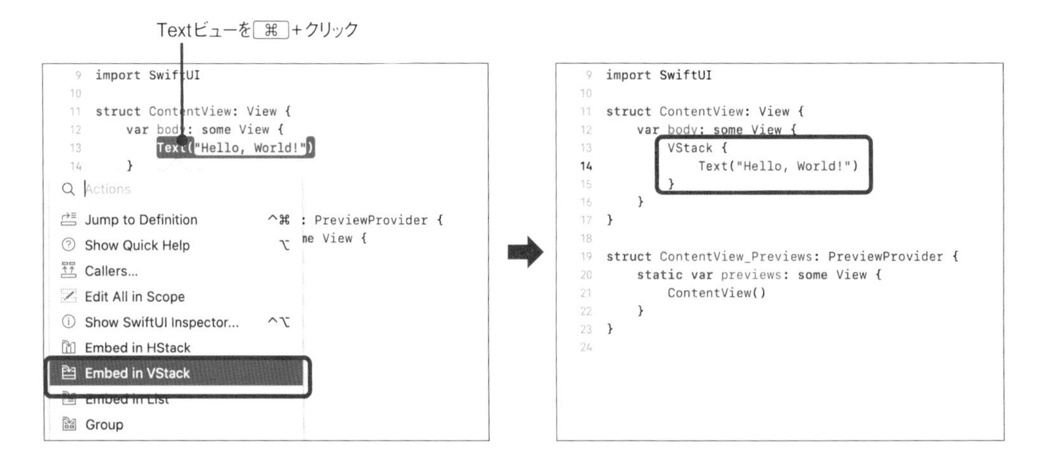

◉ライブラリからビューを追加する

ビューはエディタで直接記述して追加するほかに、「ライブラリ」ウィンドウからドラッグ＆ドロップで追加できます。ここではTextビューを追加してみましょう。

1 右上の[+]ボタン（「Library」ボタン）をクリックします。

2 「ライブラリ」ウィンドウが表示されます。「Show the Views library」タブ[□]を選択すると、利用可能なビューの一覧が表示されます。

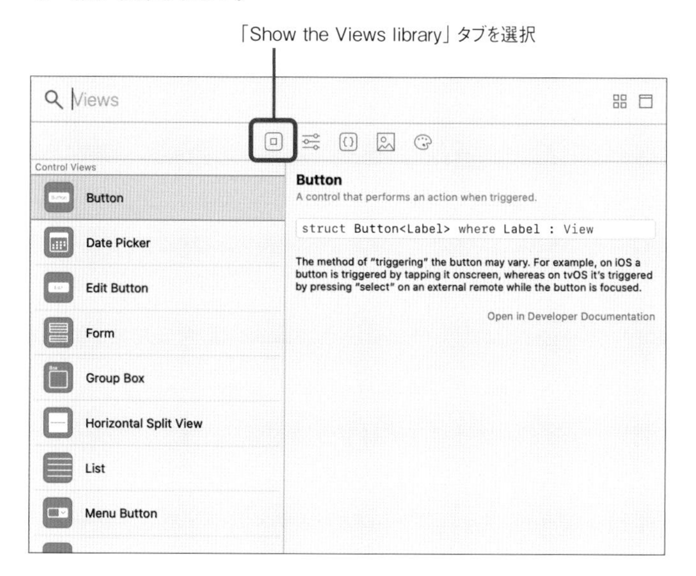

3 「Text」を選択し、最初のTextビューの下にドラッグ&ドロップして配置します。

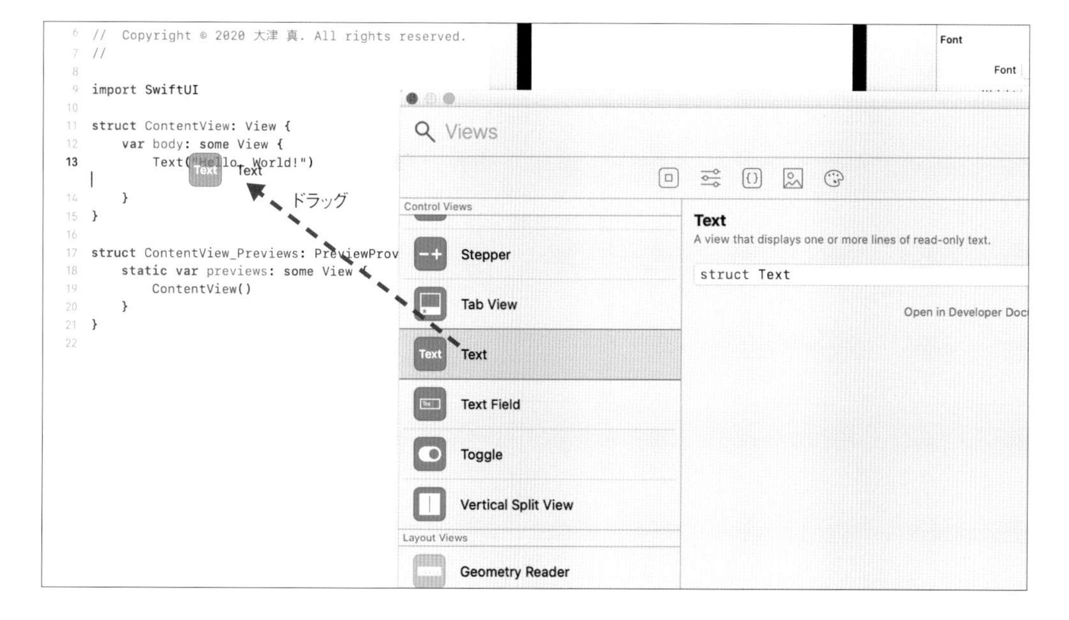

4 プレビューで確認すると、VStackに記述した順にTextビューが配置されていることがわかります。

デフォルトでは「Placeholder」という文字列が表示されています。

```
8
9  import SwiftUI
10
11 struct ContentView: View {
12     var body: some View {
13         VStack {
14             Text("Hello, World!")
15             Text("Placeholder")
16         }
       }
17 }
18
19 struct ContentView_Previews: PreviewProvider {
20     static var previews: some View {
21         ContentView()
22     }
23 }
26
```

Hello, World!
Placeholder

NOTE ビューを配置すると「ライブラリ」ウィンドウが閉じられます。複数のビューを続けて配置したい場合には option キーを押しながら + ボタンをクリックします。すると「ライブラリ」ウィンドウが開いたままになります。

◎テキストを変更する

デフォルトではTextビューに表示する文字列として"Placeholder"が設定されています。これはアトリビュートインスペクタの「Text」で変更できます。もちろんソースを直接書き換えてもかまいません。

■ 追加したビューのテキストを変更

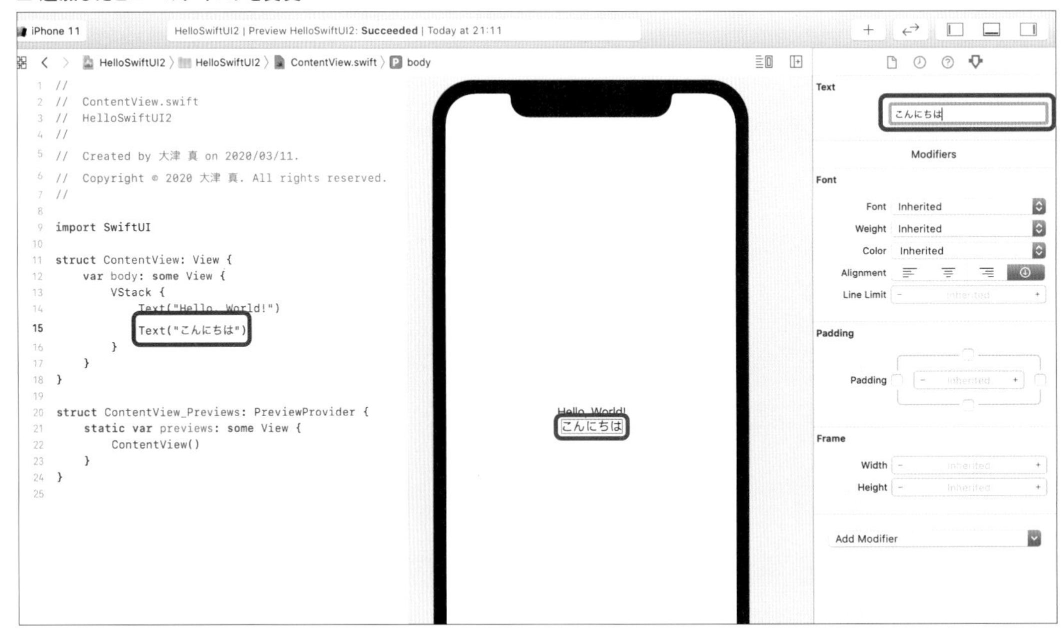

NOTE スタックレイアウトはSwift5.1で搭載された「ファンクションビルダ」という機能を使用しています。

3-2-3 ビューを横方向に並べるHStack

HStackスタックレイアウトを使用すると、ビューを左から順に横一列に並べられます。試しに、エディタで前述のVStackをHStackに書き換えてみましょう。

■「HStack」で横に並べる

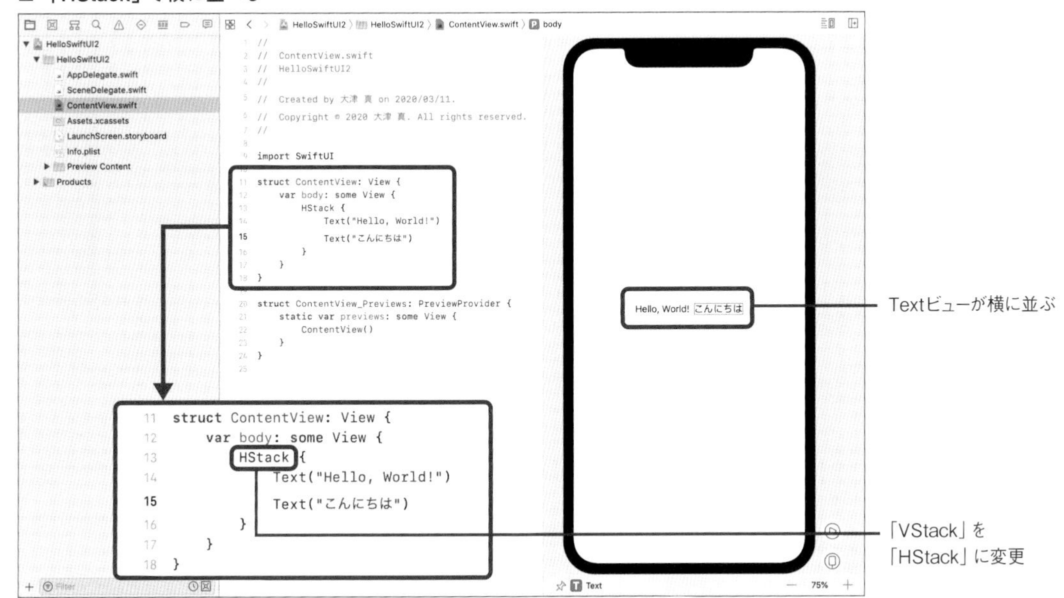

column

ビューをプレビュー画面にドラッグ&ドロップして配置する

「ライブラリ」ウィンドウからビューをキャンバスのプレビューにドラッグ&ドロップで配置することもできます。その場合、ドラッグした位置に応じて自動的にVStackもしくはHStackが設定されます。

既存のビューの上側もしくは下側にドロップするとVStackで配置されます。

■既存のビューの下側にドロップ

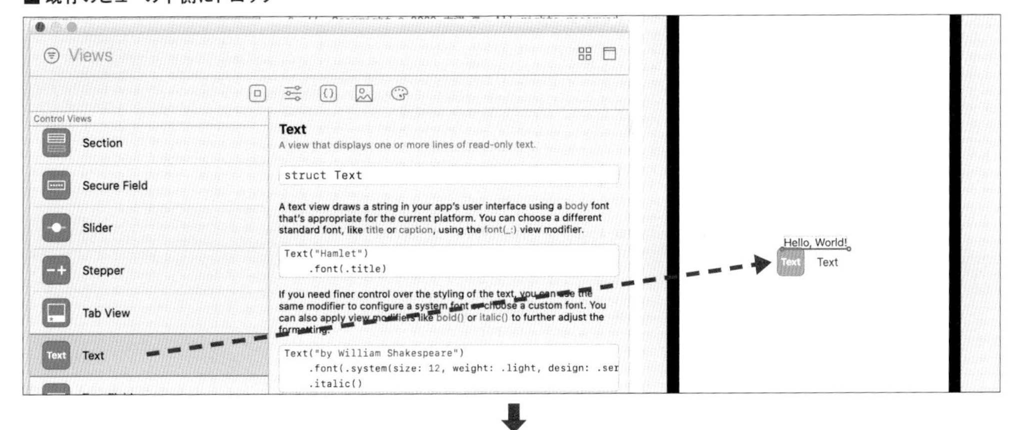

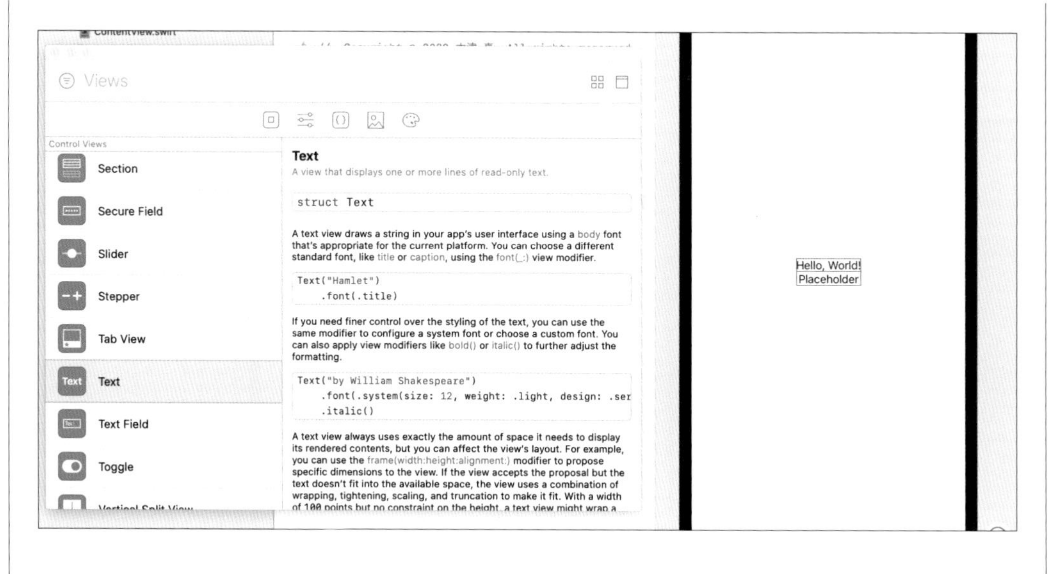

既存のビューの左側もしくは右側にドロップするとHStackで配置されます。なお、⌘キーを押しながらドロップすると既存のビューを置き換えられます。

3-2-4 複数のスタックレイアウトを組み合わせる

HStackの内部に**VStack**を入れるといったように、スタックレイアウトを入れ子にすることができます。次の例では、VStackの内部に、2つのHStackを配置しています。

■ **ContentView.swift（一部）（StackTest1 プロジェクト）**

SAMPLE Chapter3➡3-2➡StackTest1

```
struct ContentView: View {
    var body: some View {
        VStack {
            HStack {
                Text("ハロー")
                Text("SwiftUI")
            }
            HStack {
                Text("こんにちは")
                Text("Swift")
            }
        }
    }
}
```

←内部のHStackその1
←内部のHStackその2
←外側のVStack

■ Textビューとプレビュー

```
 9 import SwiftUI
10
11 struct ContentView: View {
12     var body: some View {
13         VStack {
14             HStack {
15                 Text("ハロー")
16                 Text("SwiftUI")
17             }
18             HStack {
19                 Text("こんにちは")
20                 Text("Swift")
21             }
22         }
23     }
24 }
25
```

ハロー SwiftUI
こんにちは Swift

3-2-5 スタックレイアウトにモディファイアを設定する

VStackやHStackといったスタックレイアウトに、モディファイアを設定することにより、その内部のスタックレイアウトやビューの属性をまとめて設定できます。このとき、内部のビューにも同じモディファイアを記述した場合には、内部の要素のモディファイアが優先されます。

次の例を見てみましょう。

■ ContentView.swift（一部）（StackTest2プロジェクト）

SAMPLE Chapter3➡3-2➡StackTest2

```
VStack {
    HStack {
        Text("ハロー")
            .foregroundColor(.green)  ←❶
        Text("SwiftUI")
    }
    .font(.largeTitle)  ←❷
    HStack {
        Text("こんにちは")
        Text("Swift")
            .border(Color.blue, width: 2)
    }
    .font(.title)  ←❸
}
.foregroundColor(.orange)  ←❹
```

❷で**HStack**に**font**モディファイアでフォントサイズを「.largeTitle」に設定しています。こうすると内部の2つのTextビューのフォントが「.largeTitle」になります。

同様に❸で、HStack内部のTextビューのフォントサイズを「.title」にしています。

❹では、**VStack**全体に対し、**foregroundColor**モディファイアで内部のビューの文字色をオレンジ

（orange）に設定しています。ただし、❶で設定している「**foregroundColor(.green)**」が優先され、最初のTextビューのみ緑色（green）となります。

■「StackTest2」プロジェクト

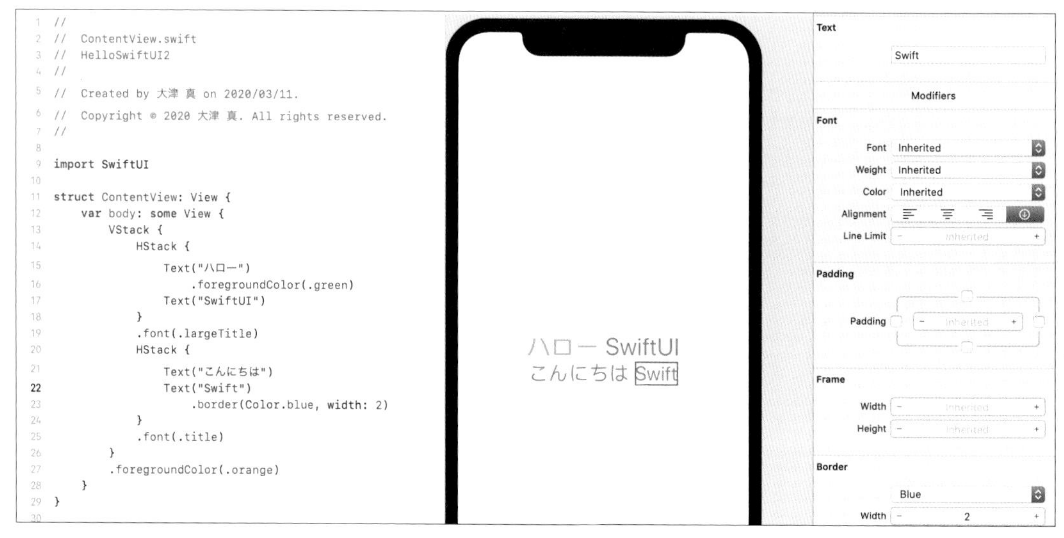

3-2-6 Spacerビューで空白を開ける

　コンテンツビューやスタックレイアウトに配置したビューは、デフォルトでは親のビューの中央に配置されます。**Spacer**ビュー使用すると、ビューの数に応じた、空白を入れることができます。

　次の例を見てみましょう。まず、VStackの内部にTextビューを4つ配置しています。

■ VStackの内部にTextビューを4つ配置

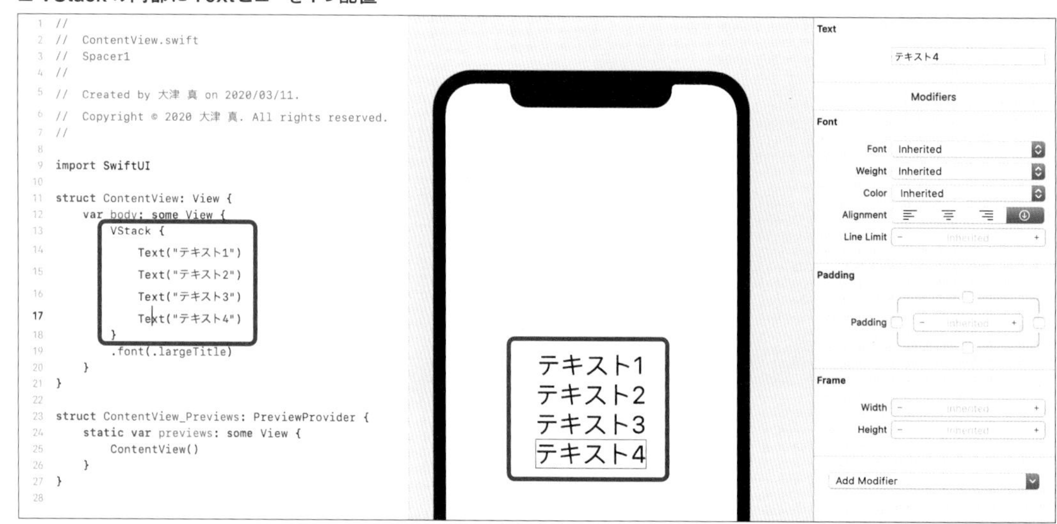

次に、「ライブラリ」ウィンドウから「Spacer」をドラッグ＆ドロップで最初のTextビューの次に配置します。

■「Spacer」を配置

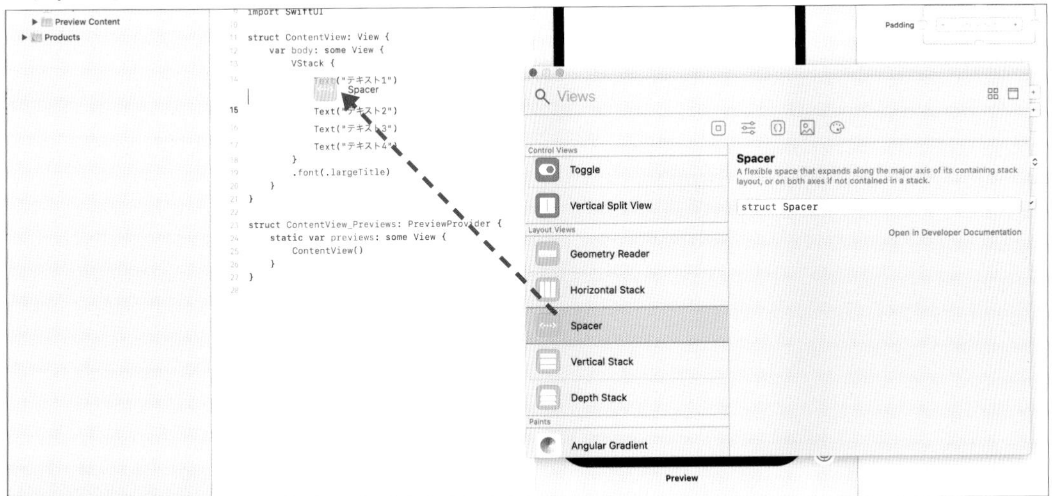

さらに、最後のTextビューの前にSpacerを配置すると、ソースは次のようになります。

SAMPLE Chapter3➡3-2➡Spacer1

■ ContentView.swift（一部）（Spacer1プロジェクト）

```
struct ContentView: View {
    var body: some View {
        VStack {
            Text("テキスト1")
            Spacer()  ←追加されたSpacerビュー
            Text("テキスト2")
            Text("テキスト3")
            Spacer()  ←追加されたSpacerビュー
            Text("テキスト4")
        }
        .font(.largeTitle)
    }
}
```

これで、最初のTextビューのうしろと、最後のTextビューの前に空白が挿入されます。

■「Spacer1」プロジェクト

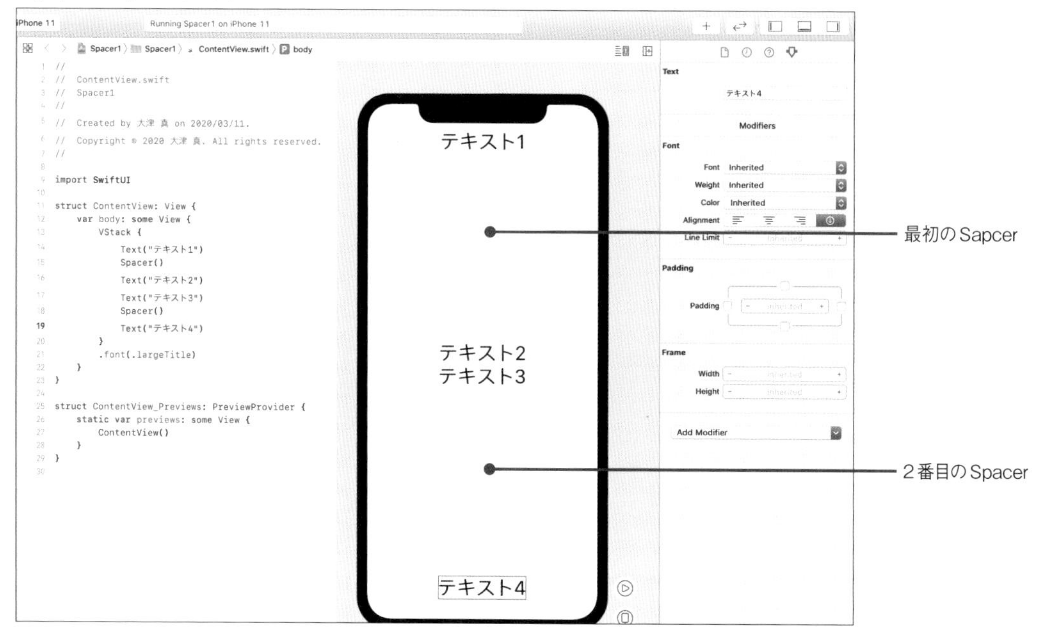

◉シミュレータで確認する

「Run」ボタンをクリックしてiOSシミュレータで確認してみましょう。画面を回転すると空白が自動で調整されることがわかります（右上の ボタンをクリックすると時計回りに90度ずつ回転します）。

■縦方向　■横方向

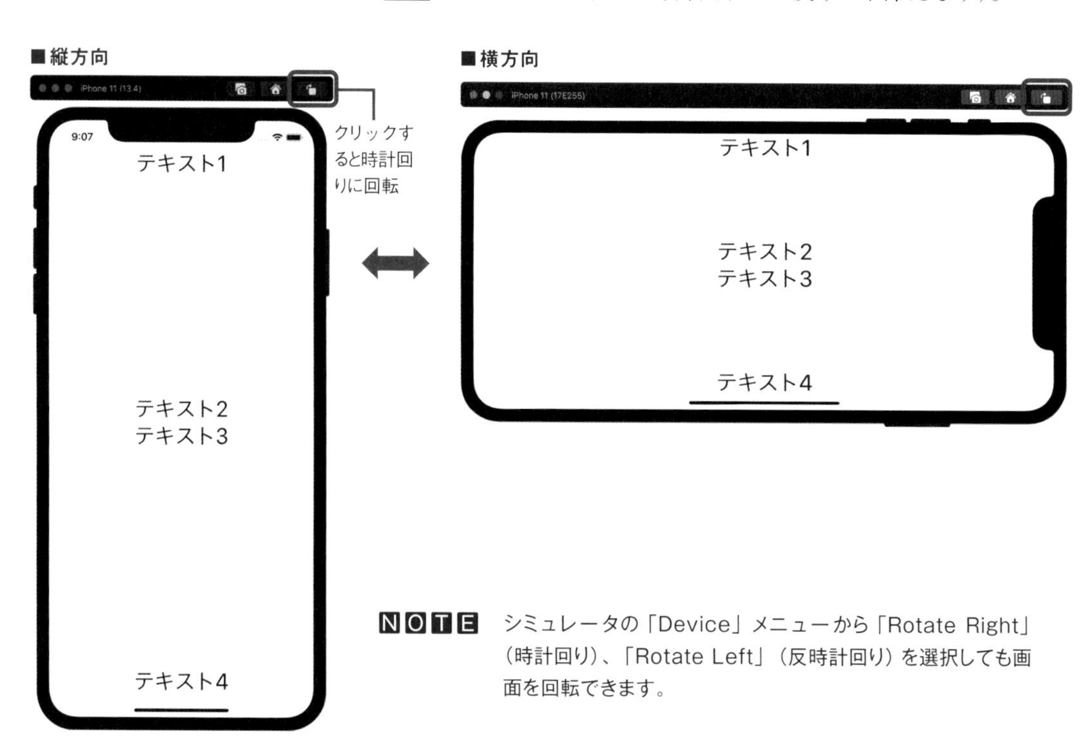

NOTE シミュレータの「Device」メニューから「Rotate Right」（時計回り）、「Rotate Left」（反時計回り）を選択しても画面を回転できます。

3-2-7 ビューを重ねて配置するZStack

ZStackは、ビューを前後に重ねて配置するためのスタックレイアウトです。後に記述したビューが前方に表示されます。

次の例は、ZStackの内部に、円を表示する**Circle**ビューと**Text**ビューを配置しています。Circleビューは**foregroundColor**モディファイアで塗りの色を設定できます。

■ ContentView.swift（一部）（ZStack1プロジェクト）

SAMPLE Chapter3➡3-2➡ZStack1

```
struct ContentView: View {
    var body: some View {
        ZStack {                              ←❶
            Circle()                          ←❷
                .foregroundColor(.yellow)
            Text("Hello, World!")             ←❸
                .font(.largeTitle)
        }
    }
}
```

❶のZStackの内部では、❷でCircleビューの色を黄色（yellow）に設定して配置し、❸でTextビューを配置しています。

■ ZStackの内部にCircleビュー、Textビューの順に配置

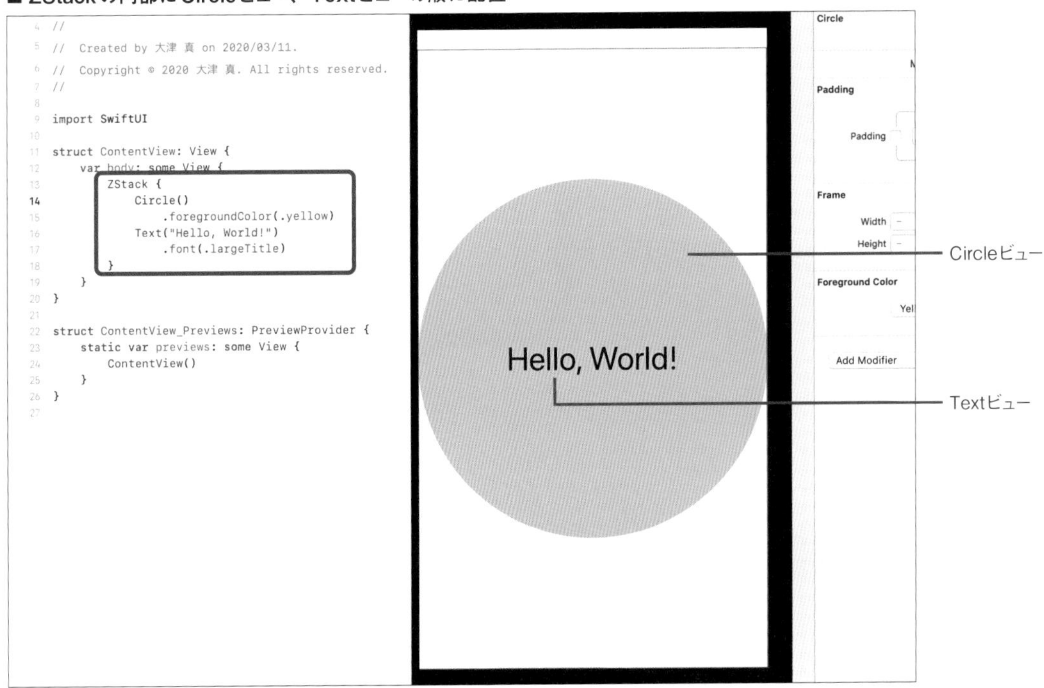

前述の例を、ビューの順番を逆にして、TextビューのあとにCircleビューを記述するとTextビューが隠れてしまいます。

■ ContentView.swift（一部）（ZStack2プロジェクト）

SAMPLE Chapter3➡3-2➡ZStack2

```
ZStack {
    Text("Hello, World!")
        .font(.largeTitle)
    Circle()
        .foregroundColor(.yellow)
}
```

TextビューのあとにCircleビューを記述

■ 操作結果

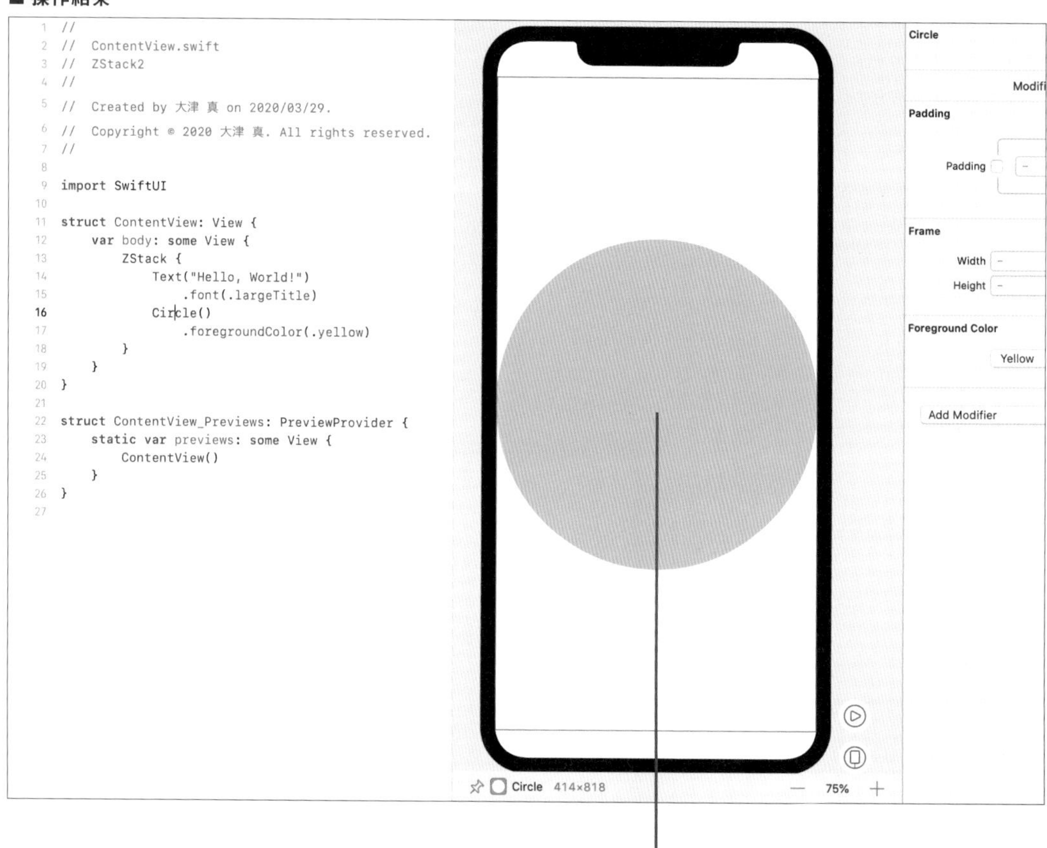

Textビューが見えなくなる

◉opacityモディファイア透明度を設定する

opacityモディファイアでは透明度を設定できます。次に、前面に配置したCircleビューの透明度を0.5に設定して、背面のTextビューが透けて見るようにした例を示します。

■ ContentView.swift（一部）（ZStack3プロジェクト）

SAMPLE Chapter3➡3-2➡ZStack3

```
        ZStack {
            Text("Hello, World!")
                .font(.largeTitle)
            Circle()
                .foregroundColor(.yellow)
                .opacity(0.5)       ← Circleビューの透明度を0.5に設定
        }
```

■ 前面に配置したCircleビューの透明度を0.5に設定

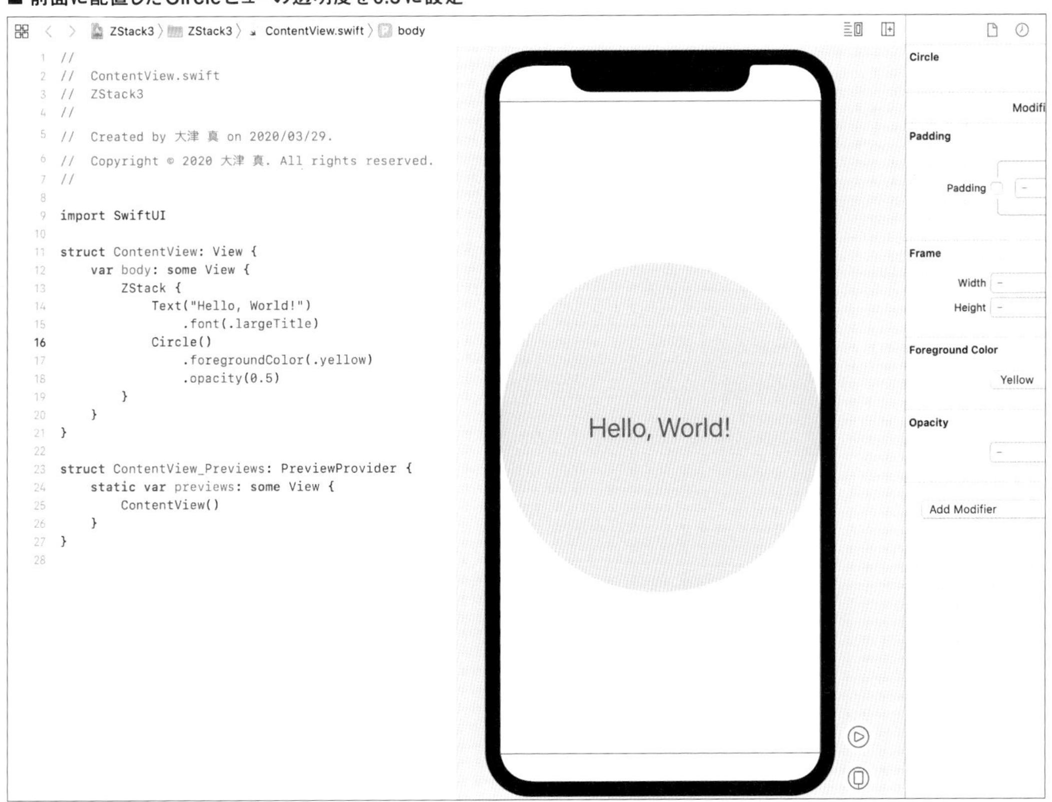

3-3 イメージの表示と位置指定

Learning SwiftUI with Xcode and Creating iOS Applications

この節では、プロジェクトに登録されたイメージファイルをコンテンツビューにImageビューとして表示する方法について説明します。また、ビューの位置指定についても説明します。

POINT

この節の勘どころ

- ◆ イメージを表示するImageビュー
- ◆ イメージのサイズを変更可能にするresizableモディファイア
- ◆ 縦横比を維持するscaledToFitモディファイアとscaledToFillモディファイア
- ◆ positionモディファイアでビューの位置を指定する
- ◆ SF Symbolsのイメージを利用する

3-3-1 アセットカタログに登録したイメージを表示する

イメージの表示には**Image**ビューを使用します。まずは、「**アセットカタログ**」(Assets.xcassets)にPNG形式のイメージ「**cat5.png**」を登録し、それをコンテンツビューに配置したImageビューに表示する例を示しましょう。

1 「プロジェクトナビゲータ」で「プロジェクト名」→「Assets.xcassets」を選択しエディタで開きます。

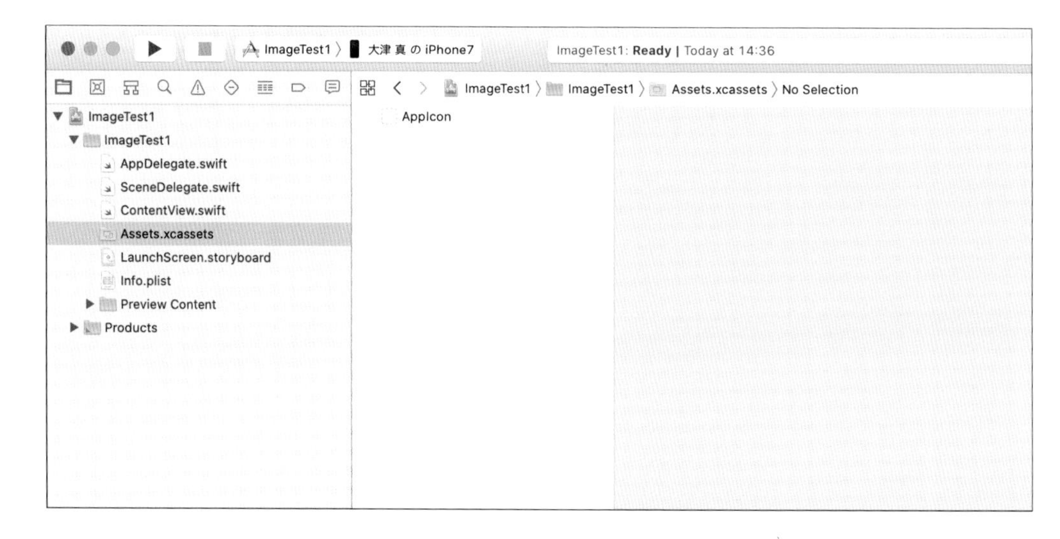

2 Finderから、目的のイメージファイルをエディタの空白部分にドラッグ＆ドロップします。これでアセットカタログにイメージが登録されます。

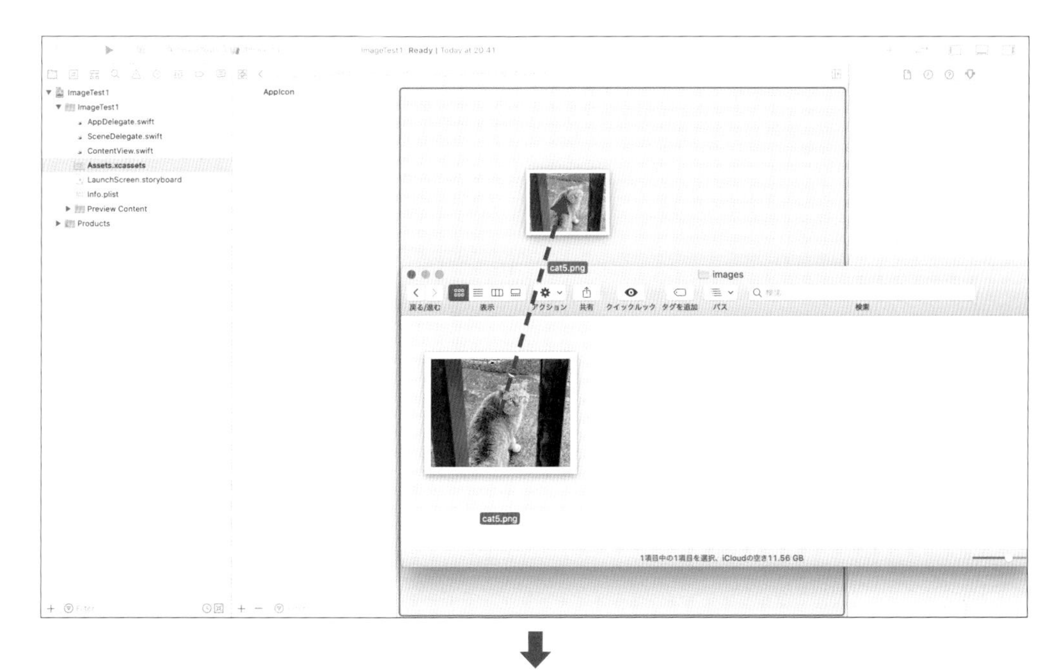

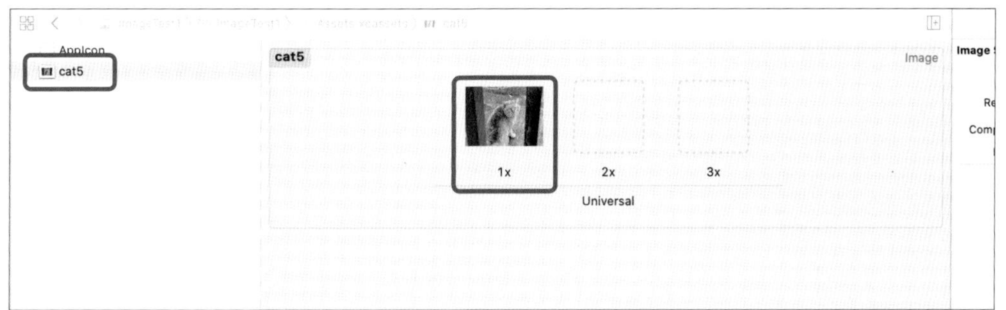

◉Imageビューをコンテンツビューに配置する

続いて、エディタにContentView.swiftを表示し、**Image**ビューを配置します。

1 「ライブラリ」ウィンドウ（→P.117）から、Imageビューをエディタにドラッグ＆ドロップして配置します。

次の例では、あらかじめVStackスタックレイアウトにTextビューが配置されている状態で、その下にImageビューを配置しています。

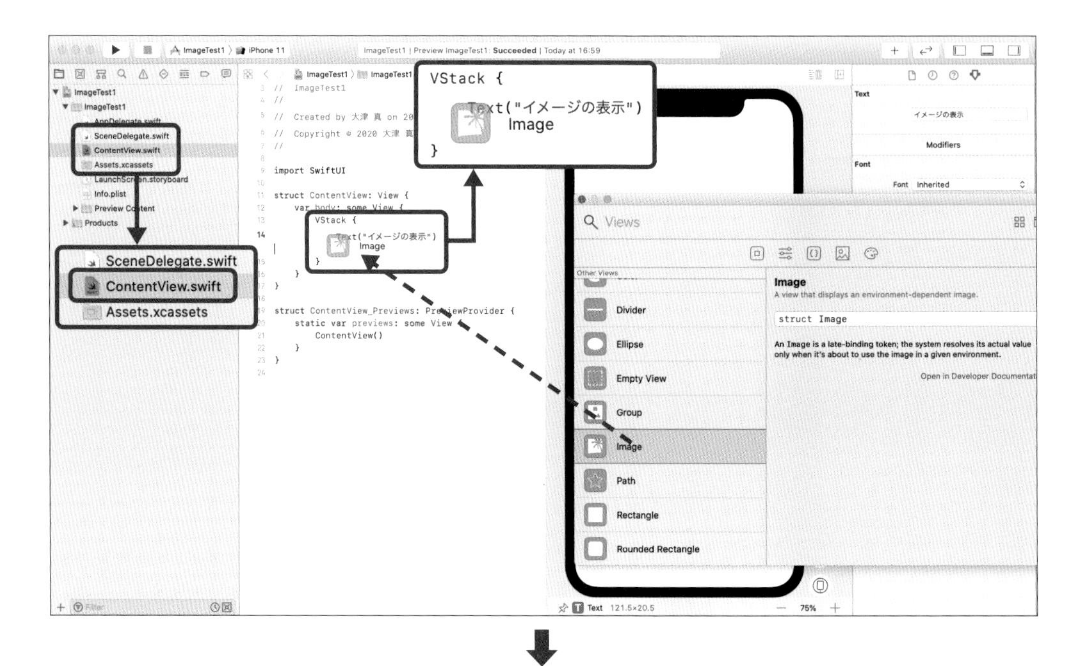

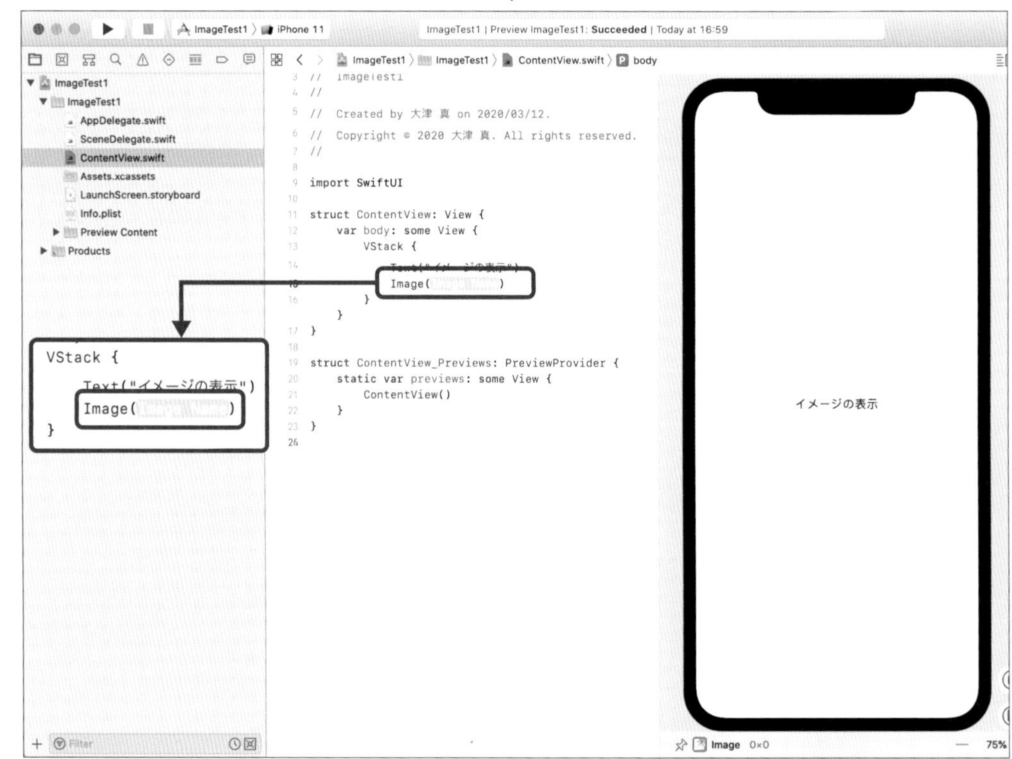

NOTE キャンバスのプレビューにImageビューをドラッグ＆ドロップしてもかまいません。

2 「アトリビュートインスペクタ」の「Image」でイメージ名を設定します（拡張子の「.png」は不要です）。

Imageビューのイニシャライザの引数にイメージ名が設定され、プレビューにイメージが表示されます。

NOTE　エディタでImageイニシャライザの引数を直接変更してもかまいません。

3-3-2　イメージをクリッピングする

デフォルトでは、コンテンツビューに配置したImageビューは元の画像サイズで表示されます。入りきらない領域は切り取られます。また、**frame**モディファイアでImageビューの領域を指定しても、はみ出した領域はそのまま表示されます。

■ 画像がフレームより大きい場合ははみ出したままとなる

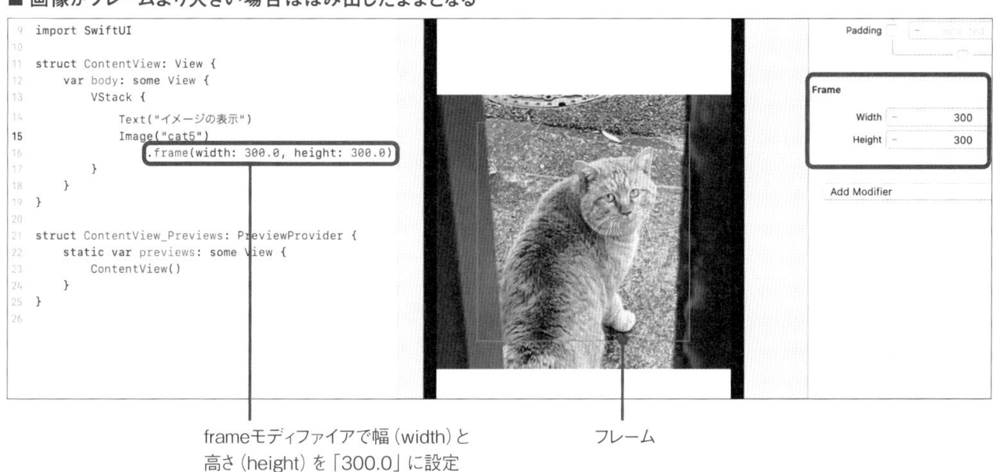

frameモディファイアで幅（width）と高さ（height）を「300.0」に設定

フレーム

はみ出した部分をクリッピングするにはframeモディファイアのあとに**clipped**モディファイアを指定します。

SAMPLE Chapter3➡3-3➡ImageTest1

■ clippedモディファイアを指定

画像がフレームで切り取られる

■ ContentView.swift（一部）（ImageTest1プロジェクト）

```
struct ContentView: View {
    var body: some View {
        VStack {
            Text("イメージの表示")
            Image("cat5")
                .frame(width: 300.0, height: 300.0)  ←幅(width)と高さ(height)を「300.0」に設定
                .clipped()  ←クリッピングする
        }
    }
}
```

◉円でクリッピングする

clippedモディファイアではフレームサイズの矩形でクリッピングされますが、**clipShape**モディファイアを、**Circle**ビューのインスタンスを引数にして実行するとフレームに収まる円でクリッピングできます。

SAMPLE Chapter3➡3-3➡ImageTest2

■ **clipShapeモディファイアを指定**

■ **ContentView.swift（一部）（ImageTest2プロジェクト）**

```
struct ContentView: View {
    var body: some View {
        VStack {
            Text("イメージの表示")
            Image("cat5")
                .frame(width: 300.0, height: 300.0)
                .clipShape(Circle())  ←❶
        }
    }
}
```

❶でclipShapeモディファイアの引数にCircleビューのイニシャライザを指定しています。

3-3-3 イメージのサイズを変更する

イメージのサイズを変更するには、あらかじめ**Image**ビュー独自のモディファイアである**resizable**モディファイアを実行しておく必要があります。そのあとで**frame**モディファイアを使用してフレームサイズを設定します。次に、実行例を示します。

SAMPLE Chapter3→3-3→ImageTest3

■ resizableモディファイア＋frameモディファイアでフレームサイズを設定

縦横比がframeで指定したサイズに変更される

■ ContentView.swift（一部）（ImageTest3プロジェクト）

```
struct ContentView: View {
    var body: some View {
        VStack {
            Text("イメージの表示")
            Image("cat5")
                .resizable()  ←❶
                .frame(width: 300.0, height: 300.0)  ←❷
        }
    }
}
```

❶でresizableモディファイアを実行してサイズ変更を許可し、❷のframeモディファイアでフレームサイズを300×300に設定しています。

NOTE resizableモディファイアは最初に実行する必要があります。

3-3-4 縦横を維持してリサイズする

resizableモディファイアを指定しただけでは、**frame**モディファイアで指定したフレームサイズにイメージのサイズが合わせられるため、縦横比が変更されてしまいます。縦横比を維持したい場合には、**scaledToFit**モディファイア、もしくは**scaledTofill**モディファイアを指定します。

◉scaledToFitモディファイア

scaledToFitモディファイアは、イメージの縦横比を維持しながら**frame**モディファイアで指定したサイズに収まるように拡大／縮小します。ただし、そのためスペースが空く可能性があります。次の例では最後に**border**モディファイアを指定してフレームサイズがわかるようにしています。

SAMPLE Chapter3➡3-3➡ImageTest4

■ scaledToFitモディファイアを指定

■ ContentView.swift（一部）（ImageTest4プロジェクト）

```
struct ContentView: View {
    var body: some View {
        VStack {
            Text("イメージの表示")
            Image("cat5")
                .resizable()
                .scaledToFit()      ←scaledToFitモディファイアを設定
                .frame(width: 300.0, height: 300.0)
                .border(Color.orange, width: 2)     ←borderモディファイアを設定
        }
    }
}
```

◉scaledToFillモディファイア

scaledToFillモディファイアはイメージの縦横比を維持しながら、空白部分を作らずに**frame**モディファイアで指定したサイズいっぱいに収まるようにします。スペースは空きませんが、frameで設定したフレームサイズからはみ出します。

SAMPLE Chapter3➡3-3➡ImageTest5

■ scaledToFillモディファイアを指定

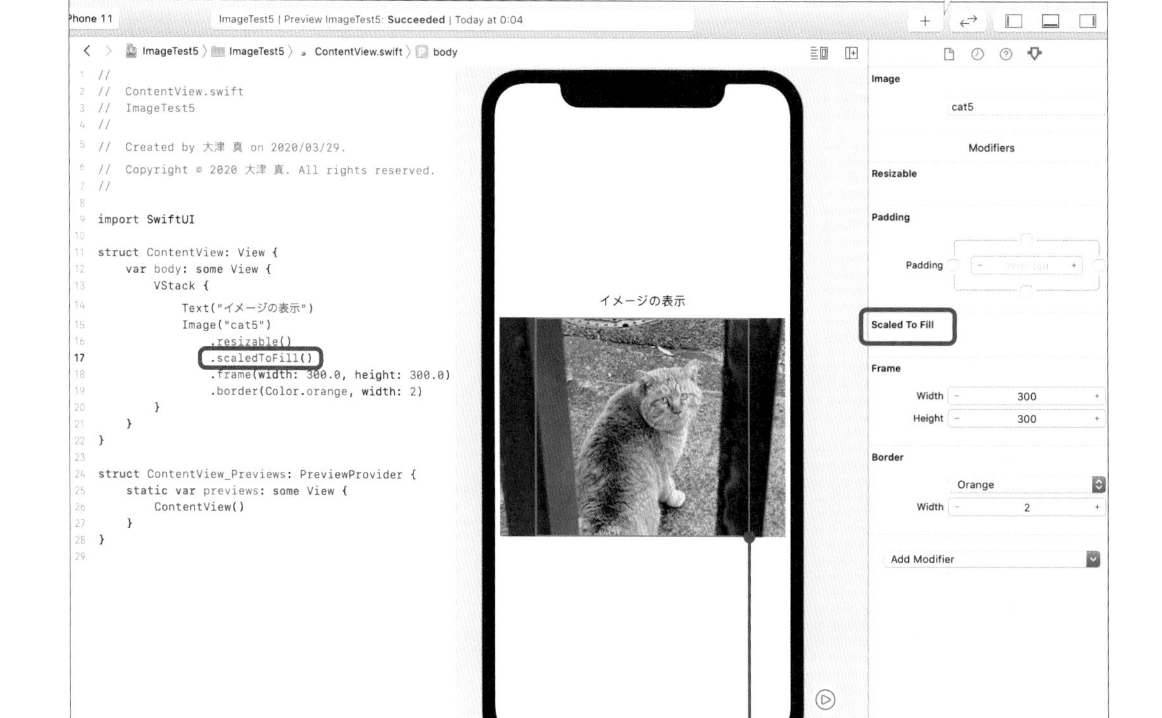

スペースは生じないがフレームサイズからはみ出す

■ ContentView.swift（一部）（ImageTest5プロジェクト）

```
struct ContentView: View {
    var body: some View {
        VStack {
            Text("イメージの表示")
            Image("cat5")
                .resizable()
                .scaledToFill()      ←scaledToFillモディファイアを設定
                .frame(width: 300.0, height: 300.0)
                .border(Color.orange, width: 2)
        }
    }
}
```

3-3-5 SF Symbolsのイメージを利用する

Imageビューでは、自分で用意したイメージファイルのほかに、iOS 13以降に標準で用意されている「**SF Symbols**」（SFは「San Francisco」の略）というシンボルフォントの画像が使用できます。

SF Symbolsのブラウズには「SF Symbols」アプリが便利です。以下のAppleの「Human Interface Guidelines」→「SF Symbols」のWebページよりダウンロードできます。

- https://developer.apple.com/design/human-interface-guidelines/sf-symbols/overview/

■ SF Symbolsフォント

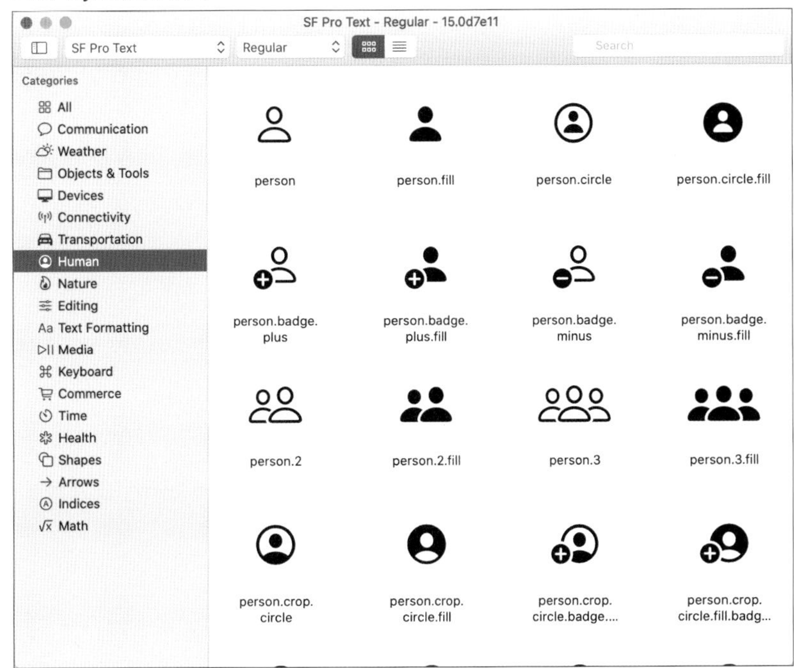

SF Symbolsのイメージを使用するには、Imageビューのイニシャライザの**systemName**引数にシンボル名を指定します。

■systemName引数にシンボル名を指定

```
Image(systemName: "ant")
                   ↑
            シンボル名を指定
```

fontモディファイアで「font(.largeTitle)」などと指定することにより通常のフォントとしてサイズを設定するほかに、イメージと同じように**resizable**モディファイアでサイズの変更を許可し、**frame**でサイズを指定することもできます。

次の例では「**ant**」(アリのイメージ)を使用しています。**resizable**モディファイア、**scaledToFit**モディファイア、**frame**モディファイアでサイズを指定し、**foregroundColor**モディファイアで色を緑(**green**)に設定しています。

■ ContentView.swift(一部)(SFSymbol1プロジェクト)

SAMPLE Chapter3➡3-3➡SFSymbol1

```
var body: some View {
    Image(systemName: "ant")  ←Imageビューのsytem Name引数に"ant"を指定
        .resizable()
        .scaledToFit()
        .frame(width: 300.0, height: 300.0)
        .foregroundColor(.green)
}
```

■「SF Symbols」の「aunt」を指定

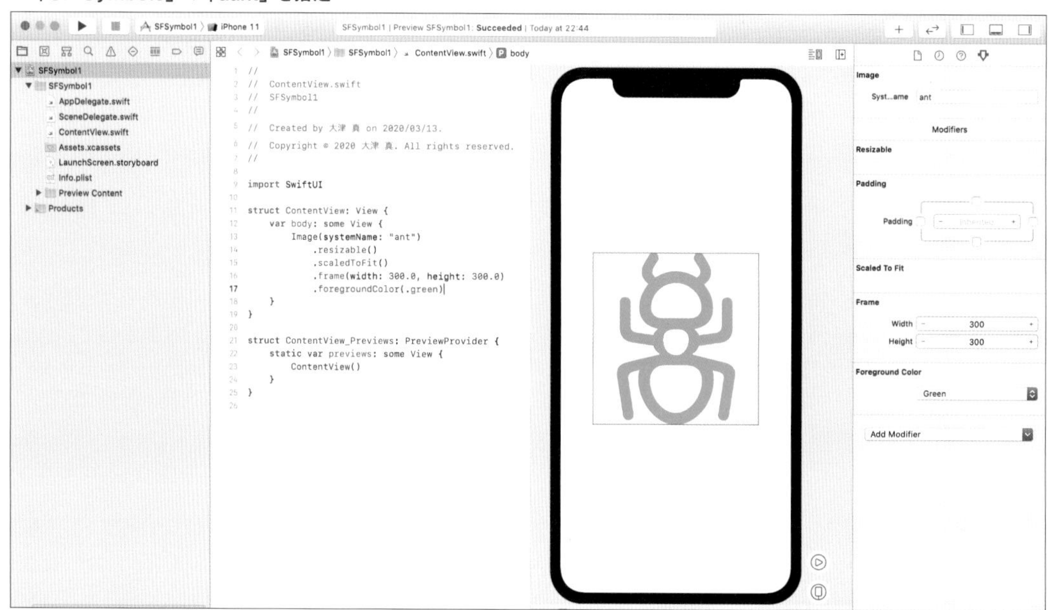

3-3-6 positionモディファイアでビューの位置指定を行う

positionモディファイアを使用すると、ビューの位置を親のビューからの絶対座標で指定できます。原点は親ビューの左上隅です。引数**x**と引数**y**でビューの中心の座標を設定します。

■ ビューの位置を指定

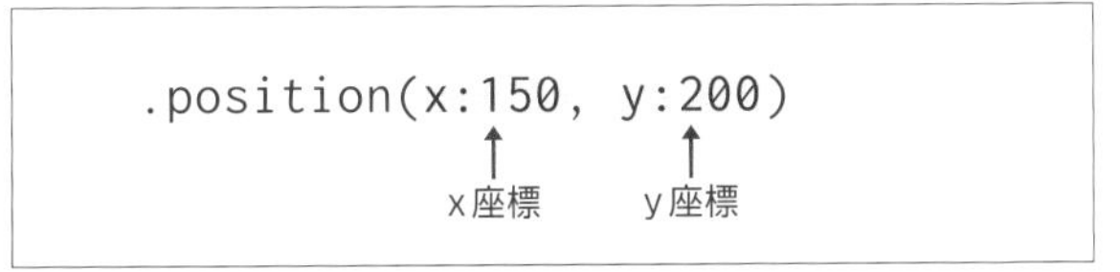

次の例はコンテンツビューの**body**プロパティで、**Image**ビューを表示しています。この場合、親ビューはコンテンツビューとなります。**position**モディファイアで引数xを150、引数yを200に設定しています❶。

SAMPLE Chapter3➡3-3➡Pos1

■「.position(x:150, y:200)」を指定

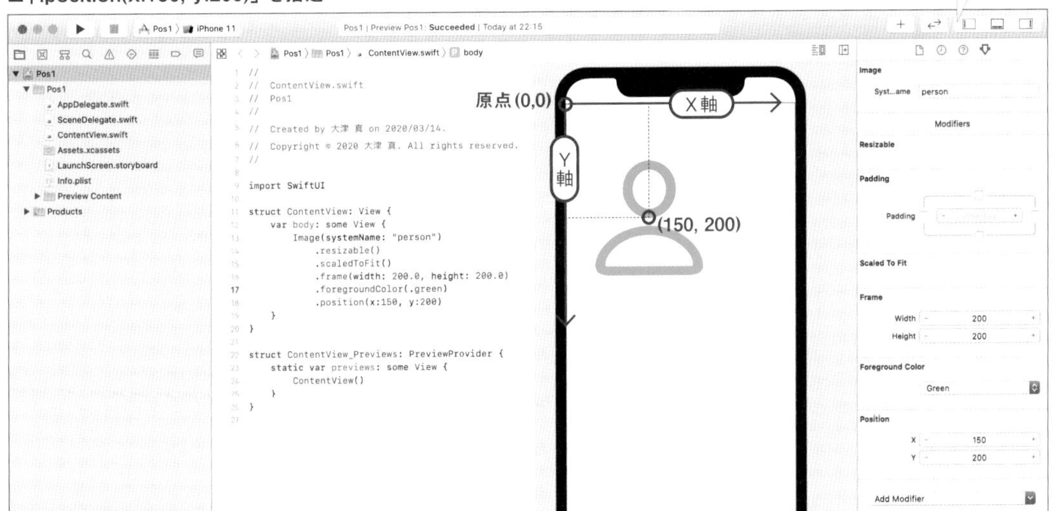

■ ContentView.swift（一部）（Pos1プロジェクト）

```
struct ContentView: View {
    var body: some View {
        Image(systemName: "person")
            .resizable()
            .scaledToFit()
            .frame(width: 200.0, height: 200.0)
            .foregroundColor(.green)
            .position(x:150, y:200)     ← positionモディファイアでx:150、y:200に設定
    }
}
```

column

PlaygroundでSwiftUIを試す

Swiftのインタラクティブな実行環境**Playground**で使用して、SwiftUIのコードを試すこともできます。以下のように操作します。

1. PlaygroundSupportフレームワークとSwiftUIフレームワークをインポートします（次のリストの❶）。
2. ContentView構造体を記述します❷。
3. PlaygroundPage.current.setLiveViewを、ContentViewのインスタンスを引数にして実行します❸。

■ SwiftUITest1.playground

SAMPLE Chapter3➡3-3➡SwiftTest1.playground

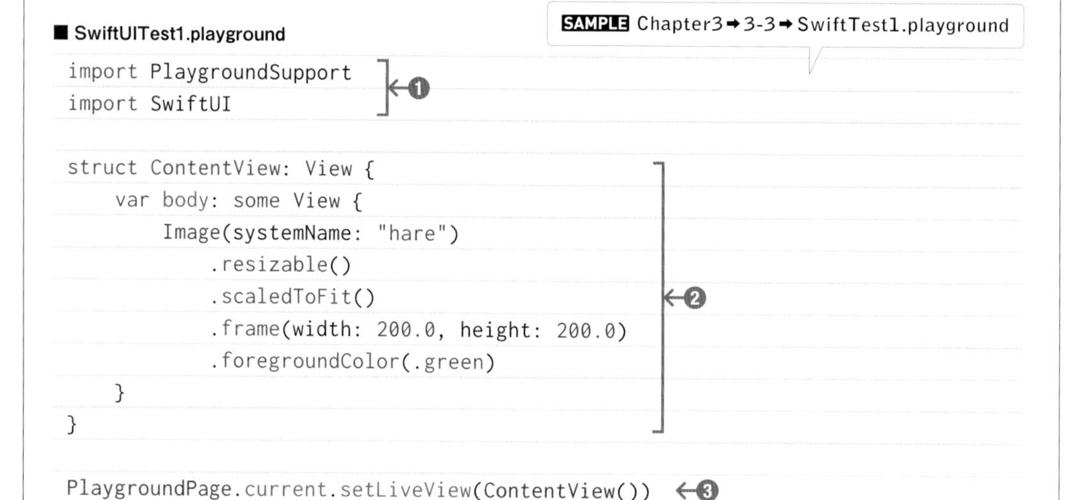

```
import PlaygroundSupport    ←❶
import SwiftUI

struct ContentView: View {
    var body: some View {
        Image(systemName: "hare")
            .resizable()
            .scaledToFit()
            .frame(width: 200.0, height: 200.0)    ←❷
            .foregroundColor(.green)
    }
}

PlaygroundPage.current.setLiveView(ContentView())    ←❸
```

■ 実行結果

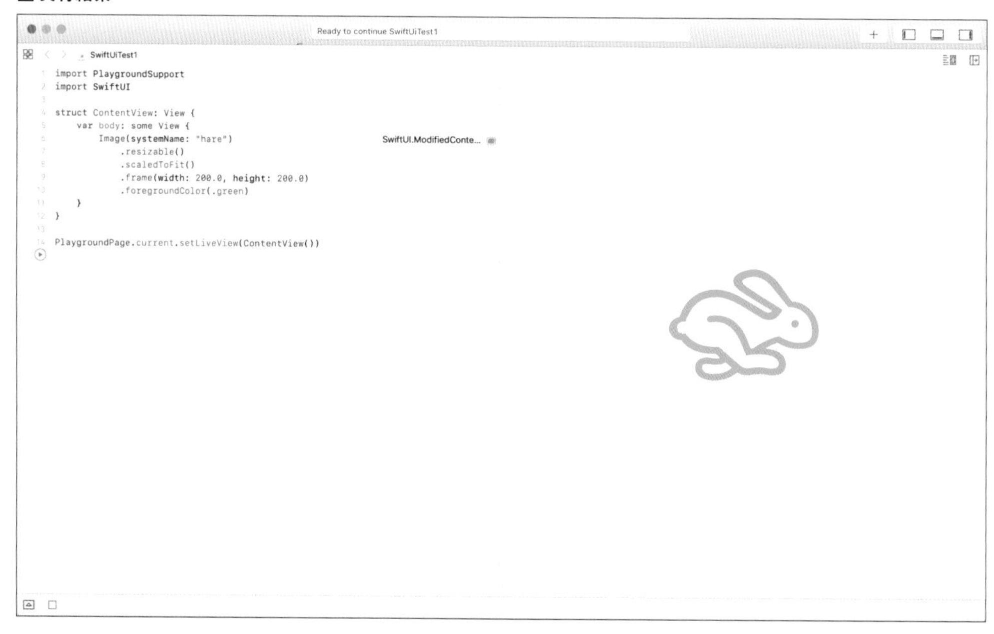

Part II
アプリをつくってみよう

Chapter 4

おみくじアプリを つくってみよう!

Swiftの基本を学んだら
早速アプリづくりに挑戦してみましょう!
このChapterでは、シンプルなおみくじアプリをつくりながら、
SwiftUIにおけるボタンのアクションの処理方法と、
ビューの状態の管理について説明します。
さらに、ビューのアニメーションを
行う方法についても解説します。

Learning SwiftUI
with Xcode
and Creating
iOS Applications

4-1 アプリ起動時におみくじを表示する

Learning SwiftUI with Xcode and Creating iOS Applications

このChapterでは、おみくじアプリを作成します。本節ではまず、アプリ起動時に「大吉」「中吉」「小吉」「凶」のいずれかの文字列をTextビューに表示するところまでをつくります。

POINT

この節の勘どころ

- ◆ **配列から要素をランダムに取り出すrandomElementメソッド**
- ◆ **書体を設定するfontWeightモディファイア**
- ◆ **ライブプレビュー・モードで動作確認する**

4-1-1 作成するおみくじアプリについて

まず、このChapterで作成する**おみくじアプリ**の最終的な完成形を次に示しておきましょう。「**占う**」ボタンをタップすると、おみくじのイメージが拡大しながら回転するアニメーションで表示されます。

■ **おみくじが拡大／回転しながら表示されるアニメーション**　SAMPLE Chapter4➡4-3➡Omikuji3

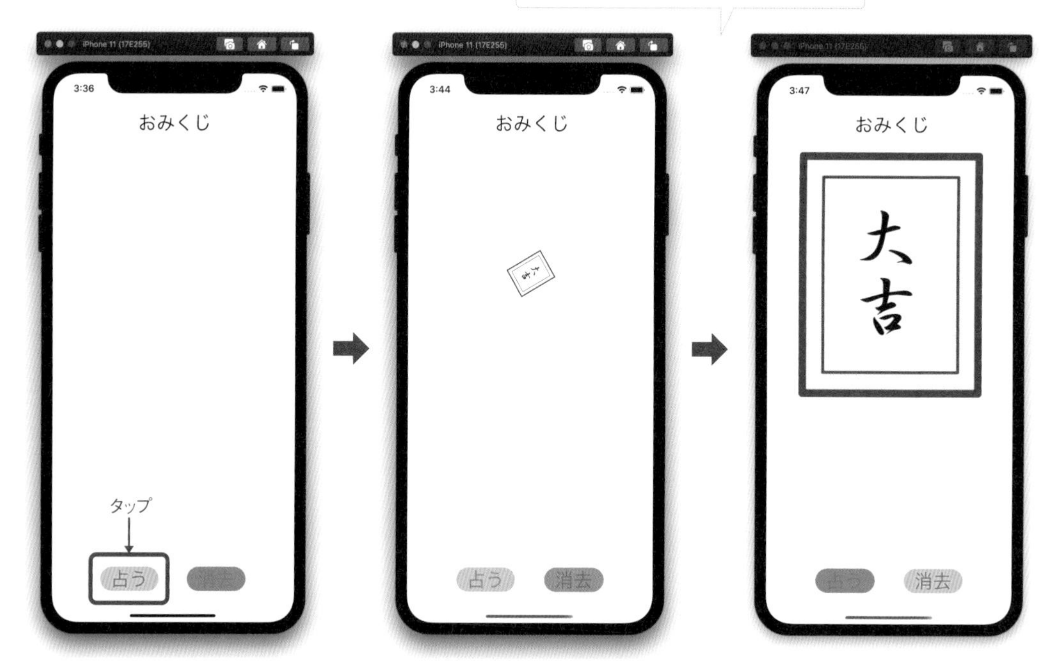

「**消去**」ボタンをタップすると、おみくじが回転しながら縮小して消えていきます。

■ おみくじが縮小／回転しながら消えていくアニメーション

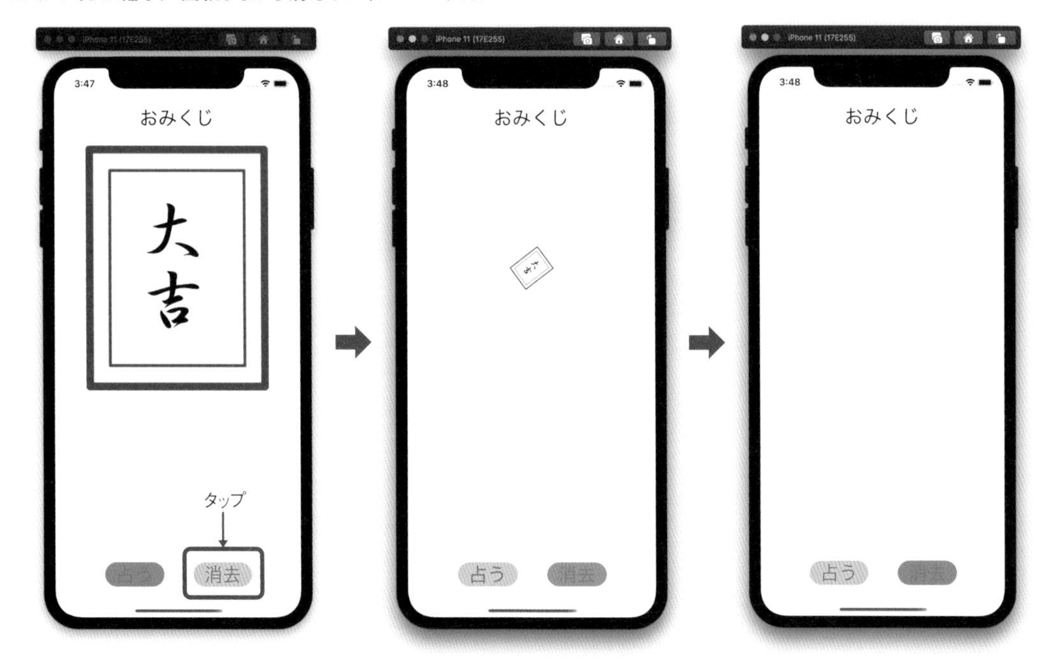

「占う」ボタンはおみくじが表示されていない状態、「消去」ボタンはおみくじが表示されている状態のときのみ有効になるようにしています。

4-1-2 おみくじを文字列として表示する

本節では、アプリ起動時に「大吉」「中吉」「小吉」「凶」のいずれかの文字列をTextビューに表示するところまでをつくります。

まず、「**Single View App**」テンプレートを使用してプロジェクトを作成し、ContentView.swiftを編集します。**ContentView**構造体（→P.101）の**body**プロパティ内のTextビューを次のように変更します。

■「Single View App」テンプレートでプロジェクトを作成、ContentView.swiftを編集

Textビューを変更する

モディファイア（→P.104）としては、まず、**font**モディファイアでフォントサイズを100に設定し、続いて**fontWeight**モディファイアでボールド体（bold）に、**foregroundColor**モディファイアで文字色を緑（green）に設定しています。

```
    var body: some View {
            Text("おみくじ")
                .font(.system(size: 100))    ←フォントサイズを100に
                .fontWeight(.bold)  ←ボールド体に
                .foregroundColor(.green)    ←文字色を緑色に
    }
```

NOTE 「.bold」は「Font.bold」の、「.green」は「Color.green」の省略型です。どちらもモディファイアの引数で、型名（構造体名）が指定されているため、型名を省略できます。

◉配列からランダムに要素を取り出す

続いて、**ContentView**構造体に、ランダムにおみくじを表示する処理を加えます。

■ ContentView.swift（一部）（Omikuji1プロジェクト）

SAMPLE Chapter4➡4-1➡Omikuji1

```
struct ContentView: View {
    let omikujis = ["大吉", "中吉", "小吉", "凶"]  ←❶
    var body: some View {
            Text(omikujis.randomElement()!)   ←❷
                .font(.system(size: 100))
                .fontWeight(.bold)
                .foregroundColor(.green)
    }
}
```

❶で配列**omikujis**を用意し、要素として「"大吉", "中吉", "小吉", "凶"」の4つの文字列を設定しています。

❷のTextビューのイニシャライザでは、配列（Array構造体→P.054）に用意されている**randomElement**メソッドを使用して、配列omikujisから要素をひとつ取り出しています。

```
Text(omikujis.randomElement()!)
```

randomElementメソッドは、配列から要素をひとつランダムに取り出すメソッドです。戻り値は**オプショナル型**（→P.068）なので、最後に「**!**」を記述して強制的にアンラップしています。

これで、アプリの起動時におみくじがランダムに表示されます。

■ **アプリの起動時におみくじが表示される**

◉ ライブプレビュー・モードで試す

キャンバスには、アプリを実機やシミュレータで起動させた状態に近い状態で実行できる「**ライブプレビュー・モード**」が用意されています（次節4-2で説明するボタンをタップしたときの動作なども試すことができます）。

ライブプレビュー・モードで実行するには、キャンバス右下の「**Live Preview**」ボタン⦿をクリックします。

■ ライブプレビュー・モード

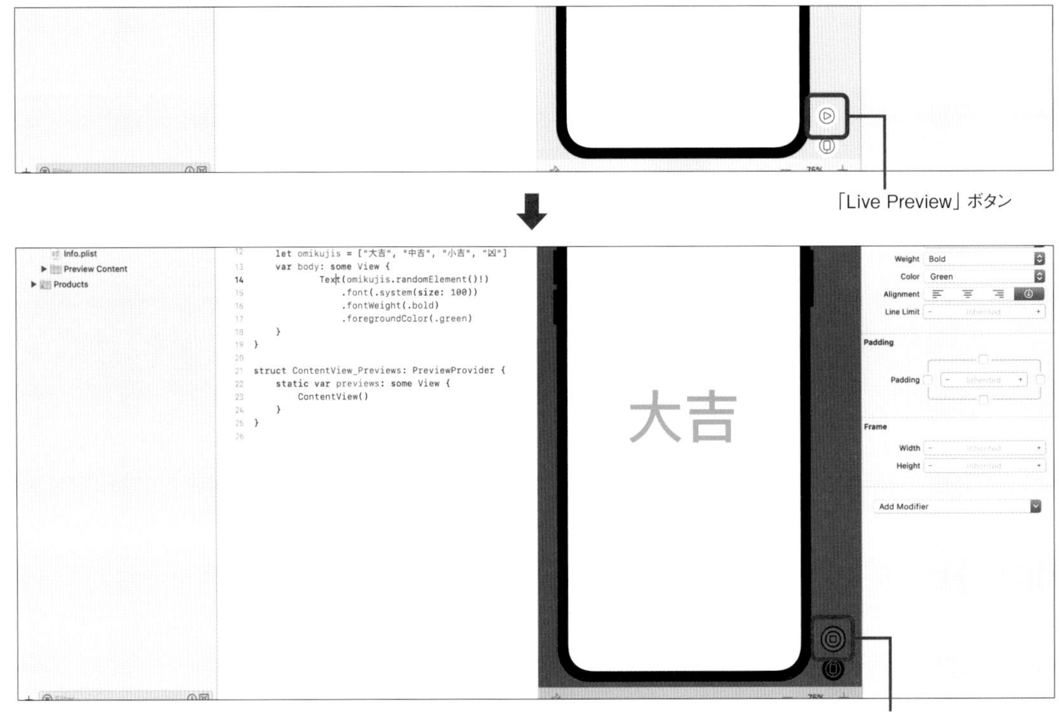

ライブプレビュー・モードで実行中は「Live Preview」ボタンが◎に変わります。再度クリックすると停止します。

ライブプレビュー・モードを起動／停止することにより、実際にアプリを起動／停止したのと同じような状態となります。おみくじがランダムに表示されることを確認しましょう。

■ 起動／停止を繰り返すとおみくじがランダムに表示される

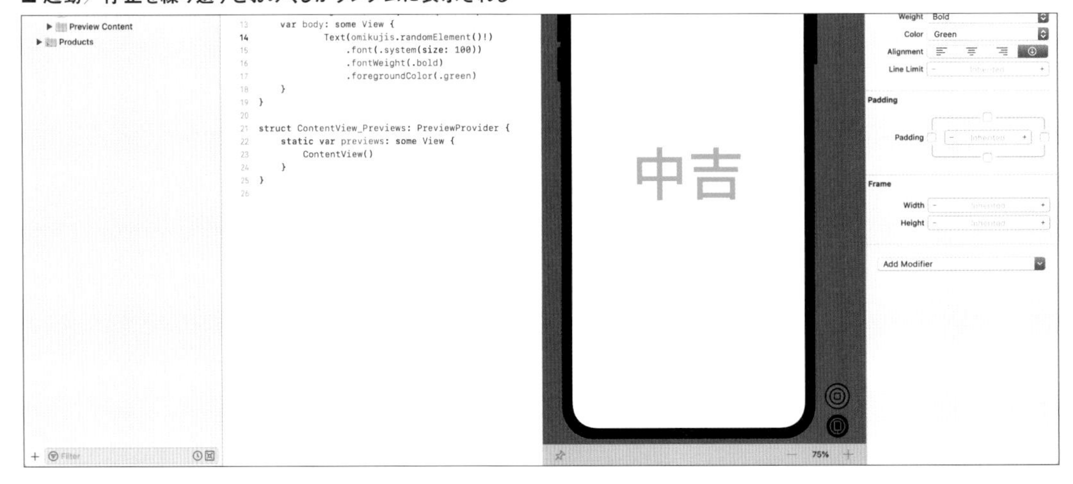

column

デベロッパードキュメント

Xcodeの使い方やAPIリファレンスといった情報がデベロッパードキュメントとして用意されています。デベロッパードキュメントを表示するには、「Window」メニューから「Developer Documentation」（shift ＋ ⌘ ＋ 0 キー）を選択します。

■ デベロッパードキュメント

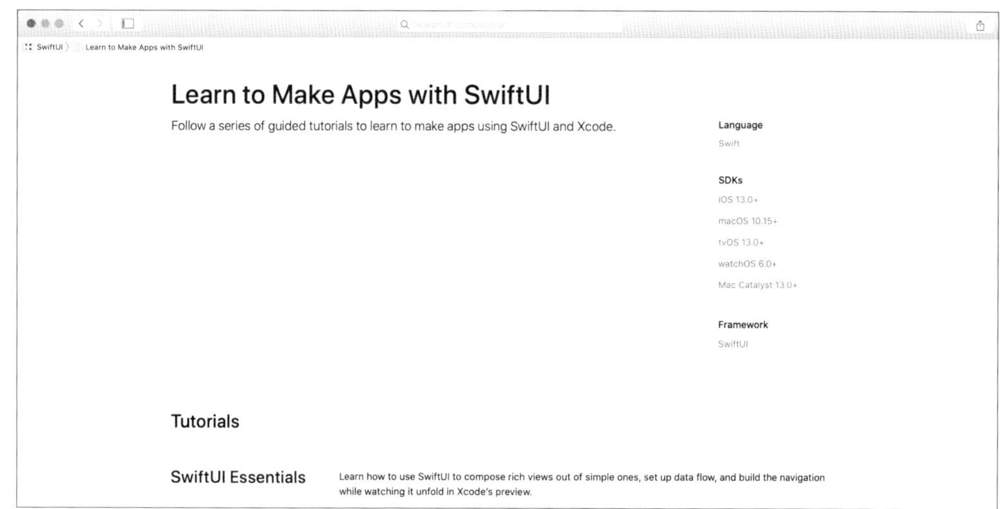

なお、「インスペクタ」の「**Show Quick Help Inspector**」ボタン⑦をクリックすると表示される「**クイックヘルプ**」では、現在エディタでカーソルがある位置の項目に関する簡易的なヘルプを確認できます。

■ クイックヘルプ

ここで「Open in Developer Documentation」をクリックするとデベロッパードキュメントが開き、より詳しい情報を見ることができます。

4-2 ボタンのアクションの処理とステートの管理について

Learning SwiftUI with Xcode and Creating iOS Applications

前節4-1で作成したおみくじアプリ（Omikuji1）にボタンを付けて、ボタンをタップするとおみくじが表示されるようにしてみましょう。それには、プロパティの値が変更されたらビューを更新するステートプロパティを使用します。

POINT
この節の勘どころ

- **状態を管理するステートプロパティ(@State)**
- **ボタンを表示するButtonビュー**
- **ボタンのアクションをクロージャで設定する**
- **if文と三項演算子「? :」を使用して処理を切り分ける**

4-2-1 @Stateでプロパティを監視する

SwiftUIには、プロパティを監視し、その値が変更されたら自動でビューを更新するという機能が用意されています。そのためには、プロパティに「**@State**」という属性を指定して宣言します。するとプロパティが**State**構造体というSwiftUIフレームワークの構造体で管理されます。これを「**ステートプロパティ**」と呼びます。

```
@State var showText = false
```

SwiftUIフレームワークはステートプロパティを監視し、値に変更があれば関連するすべてのビューを再描画してくれます。

なお、ステートプロパティはコンテンツビューに紐づけられたプロパティです。アクセスはコンテンツビューの内部からのみに限定すべきです。そのため、外部からのアクセスを禁止する「**private**」というアクセス修飾子を指定することが推奨されています。

```
@State private var showText = false
```

また、外部からアクセスできないため必ず初期化（上記の例では「false」）しておく必要があります。

4-2-2 ボタンでテキストの表示を切り替える

SwiftUIにはボタンのためのビューとして**Button**ビューが用意されています。まずは、**@State**を使用したシンプルな例として、ボタンをタップするごとにTextビューの表示／非表示を切り替える例を示しましょう。

■ボタンをタップしてTextビューの表示／非表示を切り替える

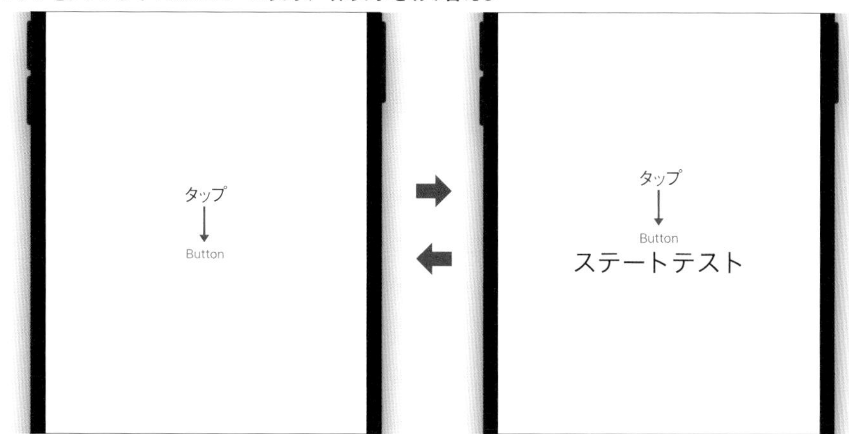

◉ステートプロパティを定義する

「Single View App」テンプレートを使用してプロジェクトを作成します。エディタで**ContentView.swift**を開き、**ContentView**構造体を編集します。

```
struct ContentView: View {
    @State private var showText = false  ←❶
    var body: some View {
        Text("ステートテスト")
            .font(.largeTitle)           ←❷
    }
}
```

❶でステートプロパティとして**showText**を宣言し、「**false**」に初期化します。

❷で**Text**ビューのラベルやフォントを設定しています。

◉Buttonビューを配置する

Buttonビューは、タップするとなんらかのアクションを行うことができるGUI部品です。エディタに直接記述してもかまいませんが、ここではキャンバスにButtonビューをドラッグ＆ドロップして配置してみましょう。

右上の「Library」ボタン[＋]をクリックして「ライブラリ」ウィンドウを開き、「**Button**」をキャンバスのTextビューの上にドラッグ&ドロップで配置します。すると**VStack**スタックレイアウトの内部にButtonビューが配置されます。

■「ライブラリ」ウィンドウからButtonビューをドラッグ＆ドロップで配置

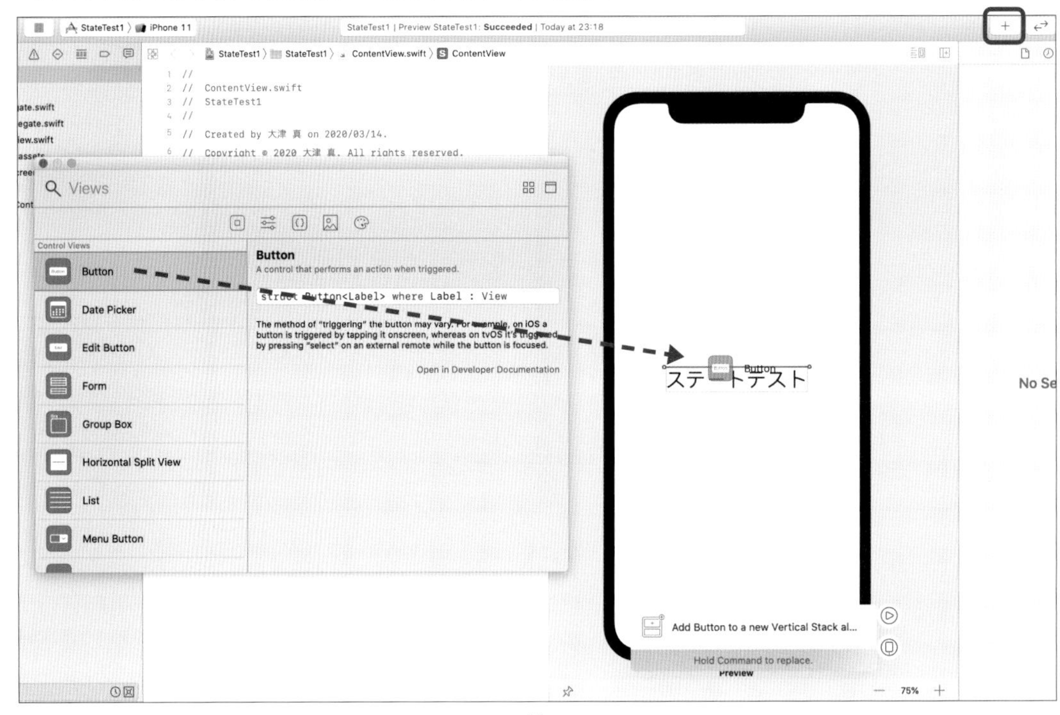

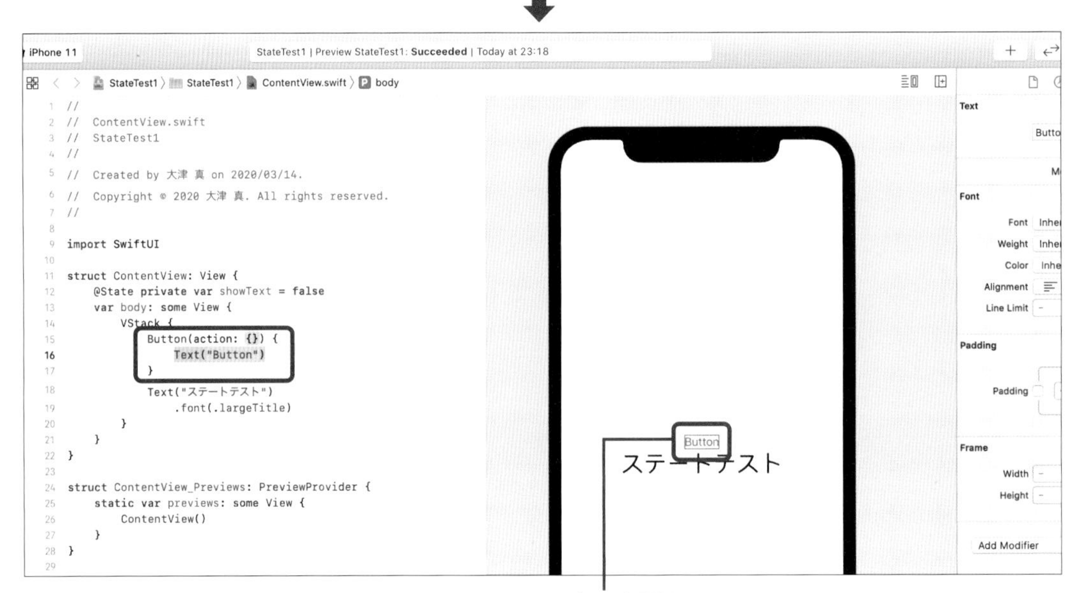

ボタンといっても、初期状態ではグラフィカルな形状は用意されていません。前ページ下図のように単にラベルに「Button」と表示されているだけです。

Buttonビューのイニシャライザでは、**action**引数にタップされたときの処理を**クロージャ**（→P.076）で指定します。また、ボタンの外観はそのうしろのクロージャで任意のビューを指定します。

■Buttonビューのイニシャライザ

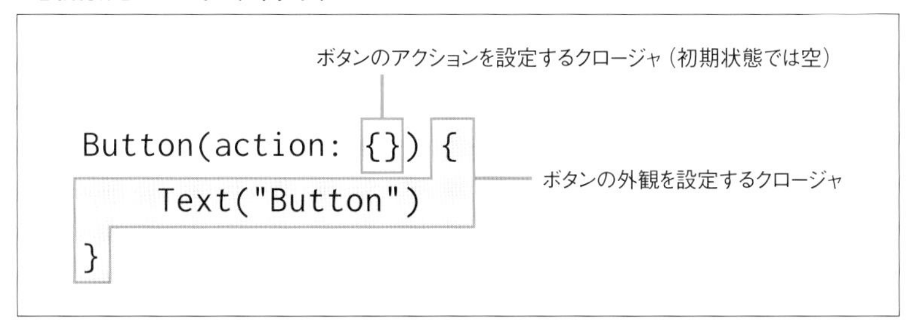

NOTE Buttonビューのイニシャライザは、次の省略型です。label引数を後置記法（→P.081）にしたものです。

```
Button(action: {}, label: {
    Text("Button")
})
```

◉ボタンのアクションを設定する

Buttonビューのイニシャライザでは、**action**引数のクロージャで、**showText**ステートプロパティを反転させるステートメントを記述します。デフォルトではクロージャは「**{}**」と空の状態なので、「**}**」を改行して中身を記述するとよいでしょう。

```
Button(action: {
    self.showText.toggle()    ←❶ 追加する
}) {
    Text("Button")
}
```

❶の**toggle**メソッドはブール値（Bool型）の値を反転させるメソッドです。たとえば値がfalseならtrueに、trueならfalseになります。なお、クロージャ内でプロパティを参照するには、自分自身を示す「**self**」を指定する必要があります。

■toggleメソッド

◉if文を使用して表示/非表示を設定する

ビューの表示/非表示には、**if文**が使用できます。if文を追加して、**showText**ステートプロパティの値に応じてTextビューの表示/非表示を切り替えるようにします。追加したのは下記❸のif文です。

■ContentView.swift(一部)(ButtonTest1プロジェクト)

SAMPLE Chapter4➡4-2➡ButtonTest1

```
struct ContentView: View {
    @State private var showText = false    ←❶
    var body: some View {
        VStack {
            Button(action: {
                self.showText.toggle()    ←❷
            }) {
                Text("Button")
            }
            if showText {                      ┐
                Text("ステートテスト")          │←❸
                    .font(.largeTitle)          │
            }                                  ┘
        }
    }
}
```

これまでの変更点をまとめると、❶で**@State**を付けてプロパティを設定することで**showText**ステートプロパティを設定しています。ステートプロパティは外部からアクセスしないため初期値を設定しておく必要があります。この例では「**false**」に設定しています。

❷の**Button**ビューのアクションでは、**toggle**メソッドを使って**showText**ステートプロパティの値を反転させています。

❸では**Text**ビューをif文のブロック内に入れています。これでshowTextステートプロパティがtrueの場合にTextビューが表示されます。

◉ライブプレビュー・モードで確認する

「Live Preview」ボタン▷をクリックして**ライブプレビュー・モード**(→P.145)でボタンの動作を確認してみましょう。ボタンをタップするごとに「ステートテスト」と表示されたTextビューの表示/非表示が切り替わります。

■ ライブプレビュー・モードでボタンの動作を確認

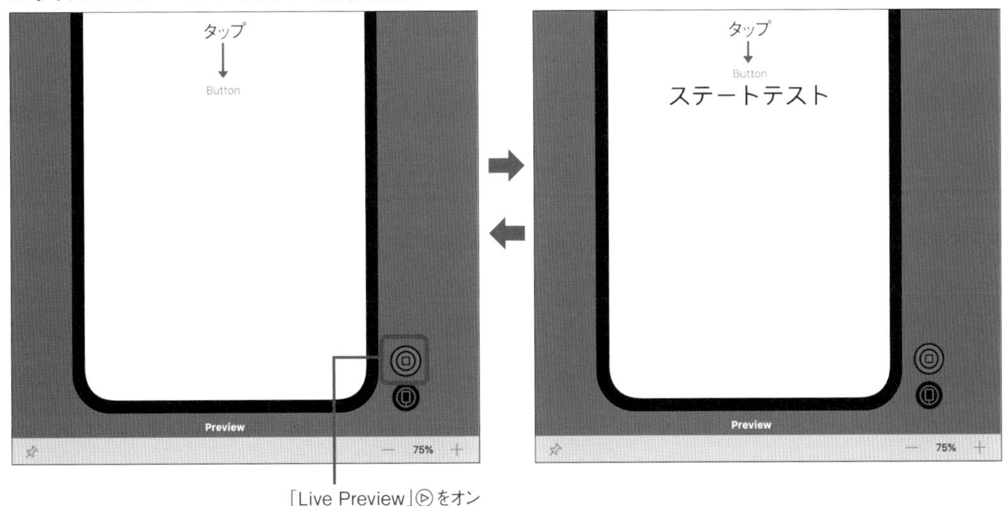

4-2-3 ボタンの外観を設定する

Buttonのラベル部分には、スタックレイアウトにより複数のビューを組み合わせることもできます。次に、ButtonTest1プロジェクトのButtonビューを変更し、**HStack**スタックレイアウトで**Image**ビューと**Text**ビューを横に並べるように例を示します。

SAMPLE Chapter4➡4-2➡StateTest1

■StateTest1プロジェクトのプレビュー

■ContentView.swift（一部）（StateTest1プロジェクト）

```
            Button(action: {
                self.showText.toggle()
            }) {
                HStack {
                    Image(systemName: "lightbulb")   ←❶
                    Text("オン/オフ")
                }
                .font(.largeTitle)  ←❷
            }
```

❶でHStackスタックレイアウト内に、SF Symbols（→P.137）のイメージ「lightbulb」を設定したImageビューと、ラベルに「オン/オフ」を設定したTextビューを横に並べています。

❷でそれらのフォントの大きさをまとめて「largeTitle」に設定しています。

NOTE スタックレイアウトにモディファイアを設定することにより、内部のビューの属性をまとめて変更できます。

4-2-4 三項演算子「? :」を使う

if文と同じような働きをする演算子に**三項演算子「? :」**があります。Swiftの場合、三項演算子「? :」は次のような書式になります。

```
条件式 ? 値1 : 値2
```

「**条件式**」の結果がtrueの場合には、式の値が「**値1**」に、そうでない場合には「**値2**」になります。

たとえば、変数isOkがtrueの場合には変数msgに"OK"を、そうでない場合には"NG"を代入する処理をif文で記述すると次のようになります。

```
if isOk {
    msg = "OK"
} else {
    msg = "NG"
}
```

これを三項演算子「? :」で記述すると次のようになります。

```
msg = isOk ? "OK" : "NG"
```

◉三項演算子「? :」の使用例

三項演算子「**? :**」を使用して、ボタンのラベル部分にイメージを表示し、ボタンをタップするごとにウサギのイメージと亀のイメージを切り替えるサンプルを示します。

■ **ウサギと亀のイメージをタップで切り替える**

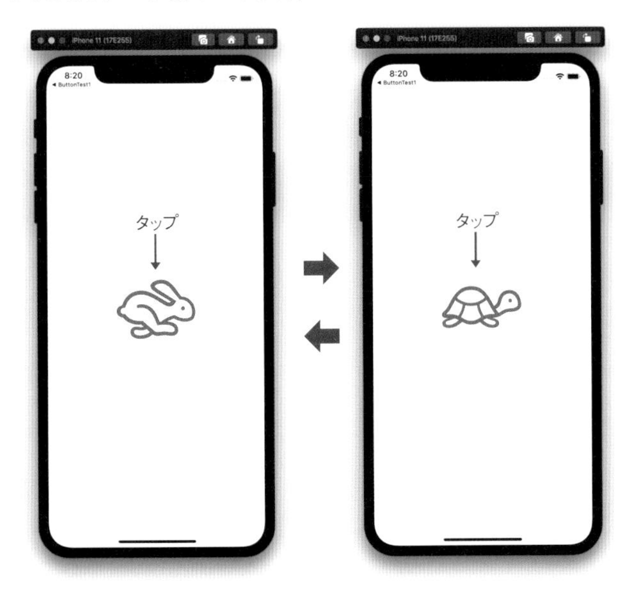

イメージにはSF Symbolsの2つのイメージを使っています。ウサギのイメージは「**hare**」、亀のイメージには「**tortoise**」を使用しています。

■ContentView.swift（StateTest2プロジェクト）

SAMPLE Chapter4➡4-2➡StateTest2

```
struct ContentView: View {
    @State private var fast = true  ←❶
    var body: some View {
        Button(action: {
            self.fast.toggle()  ←❷
        }) {
            Image(systemName: self.fast ? "hare" : "tortoise")  ←❸
                .resizable()
                .scaledToFit()
                .frame(width:150, height: 150)
        }
    }
}
```

❶でステートプロパティとして「**fast**」を定義しています。

❷でボタンのアクションとして、ステートプロパティfastを反転させています。

❸がButtonの外観の設定です。 三項演算子「**? :**」を使用して、Imageビューのイメージを、ステートプロパティ**fast**がtrueの場合には"**hare**"に、falseの場合には"**tortoise**"に設定しています。

```
Image(systemName: self.fast ? "hare" : "tortoise")
```

trueの場合　falseの場合

4-2-5 ボタンをタップするとおみくじを表示する

ここまでの説明をもとに、「**占う**」ボタンをタップするごとにおみくじを表示するようにしてみましょう。

■「占う」ボタンをタップするごとにおみくじを表示

次にリストを示します。

■ContentView.swift（一部）（Omikuji2プロジェクト）

SAMPLE Chapter4➡4-2➡Omikuji2

```
struct ContentView: View {
    let omikujis = ["大吉", "中吉", "小吉", "凶"]  ←❶
    @State private var kuji = ""  ←❷
    var body: some View {
        VStack {
            Button(action: {
                self.kuji = self.omikujis.randomElement()!  ←❸
            }) {
```

```
                Text("占う")
                    .font(.largeTitle)
                    .padding()
                    .background(Capsule()
                        .foregroundColor(.yellow)
                )                                          ←❹
            }
            Text(kuji)  ←❺
                .font(.system(size: 100))
                .fontWeight(.bold)
                .foregroundColor(.green)
        }
    }
}

struct ContentView_Previews: PreviewProvider {
    static var previews: some View {
        ContentView()
    }
}
```

❶で配列**omikujis**に要素として「"大吉", "中吉", "小吉", "凶"」を代入しています。これは通常のプロパティです。

❷でステートプロパティ**kuji**を宣言し、初期値を空文字列「""」に設定しています。

ボタンの定義では、❸でタップされたときのアクションとして、**randomElement**メソッドを使用して配列omikujisからランダムに要素を取り出しステートプロパティkujiに代入しています。

❹がボタンの外観の設定です。ここではTextビューを設定しています。

```
                Text("占う")  ←a
                    .font(.largeTitle)
                    .padding()
                    .background(Capsule()
                        .foregroundColor(.yellow)   ←b
                )
```

aでラベルに「占う」を表示しています。

bで背景を設定する**background**モディファイアの引数として、カプセルの形状を表示する**Capsule**ビューを設定し**foregroundColor**モディファイアで塗りの色を黄色（yellow）に設定しています。

❺のTextビューのイニシャライザではステートプロパティ**kuji**を設定しています。これでステートプロパティkujiの値が変更されるとビューが自動更新されます。

column

デバッグプレビュー・モードでprint関数の結果を表示する

アプリのテスト時に、値の確認にprint関数を使用することはしばしばありますが。ライブプレビュー・モードでは結果が表示されません。デバッグプレビュー・モードに切り替える必要があります。

それには、「Live Preview」ボタン⊙を右クリックして、メニューから「Debug Preview」を選択します。

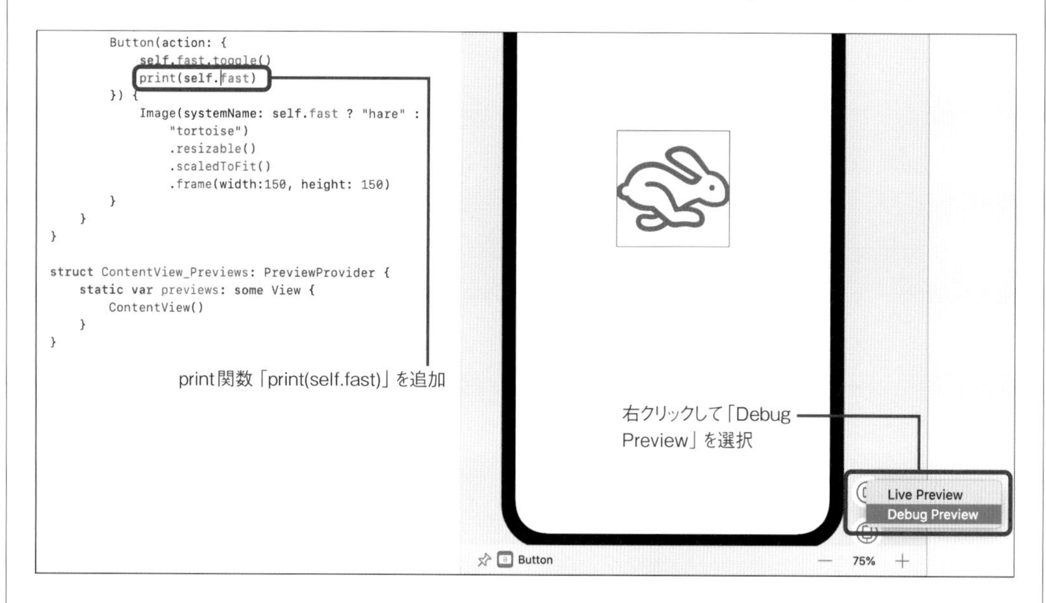

これでデバッグプレビュー・モードとなり、ボタンをタップすると「デバッグエリア」にprint関数の結果が表示されます。

■ デバッグプレビュー・モード

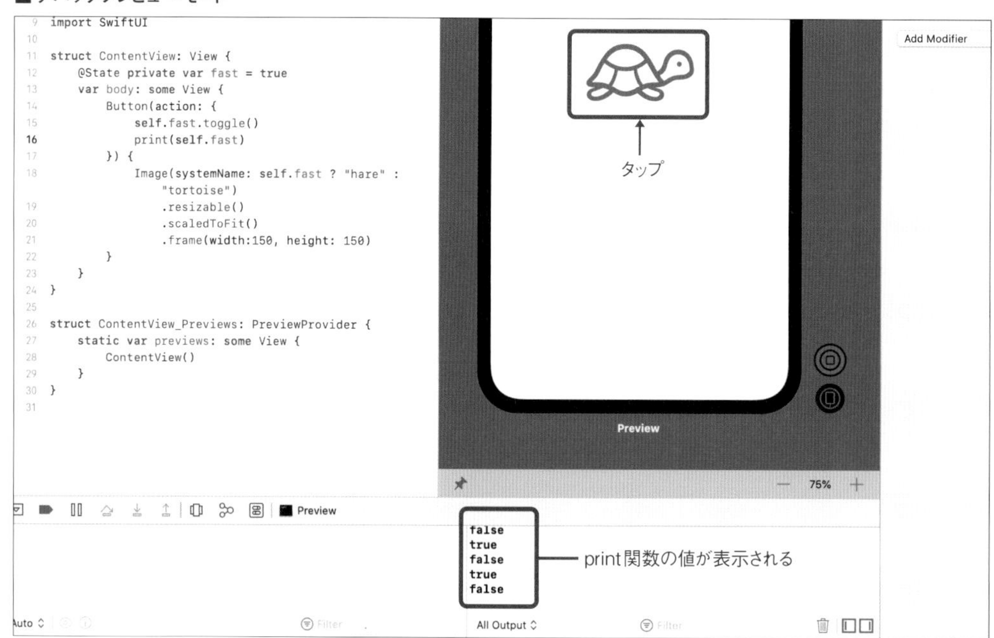

4-3 ビューのアニメーションについて

Learning SwiftUI with Xcode and Creating iOS Applications

この節では、まずビューのアニメーション機能の概要について説明します。次に、おみくじアプリのおみくじ表示にアニメーションを設定する方法を説明します。

POINT

この節の勘どころ

- ◆ withAnimation関数でアニメーションを設定する
- ◆ アニメーションの種類はliner、easeIn、easeOut、easeInOut、spring
- ◆ animationモディファイアでアニメーションを設定する
- ◆ disableモディファイアでボタンを無効にする

4-3-1 withAnimation関数によるアニメーション

withAnimation 関数を使用すると、「フェードイン」や「移動」といったデフォルトで用意されているアニメーションを実行しながらビューを更新できます。次のように、withAnimation関数の引数のクロージャ内でステートプロパティの値を変更するステートメントを記述するだけです。

■withAnimation関数

```
withAnimation {
  ～ここでステートプロパティを変更する～
}
```

すると、そのステートプロパティの変更の影響を受けるビューの表示にアニメーションが設定されます。

◉アニメーションを設定する

次ページの例は、ボタンをタップすると**showText**ステートプロパティを反転させ、その値に応じてif文でTextビューの表示／非表示を切り替えています。

```
struct ContentView: View {
    @State private var showText = false  ←❶
    var body: some View {
        VStack {
            Button(action: {
                self.showText.toggle()  ←❷
            }) {
                HStack {
                    Image(systemName: "hand.raised")
                    Text("タップして")
                }
                .font(.largeTitle)
                .padding()
                .background(Capsule().foregroundColor(Color.yellow))
            }
            if showText {
                Text("こんにちはSwift!")
                    .font(.largeTitle)
            }  ←❸
        }
    }
}
```

■タップするとTextビューの表示/非表示を切り替える

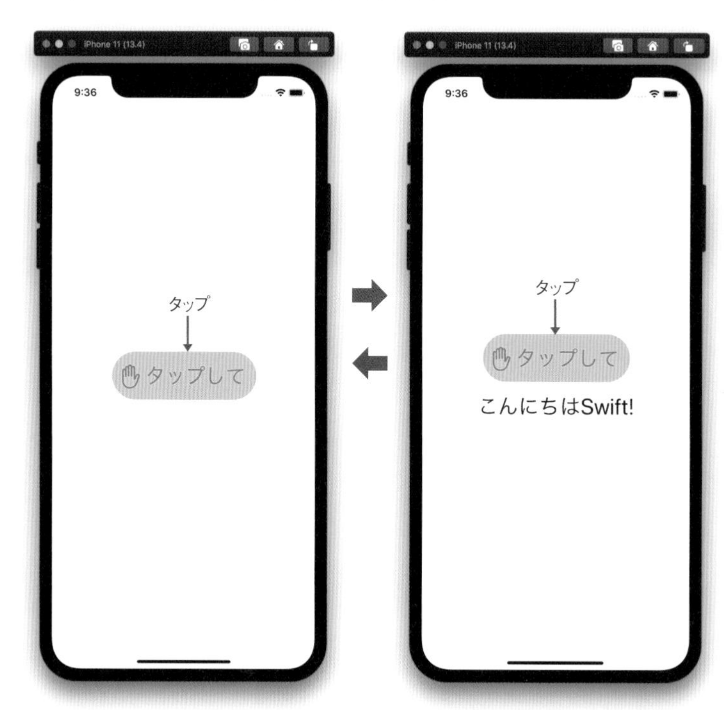

❶でステートプロパティ「**showText**」を用意し、❷でボタンをタップするごとに反転させています。❸のif文で**showText**ステートプロパティがtrueの場合にTextビューを表示しています。

ビューの表示／非表示にアニメーションを設定するには、❷の部分を次のようにします。

■ContentView.swift（一部）（Animation1-1プロジェクト）

SAMPLE Chapter4➡4-3➡Animation1-1

```
withAnimation {
    self.showText.toggle()
}
```

これで、ボタンをタップすると、Buttonビューが徐々に上に移動し、Textビューがフェードインします。ライブプレビュー･モードやシミュレータで試してみましょう。もう一度タップすると、Buttonビューが下に移動しながらTextビューがフェードアウトします。

■ボタンをタップするとButtonビューが上に移動、Textビューがフェードイン

■再度ボタンをタップするとButtonビューが下に移動、Textビューがフェードアウト

4-3-2 アニメーションの種類

アニメーションの変化スピードには、次のようなバリエーションが用意されています。これらは**withAnimation**関数の引数で指定します。

■アニメーションの種類

設定	説明
default	デフォルトのアニメーション
liner	一定の割合で変化する
easeIn	だんだん速く
easeOut	だんだん遅く
easeInOut	最初は遅く、だんだん速くなり、最後はゆっくり
spring	バネの動きのようなアニメーション

defaultはタイププロパティ、**spring**はメソッドです。そのほかはタイププロパティとメソッドの両方が用意されています。

たとえば、**easeInOut**をタイププロパティで設定するには次のようにします。

■ContentView.swift（一部）（Animation1-2プロジェクト）

SAMPLE Chapter4➡4-3➡Animation1-2

```
            Button(action: {
                withAnimation(.easeInOut) {
                    self.showText.toggle()
                }
            ～
```

これを**easeInOut**メソッドで設定すると、**duration**引数で変化時間（秒数）を指定できます。たとえばアニメーション時間を2秒に設定するには次のようにします。

■ContentView.swift（一部）（Animation1-3プロジェクト）

SAMPLE Chapter4➡4-3➡Animation1-3

```
            Button(action: {
                withAnimation(.easeInOut(duration: 2)) {
                    self.showText.toggle()
                }
            ～
```

バネの動きのようなアニメーションを設定するには、**spring**メソッドを使用して次のようにします。

■ContentView.swift（一部）（Animation1-4プロジェクト）

SAMPLE Chapter4➡4-3➡Animation1-4

```
            Button(action: {
                withAnimation(.spring(response: 0.4, dampingFraction: 0.1,
                    blendDuration: 0)){
                    self.showText.toggle()
                }
            ～
```

4-3-3 animationモディファイアによるアニメーション

animationモディファイアを使用すると、ビューの拡大／縮小、回転、ぼかしなどのエフェクトをアニメーション化できます。

ひとつだけでなく複数のモディファイアを同時にアニメーション化できます。次のように、ひとつまたは複数のアニメーション化したいモディファイアを指定し、最後にanimationモディファイアを指定します。

```
ビュー
    .モディファイア1
    .モディファイア2
    .animationモディファイア
```

アニメーション化したいモディファイアの引数では、ステートプロパティの値によって値を変化させます。

たとえば、**isAnimating**ステートプロパティがtrueの場合に、ビューの大きさを3倍に拡大するには、**scaleEffect**モディファイアを使用して次のようにします。

```
ビュー
    .scaleEffect(isAnimating ? 3 : 1)
    .animation(〜)
```

これだけの説明だとちょっとわかりにくいのですが、実際の例を見るとすぐに理解できると思います。

また、widthAnimation関数と同じように、animationモディファイアの引数ではアニメーションの速度も設定できます（P.161の表「アニメーションの種類」参照）。

次に、ボタンをタップすると、2秒間でイメージを時計回りに360度回転しながら3倍に拡大するというアニメーションを行う例を示します。

■タップするとイメージが回転／拡大するアニメーション

SAMPLE Chapter4➡4-3➡Animation2

もう一度タップすると、反時計回りに回転しながら元のサイズに戻ります。イメージには、SF Symbols（→P.137）の「**ant**」（アリのイラスト）を使用しています。

■**ContentView.swift（一部）（Animation2プロジェクト）**

```
struct ContentView: View {
    @State private var isAnimating = false  ←❶
    var body: some View {
        VStack {
            Button(action: {
                self.isAnimating.toggle()
            }) {
                HStack {
                    Image(systemName: "hand.raised")
                    Text("タップして")
                }
                .font(.largeTitle)
                .padding()
                .background(Capsule().foregroundColor(Color.yellow))
            }
            Spacer()
            Image(systemName: "ant")
                .resizable()
                .scaledToFit()
                .frame(width: 100, height: 100)
                .scaleEffect(isAnimating ? 3 : 1)
                .rotationEffect(isAnimating ? Angle(degrees: 360) : .zero)
                .animation(.easeOut(duration: 2))
            Spacer()                                                        ←❷ (Image〜animation)
        }
    }
}
```

❶でBool型の**isAnimating**ステートプロパティを用意しfalseに初期化しています。

❷の部分が、**animation**モディファイアを使用して、ボタンをタップするとイメージを回転しながら3倍に拡大する設定です。

```
            Image(systemName: "ant")
                .resizable()
                .scaledToFit()
                .frame(width: 100, height: 100)
                .scaleEffect(isAnimating ? 3 : 1)  ←a
                .rotationEffect(isAnimating ? Angle(degrees: 360) : .zero)  ←b
                .animation(.easeOut(duration: 2))  ←c
```

a でscaleEffectモディファイアを使用して拡大／縮小するアニメーションを設定します。

「isAnimating ? 3 : 1」は三項演算子「? :」（→P.154）です。isAnimatingステートプロパティがtrueのときは「3」、そうでない場合には「1」に設定しています。

b で回転を行うrotationEffectモディファイアを指定しています。こちらも三項演算子「? :」でisAnimatingステートプロパティの値に応じて、引数の角度を変更しています。角度はAngle構造体で指定します。イニシャライザのdegrees引数では角度を度数で指定できます。「.zero」は角度が「0」を表すタイププロパティです。

c のanimationモディファイアでは、引数にeaseOutメソッド（だんだん遅く）を指定し、duration（変化時間）を2秒にしています。

4-3-4 アニメーションを使用したおみくじアプリを作成する

以上の説明をもとに、おみくじアプリの「占う」ボタンをタップすると、イメージを右に回転しながら拡大するアニメーションを実行するようにしてみましょう。

■おみくじアプリ

SAMPLE Chapter4→4-3→Omikuji3

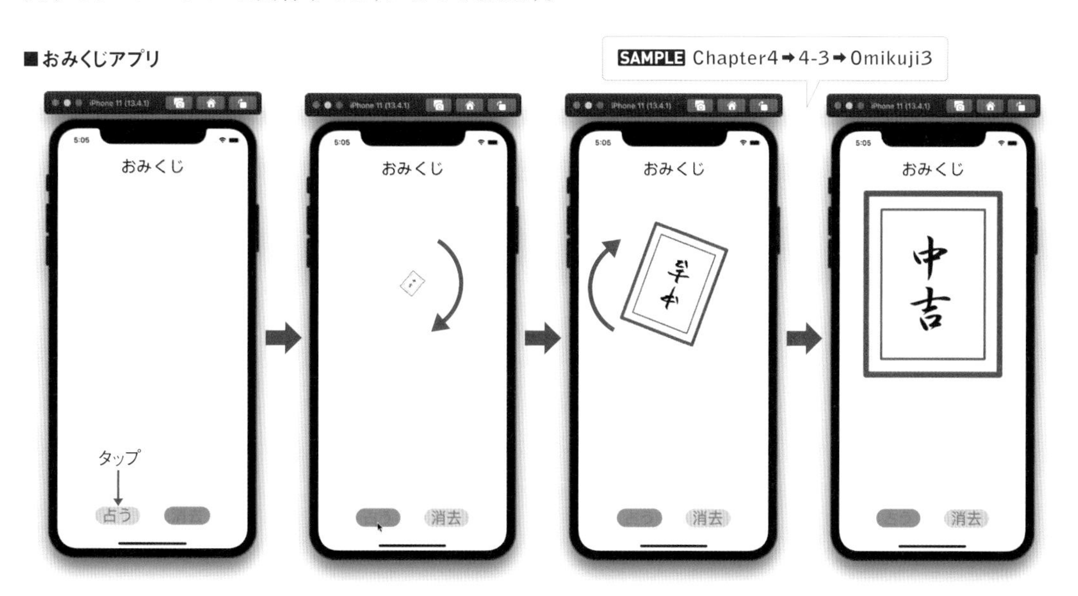

「消去」ボタンをタップすると、おみくじのイメージが左に回転しながら縮小して消えていきます。

◉イメージファイルを用意する

「大吉」「中吉」「小吉」「凶」、そしておみくじを表示していない状態のイメージファイルを次に示します。

■おみくじのイメージファイル

daikiti.png

chukiti.png

syoukiti.png

kyo.png

empty.png

Finderから、これらのイメージを「Assets.xcassets」にドラッグ&ドロップで登録します（複数のイメージファイルを選択した状態でドラッグ&ドロップできます）。

■「Assets.xcassets」にドラッグ&ドロップで登録

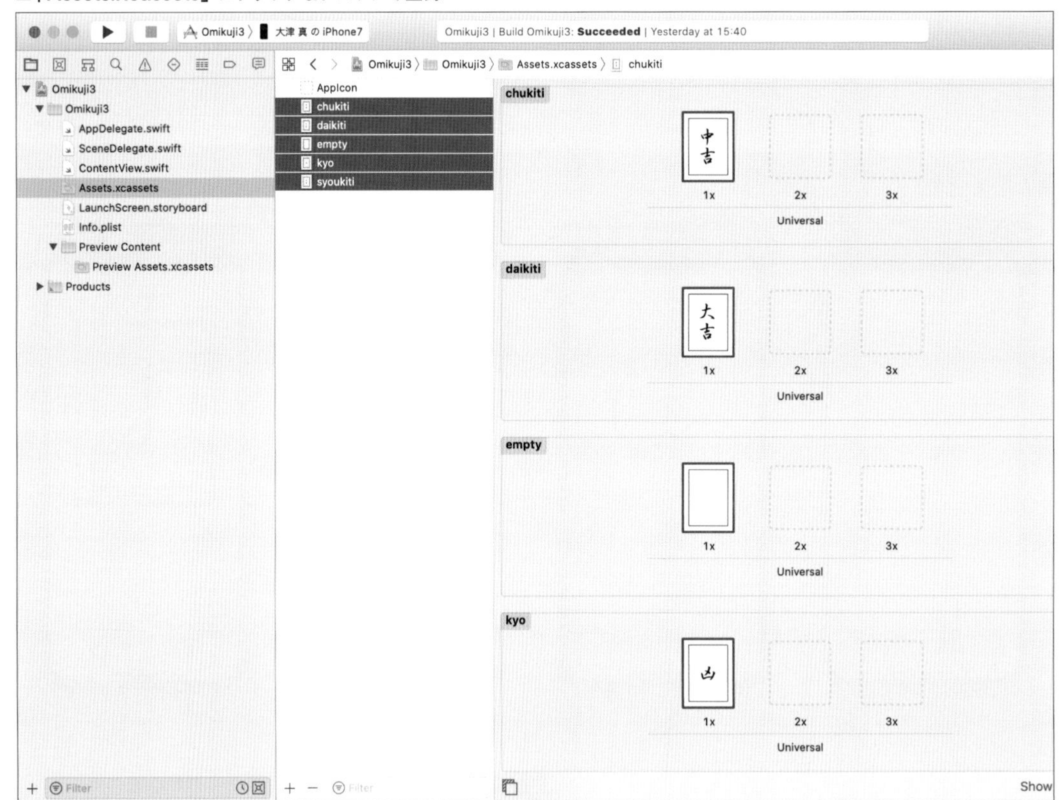

◉ビューの構造

コンテンツビューにおけるビューの配置を次に示します。

まず、**VStack**スタックレイアウトで**Text**ビューと**Image**ビューを配置しています。

そのうしろに隙間を自動調整する**Spacer**ビューを配置し、**HStack**スタックレイアウトで「占う」ボタンと「消去」ボタンの2つの**Button**ビューを横方向に並べています。

HStackスタックレイアウトにも**Spacer**ビューを3つ入れてボタンの間隔を自動調整するようにしています。

■ビューの配置

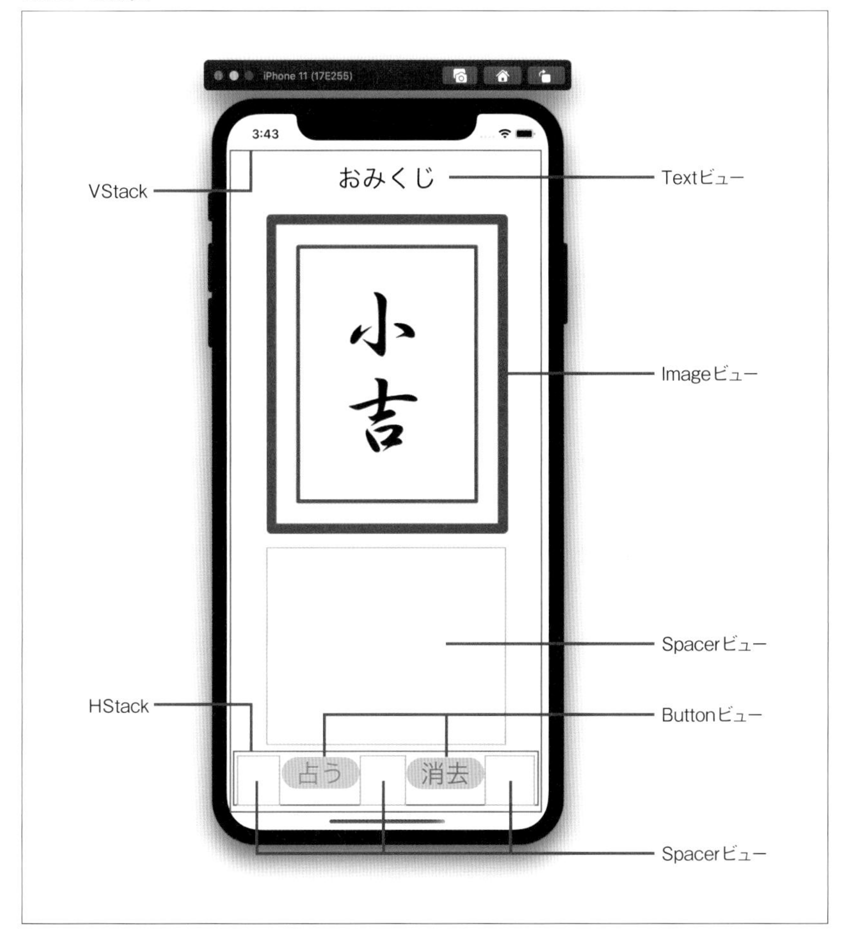

◉ ContentView.swiftを編集する

次ページにContentView.swiftの**ContentView**構造体のリストを示します。

■ContentView.swift（一部）（Omikuji3プロジェクト）

```
struct ContentView: View {
    let omikujis = ["daikiti", "chukiti", "syoukiti", "kyo"] ←❶
    @State private var kuji = "empty"     ┐←❷
    @State private var isShow = false     ┘
    var body: some View {
        VStack {
            Text("おみくじ")
                .font(.largeTitle)
            Image(kuji)                                              ┐
                .resizable()                                         │
                .scaledToFit()                                       │
                .frame(width: 350, height: 400)                      │←❸
                .scaleEffect(isShow ? 1 : 0)                         │
                .rotationEffect(isShow ? .degrees(360) : .zero)      │
                .animation(.easeInOut(duration: 1))                  ┘
            Spacer()
            HStack {
                Spacer()
                // 「占う」ボタン
                Button(action: {                                             ┐
                    if !self.isShow {                                        │
                        self.isShow = true                                   │
                        self.kuji = self.omikujis.randomElement()!           │
                    }                                                        │
                }) {                                                         │
                    Text("占う")                                             │←❹
                        .font(.largeTitle)                                   │
                        .background(Capsule()                                │
                            .foregroundColor(isShow ? .gray : .yellow)       │
                            .frame(width: 100, height: 40 )                  │
                        )                                                    ┘
                }
                .disabled(isShow ? true : false)
                Spacer()
                // 「消去」ボタン
                Button(action: {                                             ┐
                    self.isShow = false                                      │
                }) {                                                         │
                    Text("消去")                                             │
                        .font(.largeTitle)                                   │←❺
                        .background(Capsule()                                │
                            .foregroundColor(!isShow ? .gray : .yellow)      │
                            .frame(width: 100, height: 40 )                  │
                        )                                                    ┆
```

```
            }
            .disabled(!isShow ? true : false)    ←❺
            Spacer()
        }
    }
    .padding()
  }
}
```

◉プロパティ

通常のプロパティとしては、❶でおみくじのイメージ名を格納した配列**omikujis**を用意しています。

```
let omikujis = ["daikiti", "chukiti", "syoukiti", "kyo"]
```

❷では、2つのステートプロパティを定義しています。**kuji**はおみくじのイメージファイル名、**isShow**は現在おみくじが表示されているかを示す値です。

```
@State private var kuji = "empty"
@State private var isShow = false
```

◉おみくじのイメージ

❸がおみくじのイメージを表示する**Image**ビューです。

```
Image(kuji)
    .resizable()
    .scaledToFit()
    .frame(width: 350, height: 400)
    .scaleEffect(isShow ? 1 : 0)  ←a
    .rotationEffect(isShow ? .degrees(360) : .zero)  ←b
    .animation(.easeInOut(duration: 1))  ←c
```

aで、ビューを拡大／縮小する**scaleEffect**モディファイアを設定しています。三項演算子「**? :**」を使用して、isShowステートプロパティがtrueの場合には「1」(元のサイズ)、そうでない場合には「0」に設定しています。

bでは、ビューを回転させる**rotationEffect**モディファイアを使用して、**isShow**ステートプロパティがtrueの場合には角度を360度、そうでない場合には0度（**.zero**）に設定しています。

cでは、**animation**モディファイアを設定しています。**easeInOut**メソッドでアニメーションの変化時間を1秒に設定しています。これで**isShow**ステートプロパティが変化すると、拡大／縮小と回転のアニメーションが行われます。

◉「占う」ボタン

❹が「占う」ボタンの設定です。

```
// 「占う」ボタン
Button(action: {
    if !self.isShow {
        self.isShow = true  ←a
        self.kuji = self.omikujis.randomElement()!  ←b
    }
}) {
    Text("占う")
        .font(.largeTitle)
        .background(Capsule()
            .foregroundColor(isShow ? .gray : .yellow) ←e
            .frame(width: 100, height: 40 )
        )
}
.disabled(isShow ? true : false)  ←f
```

(d: .background(Capsule() 〜) の範囲、c: Text("占う") 〜) の範囲)

ボタンのアクションとしては、a で**isShow**ステートプロパティを**true**に設定しています。これでイメージのアニメーションが開始します。

b で、**kuji**ステートプロパティに配列**omikujis**からランダムに取り出した値を設定しています。

c がボタンのラベルとして表示する**Text**ビューです。

d の**background**モディファイアでは、ビューの背景に表示するビューを設定できます。ここではカプセルの形状を表示する**Capsule**ビューを設定しています。

e の**foregroundColor**モディファイアでは、**isShow**ステートプロパティが**true**の場合に背景色をグレー(gray)、そうでない場合に黄色(yellow)に設定しています。

f の**disabled**モディファイアは、ボタンの有効／無効を切り替えるメソッドです。引数がtrueの場合には無効となり、ボタンがタップできなくなります。ここでは**isShow**ステートプロパティの値に応じて有効／無効を切り替えています。

◉「消去ボタン」

❺(→P.168-169)の「消去」ボタンでは、おみくじを回転しながら非表示にする処理を行っています。処理の流れ的には「占う」ボタンと同じです。ボタンがタップされると**isShow**プロパティを**false**に設定しています。

Chapter 5

割り勘を計算するアプリをつくろう!

このChapterでは、割り勘計算アプリの作成を通して、
TextField、Picker、Stepperといった
ビューの取り扱いについて説明します。
ステートプロパティとビューの値の変化をバインドして、
ユーザが入力／選択した値を取得する方法についても
説明します。

Learning SwiftUI
with Xcode
and Creating
iOS Applications

5-1 ステートプロパティのバインドと Stepper・TextField・Picker

Learning SwiftUI with Xcode and Creating iOS Applications

ビューにはユーザが値を入力したり選択したりできるTextField、Stepper、Pickerなどのタイプがあります。本節では、それらの値をステートプロパティとバインドしてプログラムで取得する方法を中心に説明しましょう。

POINT

この節の勘どころ

- ◆ ビューの引数とステートプロパティをバインドしてユーザの入力を受け取る
- ◆ 「+」「-」ボタンにより値を増減させるStepperビュー
- ◆ 値をひとつ選択するPickerビュー
- ◆ 文字列を入力するTextFieldビュー

5-1-1 割り勘計算アプリについて

まず、このChapterで最終的に作成する**割り勘計算アプリ**の完成形を示します。飲み会などで、支払い総額を参加者で割り勘にした場合の金額を計算します。各個人の最小単位（10円、100円）を設定して、それ未満の金額は端数として表示し、幹事もしくはほかの誰かが支払うものとします。

■ 割り勘計算アプリ

SAMPLE Chapter5→5-2→Warikan

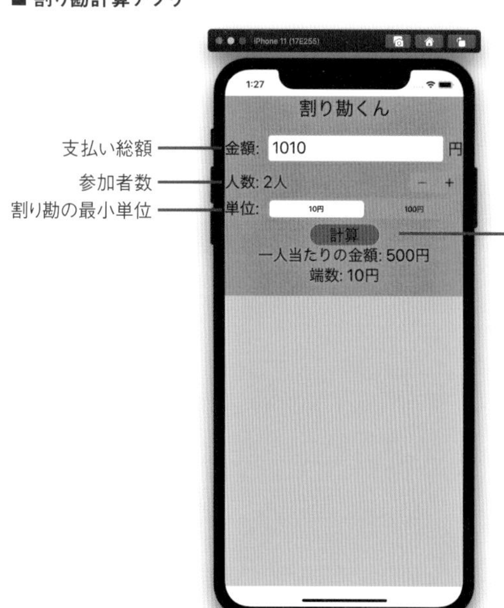

エラーが発生した場合にはアラートダイアログボックスが表示されるようにしています。

■ エラー時のアラート

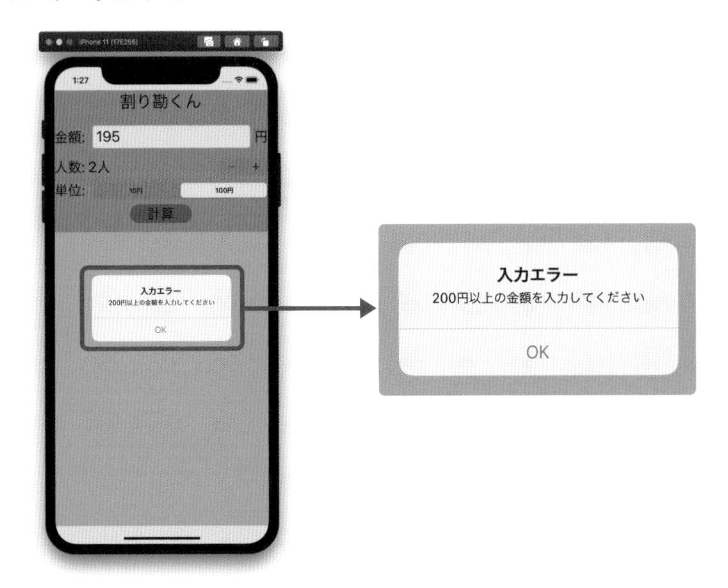

たとえば、金額が1,000円で人数が2人の場合には、一人当たり500円となります。また、金額1,000円で人数が3人の場合、単位が10円のときには一人当たり330円、端数が10円となります。

5-1-2 Stepperビュー

それでは、割り勘計算アプリで使用するビューを紹介していきましょう。まず、Stepperビューは[+]ボタンと[−]ボタンにより、値を指定した単位ずつ増減させるビューです。割り勘計算アプリでは人数を指定するのに使用しています。

■ 値を増減させるStepperビュー

「ライブラリ」ウィンドウから「**Stepper**」を、エディタもしくはキャンバスにドラッグ＆ドロップすることで配置できます。

■「ライブラリ」ウィンドウから「Stepper」を配置できる

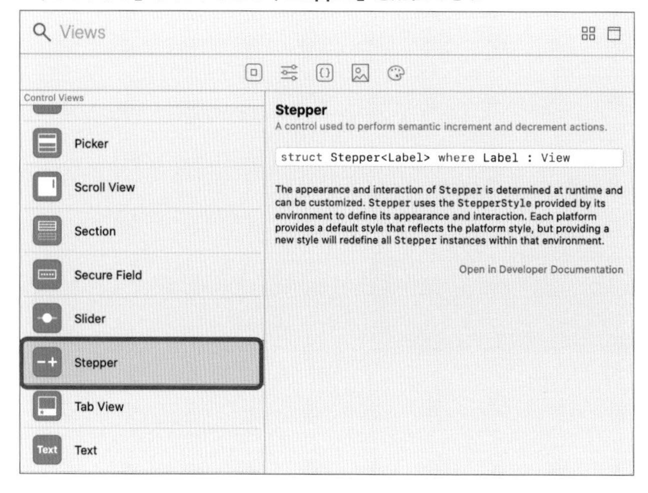

次に、「Stepper」をキャンバスのTextビューの上にドラッグ＆ドロップで配置した状態を示します。

■「Stepper」をキャンバスにドラッグ＆ドロップして配置

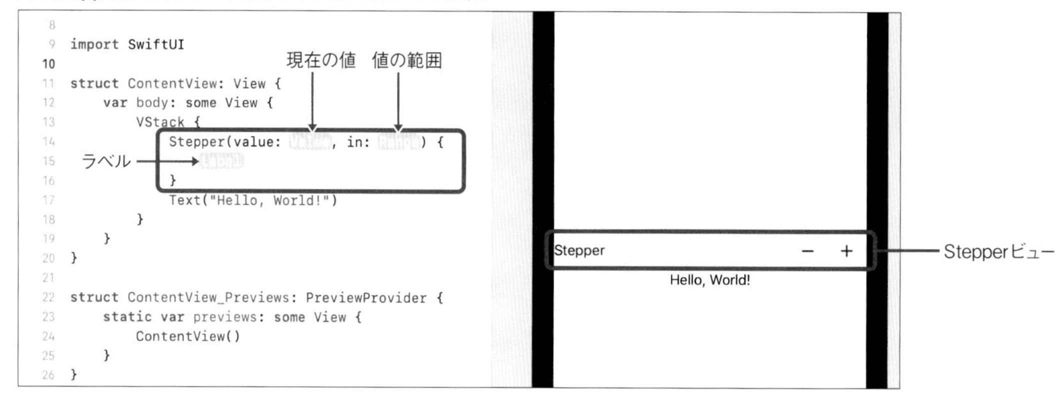

◉ステートプロパティとビューの引数をバインドする

Stepperビューのイニシャライザの**value**引数は、現在設定されているStepperの値です。Stepperのように、ユーザが入力／選択した値を取り出すビューの場合、イニシャライザの引数の値を、**ステートプロパティ**（→P.148）と「**バインドする**」（関連付ける）ことができます。そうすることによりバインドした値が変更されると、自動的に画面を更新することができます。それにはバインドする引数の先頭に「**$**」を記述します。

Stepperの場合、**value**引数でステートプロパティとバインドします。また、**in**引数では数値の範囲を**レンジオブジェクト**（→P.064）として設定します。たとえば、1～10の範囲を指定するには「**1...10**」とします。クロージャではラベルとして表示するビューを指定します。

■Stepperの書式例

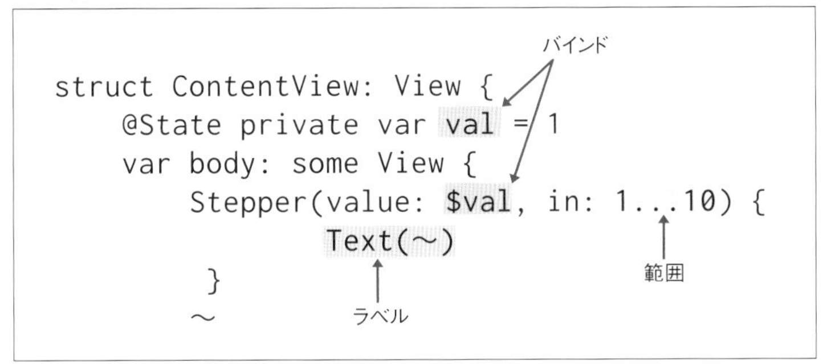

```
struct ContentView: View {
    @State private var val = 1
    var body: some View {
        Stepper(value: $val, in: 1...10) {
                Text(～)
         }
        ～
```


◉平成年を西暦に変換する

次に、**Stepper**ビューで平成年の値を設定し、それを西暦の年に変換してTextビューで表示する例を示します。

■Stepperビューで平成年の値を設定

次にリストを示します。

■ ContentView.swift（一部）（Stepper1プロジェクト）

SAMPLE Chapter5➡5-1➡Stepper1

```
struct ContentView: View {
    @State private var heisei = 1 ←❶
    var body: some View {
        VStack {
            Stepper(value: $heisei, in: 1...31) {   ┐
                Text("平成: \(heisei)年") ←❸       ├←❷
            }                                       ┘
            .padding()
            Text("西暦: \(String(heisei + 1988))年") ←❹
        }
        .font(.largeTitle)
    }
}
```

❶でステートプロパティとして平成年を管理する**heisei**を宣言して1に初期化しています。

❷で**Stepper**ビューを用意し、イニシャライザの**value**引数で**heisei**ステートプロパティとバインドしています。**in**引数では平成年の範囲としてレンジオブジェクトで1～31を設定しています。

❸では、左側に表示されるラベルとしてTextビューで**heisei**ステートプロパティの値を表示しています。

❹のTextビューでは、「heisei + 1988」でheiseiステートプロパティの値に1988を足して西暦の年を計算しています。

NOTE Textビューの式展開で数値をそのまま表示すると「1,989」のように3桁区切りになってしまします。そのため、ここでは計算結果をStringのイニシャライザに渡して文字列に変換してから表示しています。

5-1-3 Pickerビュー

Pickerビューは複数の選択肢からひとつを選択するビューです。割り勘計算アプリでは単位の選択に使用しています。

■ 複数の選択肢からひとつを選択するPickerビュー

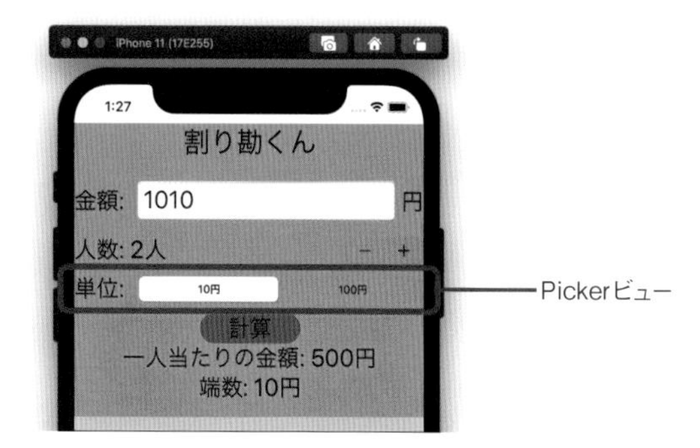

「ライブラリ」ウィンドウでは「**Picker**」として用意されています。

■「ライブラリ」ウィンドウから「Picker」を配置できる

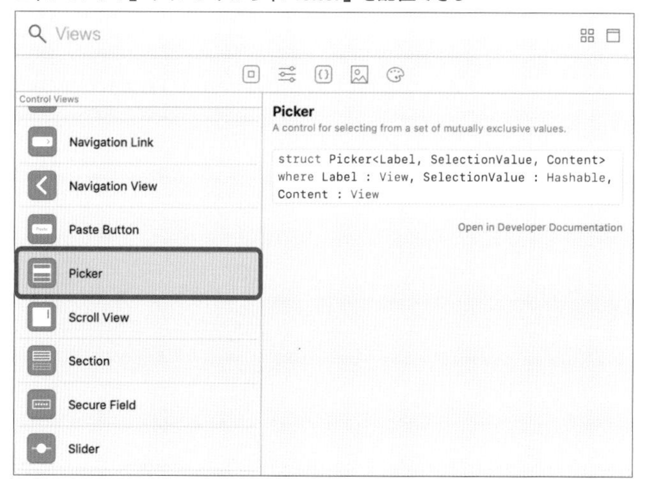

次に、「ライブラリ」ウィンドウからドラッグ＆ドロップした状態のPickerビューを示します。

■「Picker」をキャンバスにドラッグ＆ドロップして配置

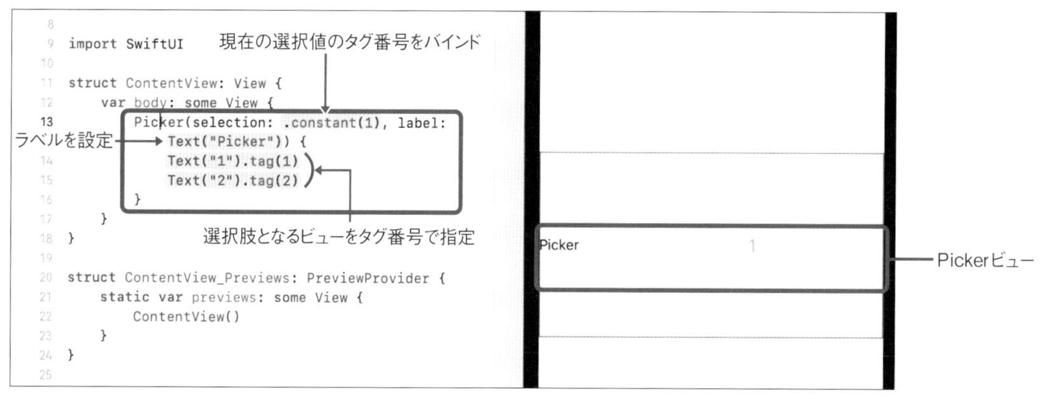

選択した値はタグ番号で管理されます。各値には**tag**メソッドでタグ番号を指定します。**selection**引数では、タグ番号をステートプロパティとバインドします。

◉Pickerビューで背景色を選択する

次に、**Picker**ビューで色名を選択すると、その色でTextビューの背景を表示する例を示します。

■ Pickerビューで色名を選択

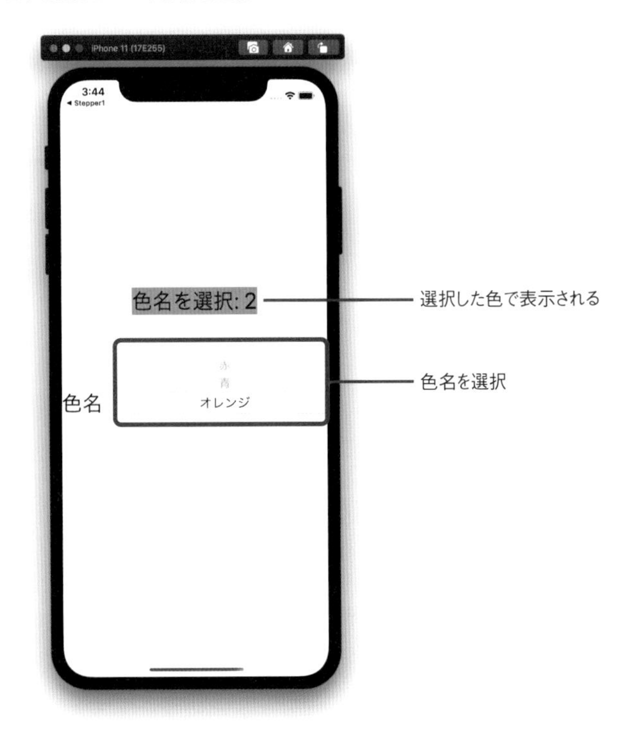

■ ContentView.swift（一部）（Picker1プロジェクト）

SAMPLE Chapter5➡5-1➡Picker1

```
struct ContentView: View {
    @State private var color = 1  ←❶
    let colors = [Color.red, Color.blue, Color.orange]  ←❷

    var body: some View {
        VStack {
            Text("色名を選択: \(color)")
                .background(colors[color])  ←❸
            Picker(selection: $color, label: Text("色名")) {
                Text("赤").tag(0)
                Text("青").tag(1)
                Text("オレンジ").tag(2)
            }  ←❹
        }
        .font(.largeTitle)
    }
}
```

❶でステートプロパティとして**color**を宣言して1に初期化しています。これは次に説明する配列**colors**のインデックスとして使用します。

❷で配列**colors**を用意し、Color.red（赤）、Color.blue（青）、Color.orange（オレンジ）の3つの要素を代入しています。

❸のTextビューでは、背景色を設定する**background**モディファイアの引数で**colors**配列のインデックスに**color**ステートプロパティを指定しています。これでcolorステートプロパティが変更されると背景色がその色になります。

❹が**Picker**ビューです。イニシャライザの**selection**引数に「**$color**」を指定してcolorステートプロパティと**バインド**しています。選択肢にはラベルを「赤」「青」「オレンジ」に設定した3つのTextビューを用意し、それぞれ**タグ**を0、1、2に設定しています。

◉Pickerビューのスタイルをセグメンテッドコントロールにする

Pickerビューの表示形式を、横一列に並んだボタンからひとつを選択する、いわゆる**セグメンテッドコントロール**にすることができます。

■ セグメンテッドコントロール

セグメンテッドコントロールにするには、**pickerStyle**モディファイアの引数に**SegmentedPickerStyle()**を渡します。

■ ContentView.swift（一部）（Picker2プロジェクト）

SAMPLE Chapter5➡5-1➡Picker2

```
struct ContentView: View {
    @State private var color = 1
    let colors = [Color.red, Color.blue, Color.orange]

    var body: some View {
        VStack {
            Text("色名を選択: \(color)")
                .background(colors[color])
            Picker(selection: $color, label: Text("色名")) {
                Text("赤").tag(0)
                Text("青").tag(1)
                Text("オレンジ").tag(2)
            }
            .pickerStyle(SegmentedPickerStyle())  ←❶
        }
        .font(.largeTitle)
    }
}
```


Picker1プロジェクトからの変更点は❶の部分のみです。**SegmentedPickerStyle()**を引数に、**pickerStyle**モディファイアを実行しています。なお、セグメンテッドコントロールの場合、Pickerのイニシャライザの**label**引数で設定した値（サンプルではTextビューの「色名」）は表示されません。

5-1-4 TextFieldビュー

TextFieldビューは、ユーザに文字列を入力させるために使用する、いわゆる**テキストフィールド**です。割り勘計算アプリでは金額を入力するのに使用しています。

■ 文字列を入力するTextFieldビュー

「ライブラリ」ウィンドウでは「**Text Field**」として用意されています。

■「ライブラリ」ウィンドウから「TextField」を配置できる

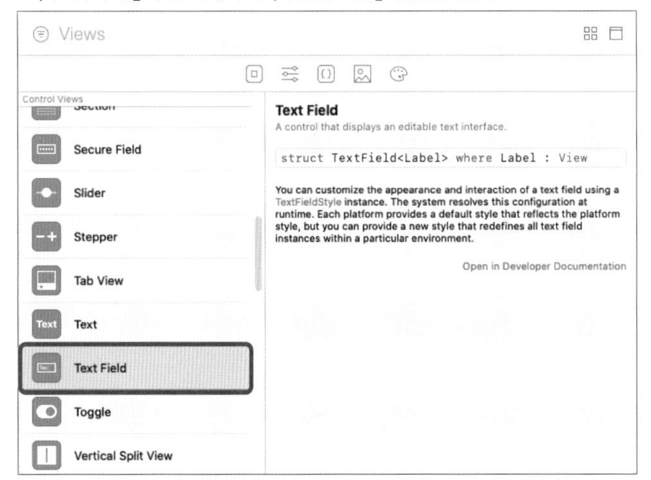

次に「ライブラリ」ウィンドウからドラッグ&ドロップで配置した状態のTextFieldビューを示します。

■「TextField」をキャンバスにドラッグ&ドロップして配置

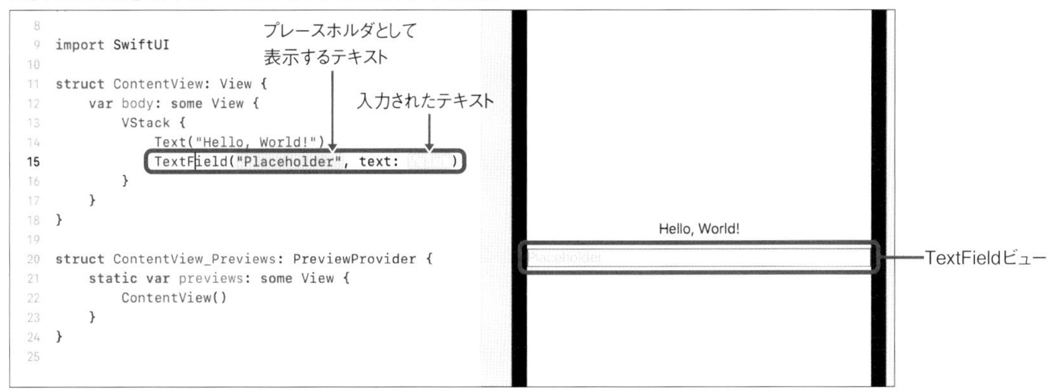

TextFieldビューのイニシャライザでは最初の引数で**プレースホルダ**（なにも入力されていないときにグレーで表示されるテキスト）を指定します。

2番目の**text**引数をステートプロパティとバインドすることで、ユーザが入力した文字列を取得できます。

◉テキストフィールドで名前を入力する

次に、テキストフィールドに名前を入力すると、その下のTextビューに「ハロー ～さん」と表示する例を示します。

■ 入力文字列の取得例

■ ContentView.swift（一部）（TextField1プロジェクト）

SAMPLE Chapter5➡5-1➡TextField1

```
struct ContentView: View {
    @State private var name = ""  ←❶
    var body: some View {
        VStack {
            HStack {
                Text("名前")
                TextField("名前を入力してください", text: $name)  ←❷
                    .textFieldStyle(RoundedBorderTextFieldStyle()) ←❸
            }
            if name != "" {  ←❹
                Text("ハロー \(name)さん")  ←❺
            }
        }
        .font(.title)
    }
}
```

❶で名前を管理する**name**ステートプロパティを宣言し、空文字列""に初期化しています。

❷で**TextField**ビューを用意し、**text**引数でnameステートプロパティとバインドしています。

なお、デフォルトでは**TextFiled**に枠線がありません。枠線を表示したい場合には、❸のように**textFieldStyle**モディファイアで、**RoundedBorderTextFieldStyle()**を指定します。

❹のif文では、**name**が空文字列「""」でなければ、❺のTextビューで「ハロー ～さん」と表示しています。

NOTE キーボードを表示するにはシミュレータもしくは実機で実行します。シミュレータでキーボードが表示されない場合には、「I/O」メニューの「Keyboard」→「Connect Hardware Keyboard」のチェックを外してください。

◉キーボードの種類を設定する

キーボードのタイプは**keyboardType**モディファイアで設定します。たとえば「**numberPad**」を引数にすると数値パッドが表示されます。

■数値パッドを表示

```
TextField("年齢を入力してください", text: $age)
    .textFieldStyle(RoundedBorderTextFieldStyle())
    .keyboardType(.numberPad)
```

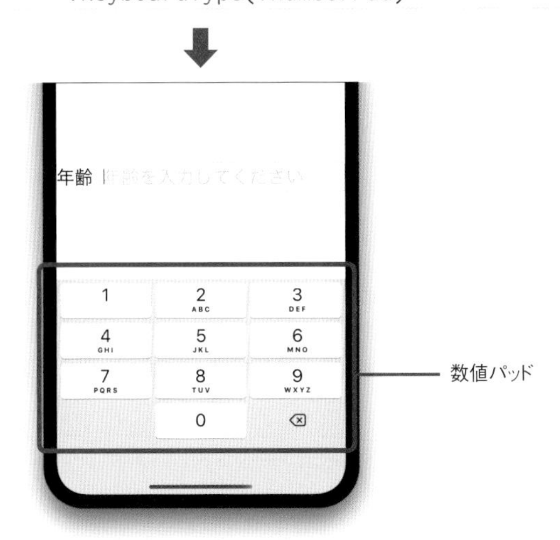

◉数値パッドを閉じるには

数値パッドには**return**キーがありません。そのため、通常のキーボードのようにreturnキーで閉じることができません。

GUI部品の中で、最初にユーザからの操作を受け取るオブジェクトを「**ファーストレスポンダ**」(**First Responder**)といいます。テキストフィールドをタップして、テキストフィールドがファーストレスポンダになるとキーボードが自動的に表示されます。逆にキーボードを隠すにはファーストレスポンダであることをやめればいいのです。その方法はいくつかありますが、ここでは、次の命令を実行する方法について説明します。

```
UIApplication.shared.sendAction(#selector(UIResponder.resignFirstResponder), ⇨
    to: nil, from: nil, for: nil)
```
※半角スペースを入れて改行せずに続ける

たとえば、背景部分をタップするとキーボードを閉じるようにするには、**ZStack**スタックレイアウトを使用して、背景部分を何らかのビューで埋めます。背景に設定したビューの**onTapGesture**モディファイアで、「**UIApplication.shared.sendAction(～)**」を実行します。onTapGestureモディファイアはビューがタップされたときのアクションを設定するメソッドです。

■ 背景部分をタップするとキーボードを閉じる

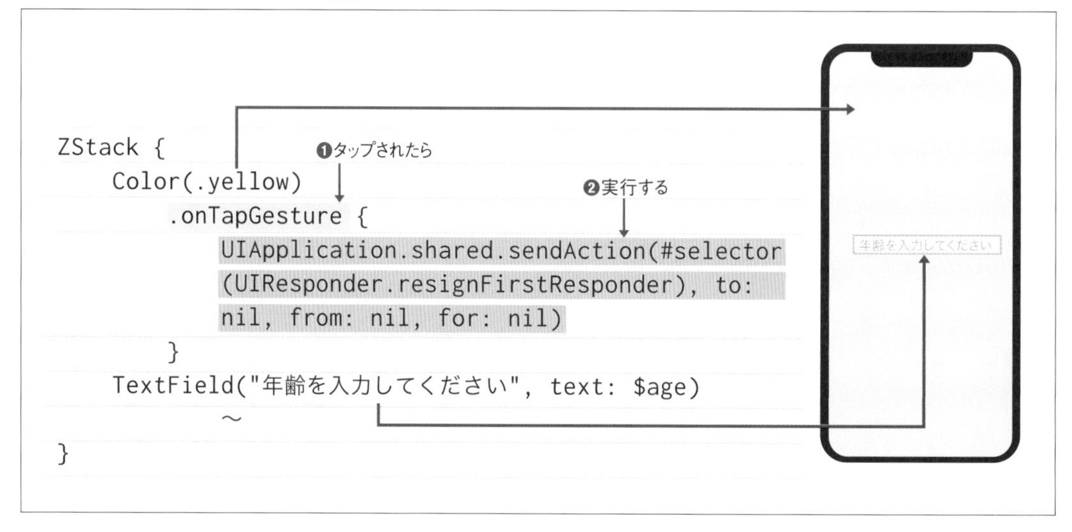

前記の例では、**Colorビュー**を背景にしています。**Color構造体**は色を設定するための構造体でもありますが、ビューとして使用すると、イニシャライザで指定した色で背景全体を埋めます。

NOTE この例ではわかりやすくするために、Colorビューの背景を黄色「yellow」に設定しています。

◉ 年齢を入力するテキストフィールドの例

次に、数値パッドを使用してテキストフィールドに年齢を入力する例を示します。

■ 背景をタップするとキーボードが閉じられる

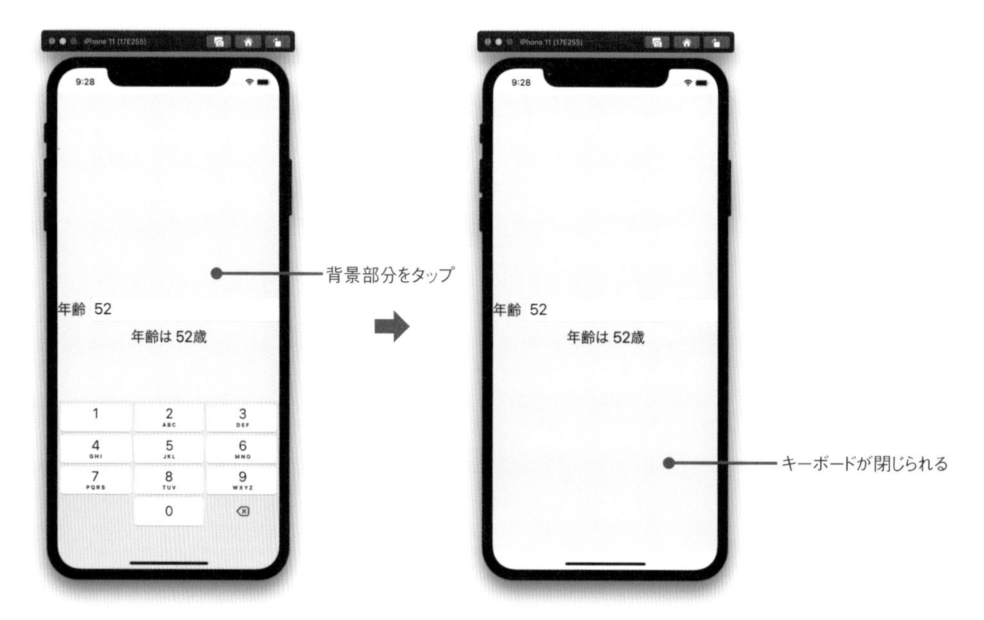

■ ContentView.swift（ContentView構造体）（TextField2プロジェクト）　SAMPLE Chapter5➡5-1➡TextField2

※改行せずに続ける（半角スペースなし）

```
struct ContentView: View {
    @State private var age = ""
    var body: some View {
        ZStack {
            Color(.yellow)
                .onTapGesture {
                    UIApplication.shared.sendAction(#selector(UIResponder⇨
                        .resignFirstResponder), to: nil, from: nil, for: nil)
                }                                                         ←❶
            VStack {
                HStack {
                    Text("年齢")
                    TextField("年齢を入力してください", text: $age)
                        .textFieldStyle(RoundedBorderTextFieldStyle())
                        .keyboardType(.numberPad)  ←❸
                }
                if age != "" {
                    Text("年齢は \(age)歳")
                }
            }
            .font(.title)                                                 ←❷
        }
    }
}
```

❶でZStackの内部に**Color**ビューを用意し、**onTapGesture**モディファイアでキーボードを隠す命令を実行しています。

❷ではZStackの内部にVStackを配置して**Text**ビューと**TextField**ビューを配置しています。

❸でTextFieldビューのキーボードタイプを**numberPad**に設定しています。

シミュレータで実行して、TextFieldをタップしてキーボードを表示し、背景部分をタップするとそれが閉じられることを確認してください。

5-1-5 アラートダイアログボックスを表示する

「**アラートダイアログボックス**」は、警告などなんらかのメッセージを表示するダイアログボックスです。

■ メッセージを表示するアラートダイアログボックス

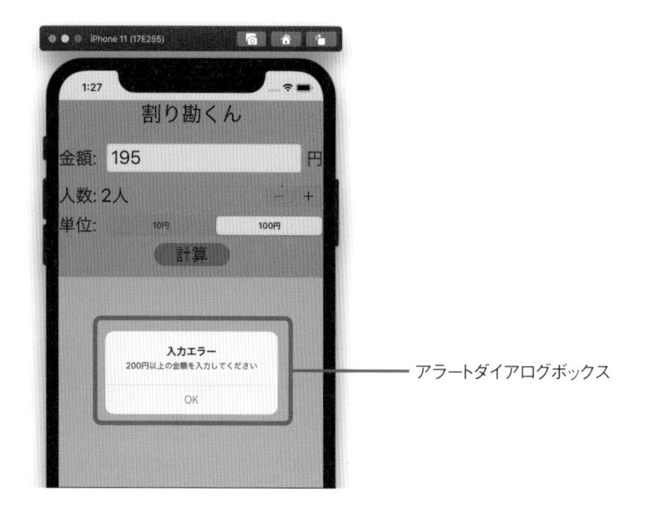

アラートダイアログボックスを表示するには、**alert**モディファイアを使用します。ここではボタンをタップすると次のようなアラートダイアログボックスを表示する例を示しましょう。

■ ボタンをタップするとアラートダイアログボックスを表示する

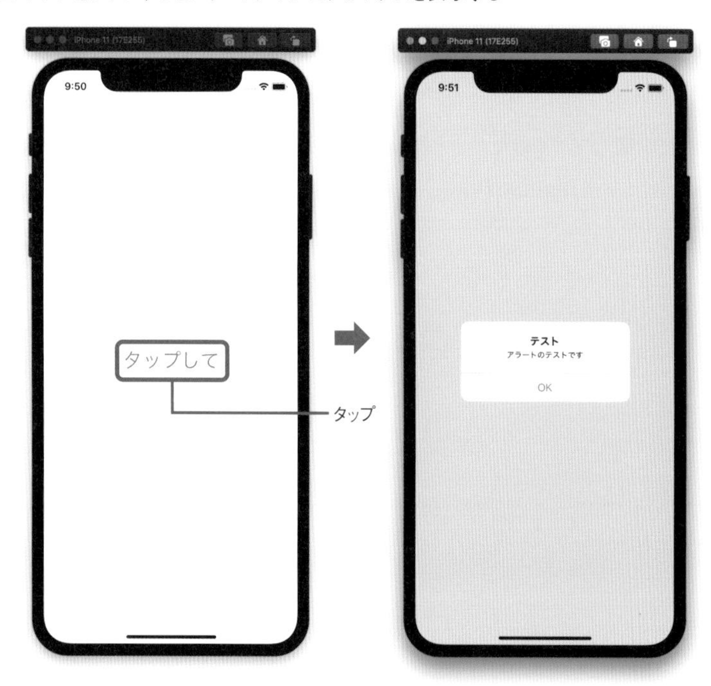

alertモディファイアは、次のようにして使用します。

```
ビュー
    .alert(isPresented: $ステートプロパティ) {
        Alert構造体のインスタンス
    }
```

isPresented引数で、アラートダイアログボックスを表示するかどうかを判断するステートプロパティをバインドします。その値がtrueのときにダイアログボックスが表示されます。そのうしろのクロージャではアラートダイアログボックスの中身として表示する**Alert**構造体を指定します。

次に、タイトル（title）とメッセージ（message）、消去ボタン（dissmisButton）を指定したアラートダイアログボックスの例を示します。

■ ContentView.swift（一部）（Alert1プロジェクト）

SAMPLE Chapter5➡5-1➡Alert1

```
struct ContentView: View {
    @State private var showAlert = false  ←❶

    var body: some View {
        Button(action: {
            self.showAlert.toggle()  ←❷
        }) {
            Text("タップして")
                .font(.largeTitle)
        }
        .alert(isPresented: $showAlert) {                       ┐
            Alert(title: Text("テスト"),                  ┐      │
                  message: Text("アラートのテストです"),   │←❹   │←❸
                  dismissButton: .default(Text("OK")))  ┘      │
        }                                                       ┘
    }
}
```

❶で**showAlert**ステートプロパティを宣言し、falseに初期化しています。

❷でボタンをタップするごとに、showAlertステートプロパティの値を**toggle**メソッドで反転しています。

❸が**alert**モディファイアの設定です。**isPresented**引数で**showAlert**ステートプロパティをバインドしています。その値がtrueのときに、❹のAlert構造体によりアラートダイアログボックスが表示されます。

dismissButton引数ではダイアログボックスを消去するボタンをAlert.Button構造体のインスタンスとして指定します。「**default**」（「.default」は、「Alert.button.default」の省略形）はデフォルトのボタンとなります。イニシャライザの引数ではボタンに表示するテキストを指定します。

5-2 割り勘アプリをつくろう

Learning SwiftUI with Xcode and Creating iOS Applications

前節で説明したTextField、Picker、Stepperビューを使用して、割り勘計算アプリをつくってみましょう。金額の入力に使う数値パッド、[+][-]ボタンによる人数の入力などを備えた、本格アプリです。

POINT

この節の勘どころ

- ◆ TextFieldを数値パッド(numberPad)に設定し金額を入力
- ◆ 人数はStepperビューで設定
- ◆ セグメンテッドコントロールに設定したPickerビューで単位を設定
- ◆ 画面をタップしてnumberPadを閉じる

5-2-1 割り勘計算アプリの動作

総支払い金額は、キーボードタイプを**numberPad**に設定した**TextField**ビュー(→P.180)で入力します。人数は**Stepper**ビュー(→P.173)で設定します。スタイルをセグメンテッドコントロールにした**Picker**ビュー(→P.176)では、一人当たりの支払い金額の単位として10円もしくは100円を選択します。

■ 割り勘計算アプリ

SAMPLE Chapter5➡5-2➡Warikan

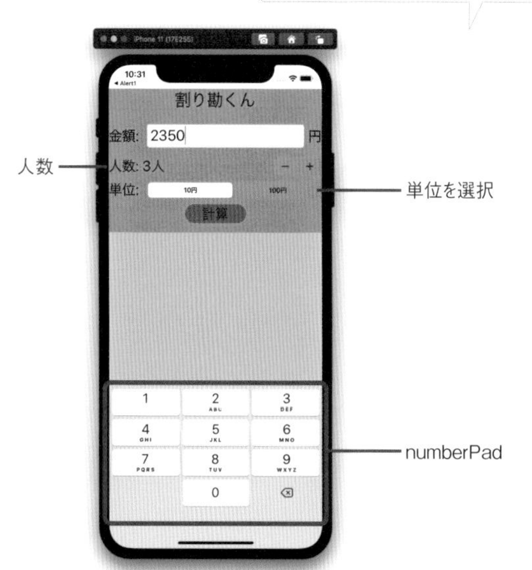

「**計算**」ボタンをタップすると一人当たりの支払い金額と端数が表示されます。

■ 割り勘計算結果

キーボードの上の黄色の部分をタップするとキーボードが閉じます。

入力した金額が「単位×人数」に満たない場合、あるいは金額に数値以外の文字を入れた場合には**アラートダイアログボックス**を表示します。

■ 入力エラーを示すアラートダイアログボックス

5-2-2 ステートプロパティの設定

割り勘計算アプリのプロジェクトで編集するファイルは、**ContentView.swift**のみです。次に**ContentView**構造体の**ステートプロパティ**（→P.148）の宣言部分を示します。

■ ContentView.swift（ContentView構造体のステートプロパティ宣言）（Waricanプロジェクト）

```
// 総支払い金額
@State private var total = "1010"
// 人数
@State private var ninzu = 2
// 一人当たりの支払い金額
@State private var kingaku = 0
// 端数
@State private var hasu = 0
// 単位
@State private var unit = 10
// 入力にエラーがある場合
@State private var inputError = false  ←❶
// アラートダイアログボックスに表示するメッセージ
@State private var msg = ""  ←❷
```

総支払い金額（**total**）、人数（**ninzu**）、一人当たりの金額（**kingaku**）、端数（**hasu**）を順に宣言しています。totalはTextFieldビューから入力するため文字列（String）です。そのほかは整数（Int）です。

❶の**inputError**は入力にエラーがあるかを示すBool型の値です。**true**の場合（入力した金額が「単位×人数」に満たない場合、あるいは金額に数値以外の文字を入れた場合）に、❷の**msg**にメッセージを代入し、アラートダイアログボックスで表示するようにしています。

5-2-3 bodyプロパティ

次ページにContentView構造体の**boby**プロパティ部分を示します。

■ ContentView.swift（bodyプロパティ）（Waricanプロジェクト）

```
var body: some View {
    VStack {
        Text("割り勘くん")
            .font(.largeTitle)
        HStack {
            Text("金額: ")
            TextField("000", text: $total)
                .textFieldStyle(RoundedBorderTextFieldStyle())
                .keyboardType(.numberPad)
            Text("円")
        }

        Stepper(value: $ninzu, in: 2...10) {
            Text("人数: \(ninzu)人")
        }

        HStack {
            Text("単位: ")
            Picker(selection: $unit, label: Text("最小支払額")) {
                Text("10円").tag(10)
                Text("100円").tag(100)
            }
            .pickerStyle(SegmentedPickerStyle())
        }

        Button(action: {
            self.calc()
        }) {
            Text("計算")
                .foregroundColor(.black)
                .background(Capsule()
                    .foregroundColor(.purple)
                    .frame(width: 120, height: 35))
        }
        .alert(isPresented: $inputError) {
            Alert(title: Text("入力エラー"), message: Text(self.msg),
                  dismissButton: .default(Text("OK")))
        }

        if kingaku != 0 {
            Text("一人当たりの金額: \(kingaku)円")
            Text("端数: \(hasu)円")
        }
```

❶ 金額を入力するTextFieldビュー

❷ 人数を入力するStepperビュー

❸ 金額の最小単位を設定するPickerビュー

❹「計算」ボタンを表示するButtonビュー

❺ アラートダイアログボックスの処理

❻ 一人当たりの金額と端数の表示

```
            Rectangle()
                .foregroundColor(.yellow)
                .onTapGesture {                              ※半角スペースを入れて改行せずに続ける
                    UIApplication.shared.sendAction(#selector(UIResponder ⇨      ←❼
                    .resignFirstResponder), to: nil, from: nil, for: nil)
            }
        }                                                    キーボードを隠す処理
        .font(.title)
        .background(Color.orange)
    }
```

◉ 金額を入力するTextFieldビュー

❶が金額を入力する**TextField**ビューです。

■**TextFieldビュー**

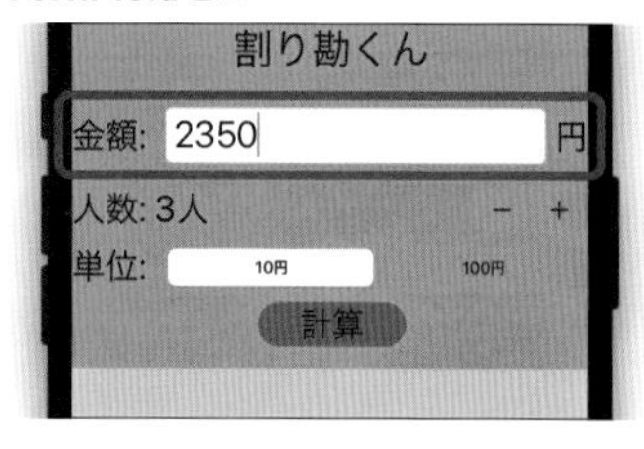

入力された文字列を**total**ステートプロパティとバインドしています。また、キーボードのタイプを「**numberPad**」にしています。

```
                TextField("000", text: $total)
                    .textFieldStyle(RoundedBorderTextFieldStyle())
                    .keyboardType(.numberPad)
```

◉ 人数を入力するStepperビュー

❷が人数を設定する**Stepper**ビューです。

■**Stepperビュー**

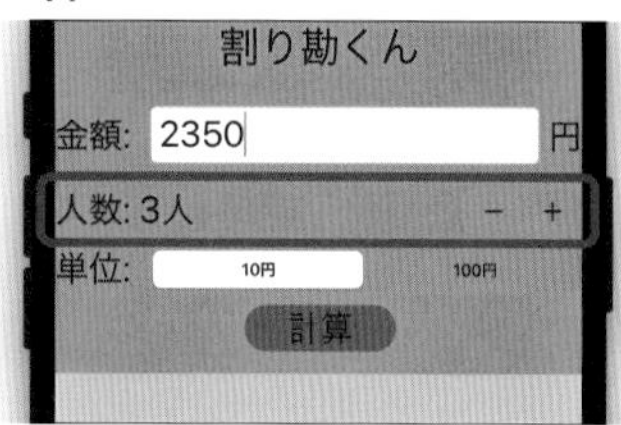

value引数を**ninzu**ステートプロパティとバインドしています。サンプルでは「2...10」で人数を2～10の範囲に設定しています。

```
        Stepper(value: $ninzu, in: 2...10) {
            Text("人数: \(ninzu)人")
        }
```

◉最小単位を選択するPickerビュー

❸が一人が支払う金額の最小単位を設定する**Picker**ビューです。

■Pickerビュー

selection引数を、**unit**ステートプロパティとバインドしています。

```
            Picker(selection: $unit, label: Text("最小支払額")) {
                Text("10円").tag(10)    ←a
                Text("100円").tag(100)    ←b
            }
            .pickerStyle(SegmentedPickerStyle())    ←c
```

a bのようにタグの値に金額を設定しています。また、cでスタイルをセグメンテッドコントロール（→P.179）に設定しています。

◉「計算」ボタンを表示するButtonビュー

❹では、**Button**ビューで「計算」ボタンを表示しています。

■「計算」ボタン

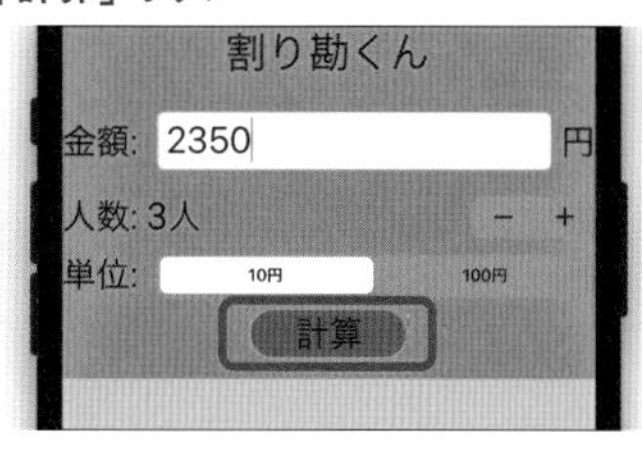

タップされると後述する**calc**メソッド（→P.195）を呼び出して一人当たりの金額と端数を計算します。

◉アラートダイアログボックス

❺では**alert**モディファイアにより、**inputError**ステートプロパティがtrueの場合にアラートダイアログボックスを表示し、**msg**ステートプロパティに代入された文字列を表示しています。

■アラートダイアログボックス

◉一人当たりの金額と端数の表示

❻のif文が計算結果を表示している部分です。一人当たりの金額を管理する**kingaku**ステートプロパティが0でない場合、金額（kingakuステートプロパティ）と端数（hasuステートプロパティ）をTextビューに表示しています。

```
if kingaku != 0 {
    Text("一人当たりの金額: \(kingaku)円")
    Text("端数: \(hasu)円")
}
```

■ 計算結果を表示

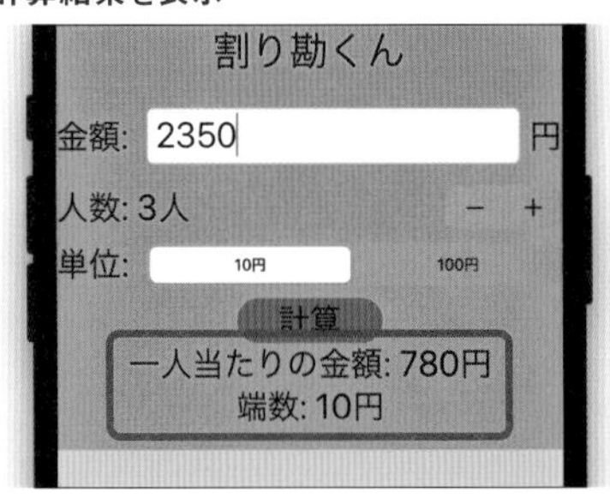

◉キーボードを隠す処理

❼の**Rectangle**ビューは矩形の領域を表示するビューです。わかりやすくするために黄色に設定しています。

■Rectangleビュー

ここではRectangleビューに、**onTapGesture**モディファイアにより、タップされるとキーボードを隠す処理を行っています（P.183「数値パッドを閉じるには」参照）。

5-2-4　calcメソッド

次に、ContentView構造体で定義されている**calc**メソッドを示します。「計算」ボタンをタップすると呼び出され、一人当たりの支払い金額（**kingaku**）と端数（**hasu**）を計算します。

■ ContentView.swift（calcメソッド）（Waricanプロジェクト）

```
    func calc() {
        if let totalInt = Int(total) {  ←❶
            // 単純に人数で割った金額
            let kingakuReal = totalInt / ninzu
            // 10円もしくは100円以下を切り捨てて支払った場合の金額
            kingaku = kingakuReal / unit * unit                 ←❷
            // 端数を計算
            hasu = totalInt - kingaku * ninzu
            if kingaku == 0 {
                msg = "\(unit * ninzu)円以上の金額を入力してください"
                inputError = true
            }
        } else {
            msg = "正しい金額を入力してください"  ←❸
            inputError = true
        }
    }
```

❶のif文では**オプショナルバインディング**（→P.070）を使用して、TextFieldで入力した総支払い金額（**total**）をIntイニシャライザにより整数に変換して**totalInt**に代入しています。

変換できない場合には、❸で**msg**ステートプロパティに「正しい金額を入力してください」を代入し、**inputError**ステートプロパティをtrueに設定します。

◉計算処理について

❷が一人当たりの支払額と端数の計算を行っている部分です。

```
// 単純に人数で割った金額
let kingakuReal = totalInt / ninzu      ←a
// 10円もしくは100円以下を切り捨てて支払った場合の金額
kingaku = kingakuReal / unit * unit     ←b
// 端数を計算
hasu = totalInt - kingaku * ninzu       ←c
```

総支払い金額が1,100円で人数が3人、単位が10円の例で考えてみましょう。

aで総支払い額（**totalInt**）を人数（**ninzu**）で割っています。整数の計算となるため、単純計算した各人の支払い金額（**kingakuReal**）は小数点以下を切り捨てた値となります。

```
let kingakuReal = totalInt / ninzu
                  1100     /  3      ←単純計算した各人の支払い金額は366になる
```

bでkingakuRealを、いったん単位（**unit**）で割って、さらに単位（**unit**）を掛けることによって最小単位を切り捨てた各人の支払額（**kingaku**）を求めています。

```
kingaku = kingakuReal / unit * unit
          366         /  10  *  10   ←単位を考慮した各人の支払額は360になる
```

cで総支払額（**totalInt**）から、各人の支払額（**kingaku**）と人数（**ninzu**）を掛けた値を引くことによって、端数（**hasu**）を計算しています。

```
hasu = totalInt - kingaku * ninzu
       1100     -  360    *  3       ←端数は20になる
```

結果として、各人の支払額は360円、端数は20円となります。

Chapter 6

誕生日リマインダー・アプリをつくろう!

このChapterでは、あらかじめ登録した誕生日をもとに、
現在の年齢と次の誕生日までの日数を表示する
誕生日リマインダー・アプリを作成してみましょう。
@Bindingを使用して、
複数のビューの間でデータを受け渡す方法についても
説明します。

Learning SwiftUI
with Xcode
and Creating
iOS Applications

6-1 DatePicker・NavigationView・日付計算・データの受け渡しと保存

Learning SwiftUI with Xcode and Creating iOS Applications

この節では、誕生日リマインダー・アプリを作成するのに必要なビューを説明します。また、複数ビューの間でデータを受け渡す方法や、iOS内にデータを保存する方法についても説明します。

POINT

この節の勘どころ

- ◆ 日付を選択するはDatePickerビュー
- ◆ NavigationViewビューによる画面遷移
- ◆ Date、DateComponents、Calendarを組み合わせて日付を処理する
- ◆ DateFormatterを使用して日付をフォーマットする
- ◆ UserDefaultsを使用してデータを保存する

6-1-1 誕生日リマインダー・アプリについて

まず、このChapterで最終的に作成する**誕生日リマインダー・アプリ**の完成形を示します。誕生日を設定すると、誕生日、年齢、あと何日で誕生日かを表示します。

■誕生日リマインダー・アプリの完成形

SAMPLE Chapter6➡6-2➡MyBirthday

6-1-2 DatePickerビューで日付時刻を選択する

それでは、誕生日リマインダー・アプリで使用するビューやSwiftUIの機能を紹介していきましょう。

ホイール形式で日付時刻を選択するには**DatePicker**ビューを使用します。次に、「ライブラリ」ウィンドウから「**DatePicker**」をキャンバスに配置した状態を示します。

■「DatePicker」をキャンバスに配置

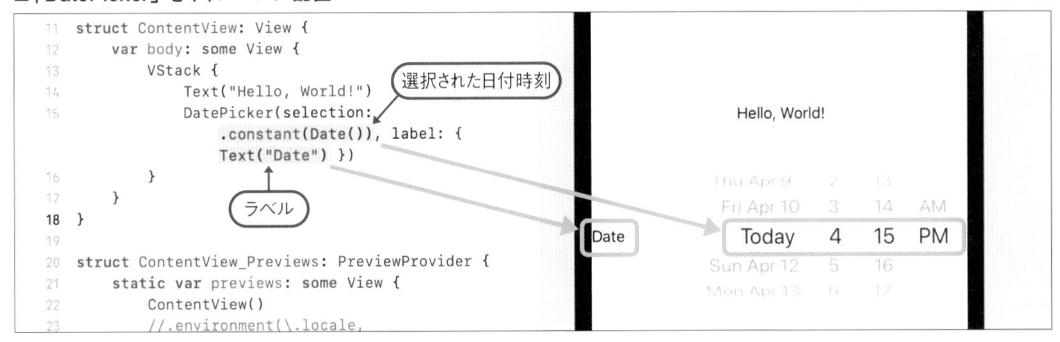

引数**selection**は現在選択されている日付時刻です。Dateオブジェクトのステートプロパティとバインドします。引数**label**では、ラベルとして表示するビューをクロージャで指定します。

デフォルトは英語表記です。ロケール（Locale）を日本語圏に設定して表示するには、環境を設定する**environment**モディファイアで次のように設定します。

■DatePickerの日本語設定

```
DatePicker(~)
    .environment(\.locale, Locale(identifier: "ja_JP"))
```

NOTE environmentモディファイアの最初の引数「\.locale」は「キーパス」（KeyPath）と呼ばれる指定です。

次に、**DatePicker**ビューで選択された日付時刻をTextビューに表示する例を示します。

■ DatePickerで選択された日付時刻をTextビューに表示

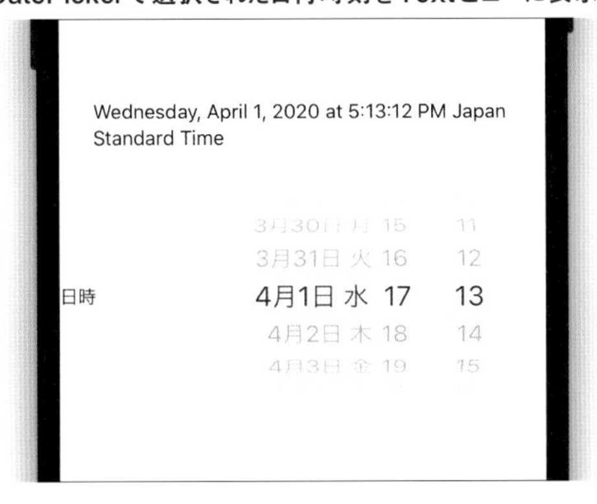

■ ContentView.swift (ContentView構造体) (DatePicker1プロジェクト)

SAMPLE Chapter6→6-1→DatePicker1

```
struct ContentView: View {
    @State private var myDate = Date()  ←❶
    var body: some View {
        VStack {
            Text("\(myDate)")  ←❷
            DatePicker(selection: $myDate, label: { Text("日時") })  ←❸
                .environment(\.locale, Locale(identifier: "ja_JP"))
        }
    }
}
```

❶で**myDate**ステートプロパティを宣言し、今日の日時で初期化しています。

❷では、式展開を使用して**myDate**ステートプロパティをTextビューに埋め込んで表示しています。

❸で**DatePicker**ビューを用意しています。**selection**引数で**myDate**ステートプロパティと**バインド**しています。これで日付時刻を選択すると❷のTextビューの表示が更新されます。

◉日付のみを設定する

DatePickerビューでは、デフォルトでは日付と時刻が選択できます。**displayedComponents**引数で、表示するコンポーネントを配列として指定することも可能です。たとえば「**[.date]**」を指定すると日付のみが表示されます。

■ ContentView.swift (一部) (DatePicker2プロジェクト)

SAMPLE Chapter6→6-1→DatePicker2

```
            DatePicker(selection: $myDate,
                       displayedComponents: [.date],  ←❶
                       label: { Text("日時") })
```

❶でdisplayedComponents引数に「[.date]」を指定しています。

■ DatePickerで日付のみを選択

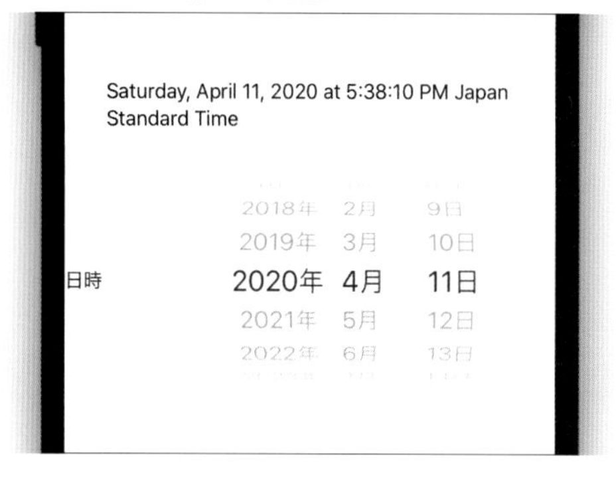

NOTE 時刻のみを選択できるようにするには「[.date]」の代わりに「[.hourAndMinute]」を設定します。

6-1-3 NavigationViewビューによる画面遷移

iOSアプリのUIでは、階層的な画面の遷移が多用されます。たとえば、本章の誕生日リマインダー・アプリでは誕生日の設定をデフォルトのコンテンツビューとは別の画面で行っています。

SwiftUIでは、階層的な画面の遷移を**NavigationView**ビューで行います。遷移先のビューはその内部の**NavigationLink**で設定します。

次に、新たに**SecondView**というコンテンツビューを用意し、メインのコンテンツビューの「2番目のビューを表示」ボタンをタップするとSecondViewビューを表示するというシンプルな例を示しましょう。

■画面遷移の例

デフォルトのコンテンツビュー　SecondViewビューを表示　元の画面に戻る

◎ビューを別ファイルとして用意する

遷移先の**SecondView**ビューは、メインのコンテンツビューのファイル「ContentView.swift」内で定義してもかまいませんが、ここでは別のファイル「**SecondView.swift**」として作成する例を示しましょう。そうすることによってキャンバスで個別にプレビューが行えます。

1 「プロジェクトナビゲータ」でプロジェクト名のフォルダ(次の例では「NavigationTest1」)を選択しておきます。

2 Fileメニューから「New」→「File」を選択します。「Choose a template for your new file」ダイアログボックスで、「iOS」→「User Interface」→「SwiftUI View」テンプレートを選択し「Next」ボタンをクリックします。

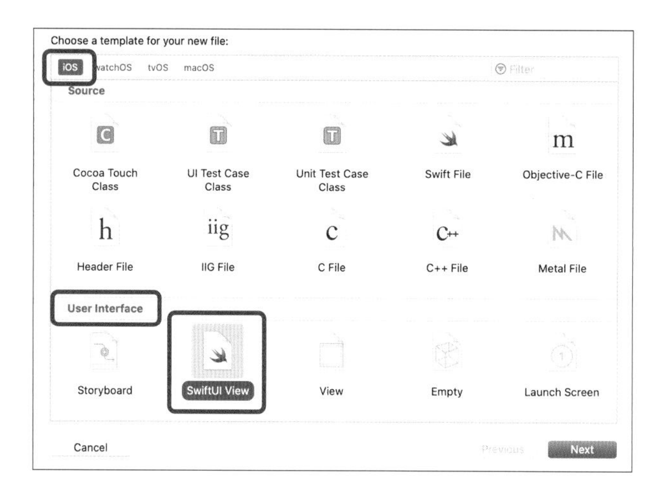

3 「Save As」でファイル名を指定します。この例では「SecondView.swift」に設定しています。

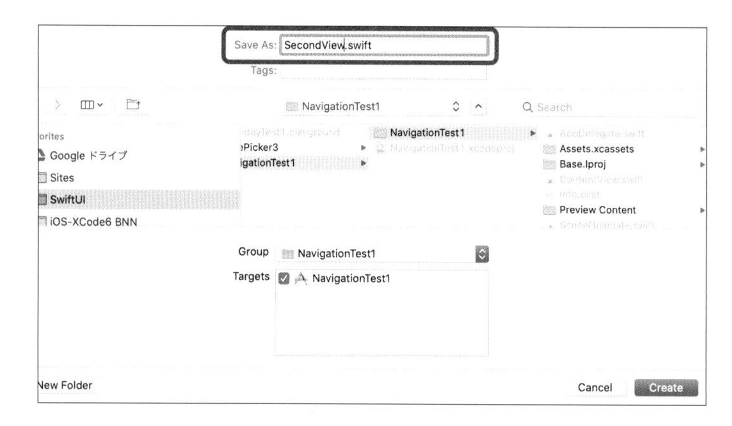

4 「Create」ボタンをクリックするとファイルが作成されます。

作成されたSwiftファイルにはビュー本体の構造体「**SecondView**」と、プレビュー表示用の構造体「**SecondView_Previews**」が定義されています。キャンバスの「Resume」ボタンをクリックするとプレビューが表示されます。

■SecondViewビュー

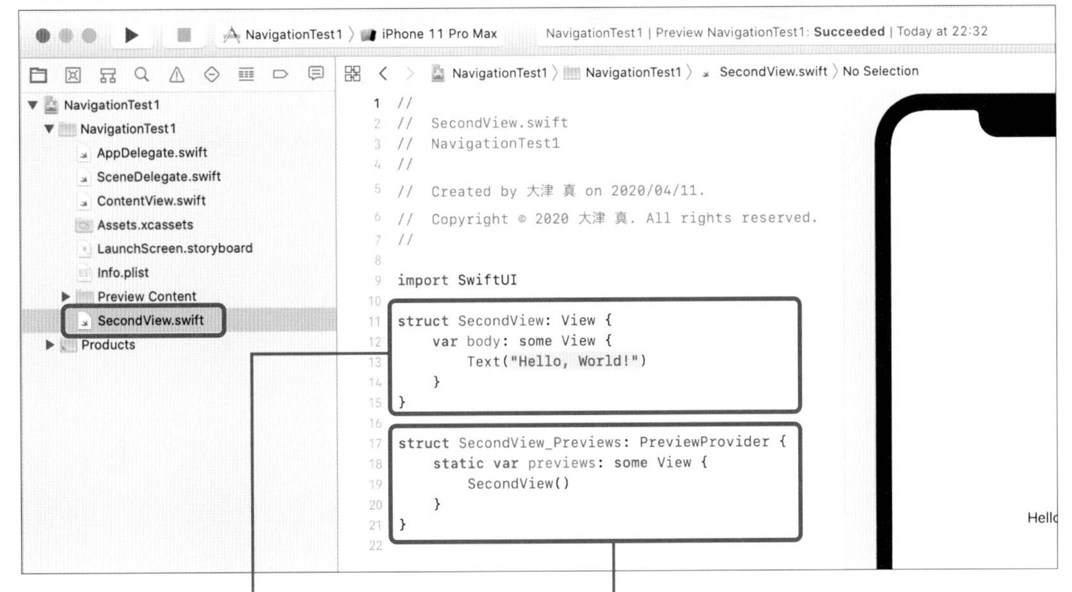

ビュー本体の構造体「SecondView」　プレビュー用の構造体「SecondView_Previews」

メインのコンテンツビューと同じように、bodyプロパティでビューの中身を記述します。

SAMPLE Chapter6➡6-1➡NavigationTest1

■ SecondView.swift（SecondView構造体）（NavigationTest1プロジェクト）

```
struct SecondView: View {
    var body: some View {
        Text("詳細ビュー")
            .font(.largeTitle)
    }
}
```

```
SecondView.swift
Products
11 struct SecondView: View {
12     var body: some View {
13         Text("詳細ビュー")
14             .font(.largeTitle)
15     }
16 }
17
18 struct SecondView_Previews: PreviewProvider {
19     static var previews: some View {
20         SecondView()
21     }
22 }
23
```

詳細

◉「ContentView.swift」でナビゲーションを設定する

次に、メインのコンテンツビューであるContentView.swiftを変更し、**NavigationView**と**NavigationLink**でナビゲーションを設定します。

■ ContentView.swift（ContentView構造体）（NavigataionTest1プロジェクト）

```
struct ContentView: View {
    var body: some View {
        NavigationView() {    ←❶
            NavigationLink(destination: SecondView()){    ←❷リンク先を指定
                Text("2番目のビューを表示")    ←❸ラベルを設定
                    .font(.largeTitle)
            }
            .navigationBarTitle("最初のビュー")    ←❹タイトルを設定
        }
    }
}
```


❶で**NavigationView**ビューを用意し、そのクロージャの内部で**NavigationLink**を記述します。

❷の**destination**引数では、遷移先のビューとして**SecondView**ビューのインスタンスを指定します。

❸のクロージャではラベルとして表示するビューを設定します。ここでは**Text**ビューに「2番目のビューを表示」と表示しています。これでラベル部分をタップするとdestination引数で設定したビューに遷移します。

なお、❹の、**navigationBarTitle**モディファイアで設定した文字列はNavigationViewビューのタイトルとなります。

NavigationViewビューの動作はライブプレビュー・モードで確認できます。

■ ライブプレビューで動作確認

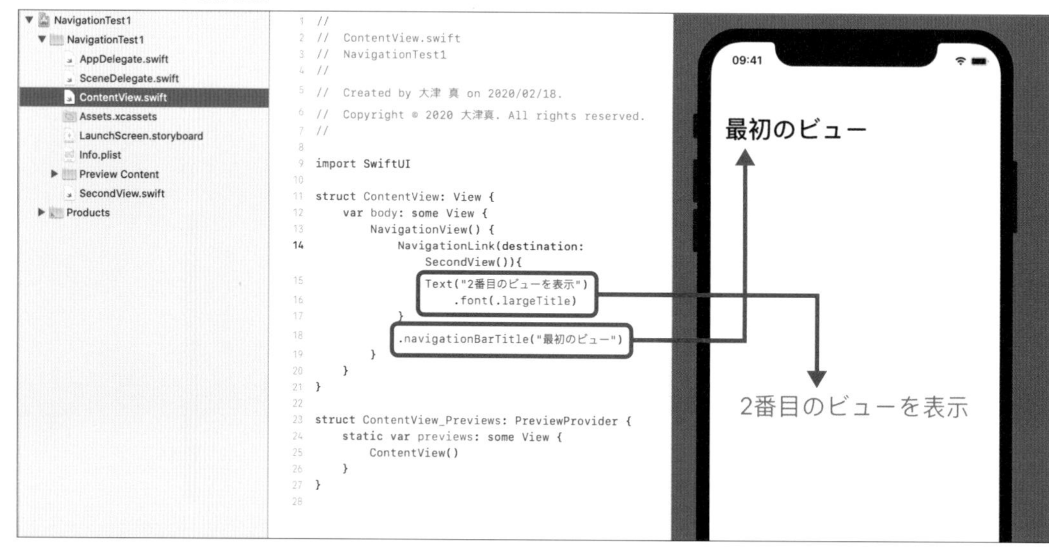

NavigationLinkで設定した「2番目のビューを表示」をタップすると、SecondViewビューが表示されます。

■SecondViewビュー

遷移先のビューの左上には、元の画面に戻るためのボタンが自動的に表示され、タップすると元の画面に戻ります。戻るボタンのタイトルは、デフォルトではnavigationBarTitleモディファイアで設定した文字列（サンプルでは「最初のビュー」）となります。

6-1-4 @Binding属性を設定してビューの間でデータを受け渡す

複数のビューの間でデータを受け渡す方法はいくつかありますが、ここでは遷移先のビューのイニシャライザ経由でデータを双方向にやり取りする方法について説明しましょう。

それには、元のビューではデータをステートプロパティとして用意し、遷移先のビューのプロパティに**@Binding**属性を設定しておきます。これでプロパティが**Binding**構造体として管理されるようになります。

次ページに、NavigationTest1プロジェクトのContentView.swiftを変更して、**name**ステートプロパティを、SecondViewに受け渡す例を示します。

■ ContentView.swift（一部）（NavigationTest2プロジェクト）

SAMPLE Chapter6➡6-1➡NavigationTest2

```
struct ContentView: View {
    @State private var name = ""    ←❶
    var body: some View {
        NavigationView() {
            VStack {
                NavigationLink(destination: SecondView(name: $name)){    ←❷
                    Text("2番目のビューを表示")
                        .font(.title)
                }
                .navigationBarTitle("最初のビュー")

                if name != "" {
                    Text("こんにちは \(name)さん") ←❹
                        .font(.largeTitle)
                }                                    ←❸
            }
        }
    }
}
```

❶でステートプロパティ**name**を宣言しています。

❷の**NavigationLink**のイニシャライザの**destination**引数では、SecondViewのイニシャライザで、**name**引数に**$name**を設定しています。先頭に「**$**」を記述してバインドする必要がある点に注意してください。これでnameステートプロパティの値がSecondViewに引き渡され、値を双方向にやり取りできるようになります。

```
                                              先頭に$を記述
                                                    ↓
NavigationLink(destination: SecondView(name: $name)){
                                    ↑
                          SecondViewのイニシャライザ
```

❸のif文では、nameプロパティが空文字列「""」でないならば、❹のTextビューで表示しています。

◉ SecondView構造体で@Binding属性を設定する

次に、遷移先のビューである**SecondView**構造体のリストを示します。

■ SecondView.swift（SecondView構造体）（NavigationTest 2プロジェクト）

```
struct SecondView: View {
    @Binding var name: String    ←❶
    var body: some View {
        HStack {
            Text("名前?: ")
            TextField("名前を入力してください", text: $name)    ←❷
                .textFieldStyle(RoundedBorderTextFieldStyle())
                .padding()
        }
    }
}
```

❶で、**@Binding**属性を設定して**name**プロパティを宣言しています。これで、ContentViewビューのnameステートプロパティと、SecondViewビューのnameプロパティがバインドされます。

さらに❷で、TextFieldビューの**text**引数と**name**プロパティをバインドしています。

以上で、SecondViewビューのTextFieldで文字列を入力すると、nameプロパティに反映されます。それがContentViewビューの画面も自動更新されます。

実際に、リンクをクリックしてSecondViewビューに遷移して、TextFieldビューに文字列を入力し、元のビューに戻って入力した文字列がTextビューに表示されることを確認しましょう。

■ 入力した文字列がTextビューに表示される

◉プレビューで確認するには

SecondView.swiftに用意された**SecondView_Previews**構造体を使用して、キャンバスにプレビューを表示したい場合には、SecondViewのデフォルトイニシャライザで**name**プロパティを引数として渡す必要があります。

ただし、これを単に次のようにしてもエラーとなるので注意してください。

```
struct SecondView_Previews: PreviewProvider {
    static var previews: some View {
        SecondView(name: "ハロー")  ←これはエラー
    }
}
```

@Binding属性が設定されたプロパティは、「**プロパティラッパー**」という機能により**Binding**構造体でラップされた値となるからです。次のように、引数を変更できない値でバインドする「**.constant(～)**」（.constantはBinding.constantの省略型）として指定する必要があります。

■ **SecondView.swift（SecondView_Previews構造体）（NavigationTest2プロジェクト）**

```
struct SecondView_Previews: PreviewProvider {
    static var previews: some View {
        SecondView(name: .constant("ハロー"))  ←「.constant(~)」として引数を渡す
    }
}
```

■ **SecondView.swiftでもプレビューが表示される**

◉UserDefaultsを使用したデータの保存と読み込み

誕生日リマインダー・アプリでは、登録した誕生日を「**UserDefaults**」という機能を使用してシステム内に保存しています。UserDefaultsでは「キー」(文字列) と値のペアでデータを管理します。

UserDefaultsを使用してデータを保存するためには、**standard**タイププロパティでデフォルトのUserDefaultsオブジェクトを取得し、**set**メソッドの**forKey**引数でキーを指定します。

■ UserDefaultsでデータを保存

```
UserDefaults.standard.set(値, forKey: キー)
```

読み込み用のメソッドはデータの型に応じて用意されています。

■ 読み込みメソッドの例

メソッド	説明
func object(forKey: String) -> Any?	オブジェクトとして読み込む
func array(forKey: String) -> [Any]?	配列を読み込む
func string(forKey: String) -> String?	文字列を読み込む
func bool(forKey: String) -> Bool	ブール値を読み込む
func integer(forKey: String) -> Int	Int型を読み込む
func float(forKey: String) -> Float	Float型を読み込む

なお、UserDefaultsから削除するには**removeObject**メソッドを使用します。

たとえば、文字列をキー"myName"として保存し、読み出して表示するには次のようにします。

■ UerDefault1.playground (一部)

SAMPLE Chapter6➡6-1➡UserDefaults1.playground

```
var name = "山田太郎"
// 保存
UserDefaults.standard.set(name, forKey: "myName")
// 読み出し
var readVal = UserDefaults.standard.string(forKey: "myName")
print(readVal!) // → 山田太郎
// 削除
UserDefaults.standard.removeObject(forKey: "myName")
```

■実行結果

```
山田太郎
```

◉ Dateオブジェクトを保存する

誕生日リマインダー・アプリでは誕生日のデータを**Date**オブジェクトとして保存しています。その場合、読み込み時には**object**メソッドを使用します。戻り値は不特定の型を表す**Any**型のため、Date構造体にキャスト（型変換）する必要があります。

■ UerDefault1.playground（一部）

```
var date = Date()
// 保存
UserDefaults.standard.set(date, forKey: "theDate")
// 読み出し
let readDate = UserDefaults.standard.object(forKey: "theDate")! as! Date    ←❶
print(readDate)
```

■実行結果

```
2020-04-11 14:15:46 +0000
```

NOTE ❶の「as! Date」が、強制的にDateにキャストする指定です。「as」の後ろに「!」を記述するとオプショナル型の値を強制的にアンラップします。

6-1-5 日付計算を行う

誕生日リマインダー・アプリでは、誕生日までの日数や、年齢を計算しています。Swiftでは日付計算を、**Date**構造体に加えて、**DateComponents**構造体、**Calendar**構造体という3つの構造体を組み合わせて行います。

Calendarは使用する暦を選択するオブジェクト、DateComponentsは年、月、日、時、分、秒といった日付時刻の個々のフィールドをまとめて管理するオブジェクトです。

◉ Date、DateComponents、Calendar各構造体の役割について

Date構造体、DateComponents構造体、Calendar構造体を連携する場合の、それぞれの役割を説明しておきましょう。まず、**Date**構造体は、コンピュータの内部表現で日付時刻を管理しています。

そして、年や月、日、時間といったフィールドを個別に管理するのが**DateComponents**構造体です。各フィールドの値は、使用する暦によって異なる可能性があります。そこで**Calendar**構造体で暦を設定するわけです。Calendar構造体のメソッドを経由して、Date構造体のインスタンスとDateComponents構造体のインスタンスのデータを相互変換すると考えてもよいでしょう。

■ Date構造体、DateComponents構造体、Calendar構造体の関係

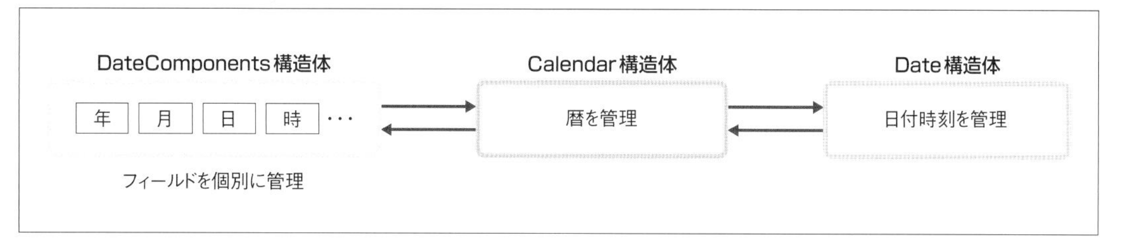

たとえば、現在の日時のDateオブジェクトから、DateComponentsオブジェクトを生成し、年、月、日の値を取り出すには次のようにします。

■ DateTest1.playground（一部）

SAMPLE Chapter6➡6-1➡DateTest1.playground

```
// 現在時刻を管理するDateオブジェクトを生成する
let now = Date()
// カレンダーを生成する
let cal = Calendar(identifier: .gregorian)  ←❶
// 年、月、日のDateComponentを生成する
let comp1 = cal.dateComponents([.year, .month, .day, .hour, .minute], from: now)←❷
// 年、月、日、時、分を表示する
print("\(comp1.year!)年\(comp1.month!)月\(comp1.day!)日␣⇨
    \(comp1.hour!)時\(comp1.minute!)分")  ←❸
```

※半角スペースを入れて改行せずに続ける（出力結果で半角スペースあけるため。実際には半角スペースはなくても可）

まず、❶で「**.gregorian**」を引数にCalendarオブジェクトを生成しています。これで一般的なグレゴリオ暦（いわゆる西暦）が暦として使用されます。

❷でCalendar構造体の**dateComponents**メソッドを使用して、Dateオブジェクト「**now**」から**DateComponents**オブジェクトを生成しています。

DateComponents構造体のインスタンスの日付時刻フィールドの値は、使用する暦によって異なります。たとえば、年のフィールドは、グレゴリオ暦（西暦）の2020年は、和暦では令和2年になります。したがって、DateComponents構造体のインスタンスで設定する値はどの暦によるものなのかを、Calendar構造体のインスタンスで指定する必要があるわけです。

dateComponentsメソッドの、最初の引数でどの要素を取り出すかを配列で指定します。この例では、year（年）、month（月）、day（日）、hour（時）、minute（分）を指定しています。日付だけに注目したい場合にはhour、minuteは不要です。

from引数でDateオブジェクトを指定します。

DateComponentsオブジェクトでは、year（年）、month（月）、day（日）、hour（時）、minute（分）、second（秒）などがプロパティとして取り出せます。これらはオプショナル型ですのでアンラップ（→P.069）する必要があります。❸でそれらをprint関数で表示しています。

■実行結果（例）

```
2020年4月11日 23時45分
```

◉指定した日付のDateオブジェクトを生成する

指定した日付の**Date**オブジェクトを生成するには、まず、**DateComponents**構造体のイニシャライザで年、月、日などのフィールドを数値で指定してインスタンスを生成し、それを引数に**Calendar**構造体の**date**メソッドを実行します。

次に、生成済みのCalendarオブジェクト「**cal**」を使用して、2020年4月3日午前0時のDateオブジェクトを生成する例を示します。

■ **DateTest1.playground（一部）**

```
// 年、月、日を指定してDateComponentsオブジェクトを生成
let comp2 = DateComponents(year: 2020, month: 4, day: 3)
// DateComponentsオブジェクトからDateオブジェクトを生成
let date2 = cal.date(from: comp2)!
```


◉日時の差を求める

Calendar構造体のメソッドを使用することで日時計算をすることができます。たとえば、今年の残り日数を求めるには次のようにします。

■ **DateTest1.playground（一部）**

```
// 今日の日付のDateオブジェクトを生成
let today = Date()
// 年の値を求める
let thisYear = cal.dateComponents([.year], from: today)
// 来年の1月1日のDateオブジェクトを生成
let newYearsDay = cal.date(from: DateComponents(year: thisYear.year! + 1,␣⇨
    month: 1, day: 1))                    ※半角スペースを入れて改行せずに続ける
// 残り日数を求める
let days = cal.dateComponents([.day], from: today, to: newYearsDay!)   ←❶
print("今年の残り日数\(days.day!)日")
```

❶で**Calendar**の**dateComponents**メソッドにより**from**引数から**to**引数までの差を計算しています。最初の引数でどのフィールドを計算するかを指定します。「**[.day]**」を指定すると日にちの差を計算します。

■実行結果（例）

```
今年の残り日数263日
```

別の例として、誕生日から年齢を計算するには次のようにします。

■ DateTest1.playground（一部）

```
// 誕生日のDateオブジェクトを生成
let birthdate = cal.date(from: DateComponents(year: 1959, month: 7, day: 3))!
// 今日のDateオブジェクトを生成
let today2 = Date()
let age = cal.dateComponents([.year], from: birthdate, to: today2)
print("\(age.year!)歳")
```

■実行結果（例）

```
60歳
```

◉ DateFormatterを使用した日付のフォーマット

Dateオブジェクトの日付時刻を、ロケールに応じていろいろな形式の文字列に変換するには**DateFormatter**構造体を使用します。

DateFormatter構造体の**dateStyle**プロパティでは、日付のスタイルを「**.short**」「**.medium**」「**.long**」「**.full**」として指定できます。

Dateクラスのインスタンスから、設定したスタイルの日付時刻の文字列を戻すには**string**メソッドを使用します。

■ DateTest1.playground（一部）

```
// 日付のフォーマット
let today3 = Date()
let df = DateFormatter()
df.locale = Locale(identifier: "ja_JP")  ←❶
df.dateStyle = .full                    ┐
print(df.string(from: today3))          ┘←❷
df.dateStyle = .medium  ←❸
print(df.string(from: today3))
```

❶でロケールを日本（**ja_JP**）に設定しています。

❷でスタイルを「**.full**」、❸で「**.medium**」にして表示しています。

■実行結果（例）

```
2020年4月12日 日曜日  ←.full
2020/04/12  ←.medium
```

6-2 誕生日リマインダー・アプリをつくろう

Learning SwiftUI with Xcode and Creating iOS Applications

この節では、前節で説明したDatePicker、NavigationView、NavigationLinkなどを使用した、誕生日リマインダー・アプリの作成について説明します。

POINT
この節の勘どころ

- ◆ 誕生日の設定はNavigationLinkで遷移したビューで行う
- ◆ @Bindingを使用してビューの間でデータを受け渡す
- ◆ ビューが表示されるときに呼び出されるonAppearモディファイア
- ◆ プレビュー画面でバインドした値を渡すときには「.constant(〜)」を使用する

6-2-1 誕生日リマインダーの動作

次に、誕生日リマインダー・アプリを最初に起動した画面を示します。

■ 誕生日リマインダー・アプリの初期画面

SAMPLE Chapter6➡6-2➡MyBirthday

NavigationLinkを設定した「**誕生日を設定**」をタップすると、DatePickerビューを使用して誕生日を設定する画面に遷移します。

■ 誕生日を設定する画面に遷移

「**保存**」ボタンをタップすると、**UserDefaults**により誕生日が保存されます。元の画面に戻ると、設定した誕生日と、誕生日までの日数が表示されます。今日が誕生日の場合には「ハッピーバースデイ」と表示されます。なお、誕生日の表示をタップすると誕生日を再設定できます。

■ 誕生日までの日数が表示される

■ 誕生日当日は「ハッピーバースデイ」と表示される

6-2-2 ContentView.swift

誕生日リマインダーのプロジェクトではコンテンツビューとして、プロジェクトのテンプレートから生成される「**ContentView.swift**」のほかに、**NavigationLink**で遷移し、**DatePicker**で誕生日を設定するビューである「**SetBirthdateView.swift**」を用意しています。

まずは、ContentView.swiftから説明しましょう。

◉保存用のキー「birthKey」

誕生日リマインダー・アプリでは、**UserDefaults**（→P.209）を使用して誕生日のDateオブジェクトを保存しています。そのキーとして使用する**birthKey**を任意の場所から参照できるグローバル変数として宣言しています。

■ **ContentView.swift（一部）（MyBirthdayプロジェクト）**

```
// 保存用のキー
let birthKey = "myDate"
```

◉ステートプロパティ

ContentView構造体では、2つのステートプロパティを宣言しています。

■ **ContentView.swift（ContentView構造体の先頭部分）（MyBirthdayプロジェクト）**

```
    // 誕生日の日付
    @State private var birthDate = Date()  ←❶
    // 誕生日が保存されているかどうか
    @State private var isSaved = false     ←❷
```

❶の**birthDate**は誕生日のDateオブジェクトです。

❷の**isSaved**はBool型で、誕生日が**UserDefaults**に保存されていればtrue、そうでなければfalseになります。

◉bodyプロパティ

次に、**body**プロパティを示します。

■ ContentView.swift（ContentView 構造体のbodyプロパティ）（MyBirthdayプロジェクト）

```
var body: some View {
    NavigationView {          ←❶
        VStack {
            NavigationLink(destination: SetBirthdateView(birthDate:␣⇨
                $birthDate, isSaved: $isSaved)) {      ※半角スペースを入れて改行せずに続ける
                if !isSaved {
                    Text("誕生日を設定")
                } else {                                          ←❷
                    Text("誕生日: \(jp_date(birthDate))")
                }
            }
            .navigationBarTitle("誕生日リマインダー")

            if isSaved {
                if calcDaysLeft() == 0 {
                    Text("ハッピーバースデイ")
                        .foregroundColor(.orange)
                    Text("年齢\(self.calcAge())才")
                        .font(.largeTitle)
                        .foregroundColor(.orange)                   ←❸
                } else {
                    Text("誕生日まであと\(calcDaysLeft())日")
                    Text("年齢\(self.calcAge())才")
                        .font(.largeTitle)
                }
            }
        }
        .font(.title)
    }                                                                     ❹
    .onAppear{
        // 誕生日を読み込む
        if let birthDate  = UserDefaults.standard.object(forKey: birthKey) {
            self.birthDate = birthDate as! Date
            self.isSaved = true
        }
    }
}
```

❶で**NavigationView**ビューにより、**NavigationLink**で設定したリンクをタップすると**SetBirthdateView**ビューに遷移するようにしています。そのラベルには、❷のif文で**isSaved**ステートプロパティがtrue、つまりすでに誕生日が設定されていれば、**birthDate**を引数に後述する**jp_date**メソッドを呼び出して日本語形式で誕生日を表示しています。

❸のif文では**isSaved**ステートプロパティがtrueであれば、誕生日までの日数と年齢を表示しています。

❹の**onAppear**モディファイアは、ビューが表示されるときに呼び出されるメソッドです。ここでは、**UserDefaults**から誕生日を読み込んで**birthDate**ステートプロパティに代入しています。

◉calcAgeメソッド

次にContentView構造体で定義した、年齢を計算して戻す**calcAge**メソッドを示します。

■ **ContentView.swift（ContentView構造体のcalcAgeメソッド）（MyBirthdayプロジェクト）**

```
// 年齢を返すメソッド
func calcAge() -> Int {
    let cal = Calendar(identifier: .gregorian)
    let now = Date()
    return cal.dateComponents([.year], from: birthDate, to: now).year!   ←❶
}
```

❶で、誕生日が格納された**birthDate**ステートプロパティから**Calendar**の**dateComponents**メソッドで年齢を計算して戻しています。

◉calcDaysLeftメソッド

次に、誕生日までの残り日数を計算して戻す**calcDaysLeft**メソッドを示します。

■ **ContentView.swift（ContetView構造体のcalcDaysLeftメソッド）（MyBirthdayプロジェクト）**

```
// 誕生日までの残り日数を戻す
func calcDaysLeft() -> Int {
    let cal = Calendar(identifier: .gregorian)
    let now = Date()                                                          ┐
    var comp = cal.dateComponents([.year, .month, .day,], from: now)          │←❶
    // 今日の0時0分のDateオブジェクトをtodayに代入                             │
    let today = cal.date(from: comp)!                                         ┘
    // nextBirthDateを今年の誕生日に設定
    let thisYear = cal.component(.year, from: now)                            ┐
    comp = cal.dateComponents([.year, .month, .day], from: self.birthDate)    │←❷
    comp.year = thisYear                                                      │
    var nextBirthDate = cal.date(from: comp)!                                 ┘
    // 誕生日が過ぎていたらnextBirthDateを来年の誕生日に設定
    if nextBirthDate < today {   ←❸
        comp = cal.dateComponents([.year, .month, .day,], from:␣⇨
          nextBirthDate)                          ※半角スペースを入れて改行せずに続ける
        comp.year! += 1
        nextBirthDate = cal.date(from: comp)!
    }
```

```
        // 誕生日までの日数を計算する
        return cal.dateComponents([.day], from: today, to: nextBirthDate).day!←❹
    }
```

❶では今日の0時0分のDateオブジェクトを生成し、変数**today**に代入しています。

❷では今年の誕生日を変数**nextBirthDate**に代入しています。

❸のif文では今年の誕生日が過ぎていたかを調べ、過ぎていれば変数**nextBirthDate**の値を来年の誕生日に設定しています。

❹で誕生日までの日数を求めて戻しています。

◉ jp_dateメソッド

次に、Dateオブジェクトを表示形式を日本語にして戻す**jp_date**メソッドを示します。

■ **ContentView.swift（ContetView構造体のjp_dateメソッド）（MyBirthdayプロジェクト）**

```
    // 日本語の日付を取得
    func jp_date(_ date: Date) -> String {
        let df = DateFormatter()
        df.locale = Locale(identifier: "ja_JP")
        df.dateStyle = .full
        return df.string(from: date)
    }
}
```

DateFormatterを日本語ロケール「**ja_JP**」、スタイルを「**full**」にして日付を戻しています。

6-2-3 SetBirthdateView.swift

誕生日を設定するコンテンツビューは、**SetBirthdateView.swift**として用意しています。P.202で説明したように「File」メニューから「New」→「File」を選択し「Choose a template for your new file」ダイアログボックスで「iOS」→「User Interface」→「SwiftUI View」テンプレートを選択して雛形を作成します。

■SetBirthdateView.swiftの作成

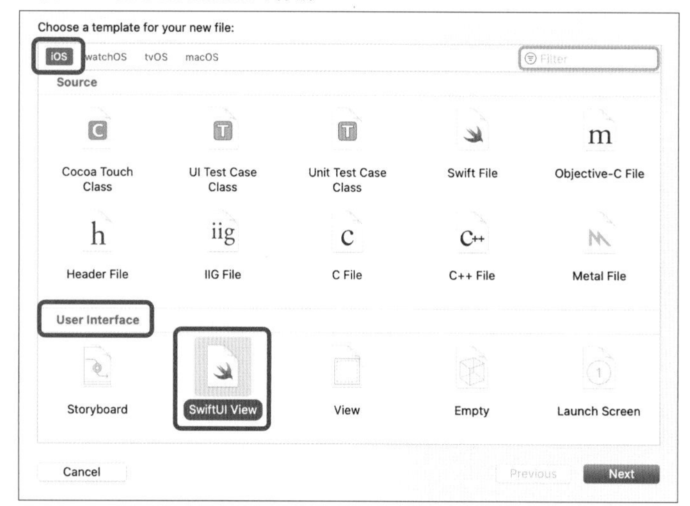

◉ステートプロパティ

次に、**SetBirthdateView**のステートプロパティおよびメインのビューとバインドしたプロパティを示します。

■ **SetBirthdateView.swift（SetBirthdateView構造体のプロパティ）（MyBirthdayプロジェクト）**

```
@State private var pickerDate = Date()  ←❶
@Binding var birthDate: Date  ←❷
@Binding var isSaved: Bool  ←❸
```

❶が**DatePicker**で選択した値を管理する**pickerDate**ステートプロパティです。

❷❸はメインのコンテンツビューで定義されているステートプロパティです。**@Binding**属性を指定してデータを共有できるようにしています。

◉bodyプロパティ

次に**body**プロパティを示します。

■ **SetBirthdateView.swift（SetBirthdateView構造体のbodyプロパティ）（MyBirthdayプロジェクト）**

```
var body: some View {
    VStack {
        // 誕生日を設定
        DatePicker(selection: $pickerDate, displayedComponents: [.date], ⇨
            label: { Text("誕生日") })          ※半角スペースを入れて改行せずに続ける
            .environment(\.locale, Locale(identifier: "ja_JP"))     ←❶
            .padding()
            .onAppear {
                self.pickerDate = self.birthDate   ←❷
            }
```

```
            Button(action: {
                self.save()}
            ) {
                Text("保存")
                    .font(.title)
                    .background(Capsule()
                        .foregroundColor(.yellow)
                        .frame(width: 120, height: 35))
            }                                              ←❸
        }
    }
```

❶が誕生日を設定する**DatePicker**ビューです。

❷で**onAppear**モディファイアを使用して、メインのコンテンツビューから渡された**birthDate**プロパティを**pickerDate**プロパティに代入しています。

❸が「保存」ボタンのButtonビューです。タップされたら次に説明する**save**メソッドを呼び出しています。

◉saveメソッド

次に、「保存」ボタンがタップされたら呼び出される**save**メソッドを示します。DatePickerビューで選択した日付である**pickerDate**プロパティを、**birthDate**に代入し**UserDefaults**を使用して保存しています。

■ SetBirthdateView.swift（SetBirthdateView構造体のsaveメソッド）（MyBirthdayプロジェクト）

```
    func save() {
        birthDate = pickerDate
        UserDefaults.standard.set(birthDate, forKey: birthKey)
        isSaved = true
    }
```

◉SetBirthdateView_Previews構造体

次にキャンバスにプレビューを表示する**SetBirthdateView_Previews**構造体を示します。

■ SetBirthdateView.swift（SetBirthdateView_Previews構造体）（MyBirthdayプロジェクト）

```
struct SetBirthdateView_Previews: PreviewProvider {
    static var previews: some View {
        SetBirthdateView(birthDate: .constant(Date()), isSaved:␣⇨
            .constant(true))    ←❶
    }
}
```

※半角スペースを入れて改行せずに続ける

テンプレートから生成された状態からの変更点は、❶の部分です。**birthDate**引数と**isSaved**引数にプレビュー用の仮のデータを渡しています。引数は「**.constant(～)**」とする点に注意してください。

■ SetBirthdateViewのプレビューが表示される

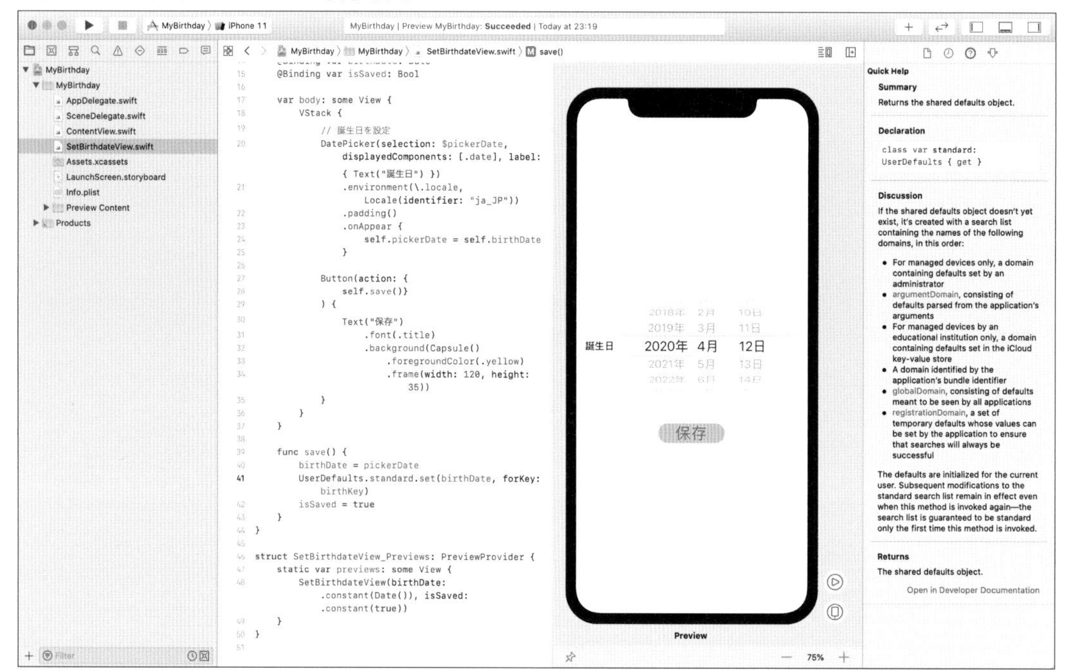

NOTE このサンプルでは、アプリ実行中に日付が変わっても残り日数や年齢の表示は変わりません。画面を自動更新したい場合にはP.231で説明するタイマー機能を使用する必要があります。タイマーを使用して自動更新するようにしたサンプルをMyBirthdayTimerプロジェクトとして用意していますので参考にしてください（わかりやすくするために3秒ごとに日時を更新するようにしています）。

SAMPLE Chapter6➡6-2➡MyBirthdayTimer

Chapter 7

スライドショー・アプリをつくろう!

このChapterでは、イメージを切り替える
スライドショーのようなiOSアプリの作成例を示します。
ボタンで画像を切り替えたり、
一定間隔で自動的に切り替えたりできるアプリです。
イメージが回転しながら切り替わっていく
アニメーションも設定します。

Learning SwiftUI
with Xcode
and Creating
iOS Applications

7-1 JSONデータの読み込み・ForEach・タイマーについて

Learning SwiftUI with Xcode and Creating iOS Applications

この節では、スライドショー・アプリのデータを取得するに必要なJSONデータのデコードについて説明します。ForEachによりビューを繰り返し配置する方法、タイマーを使用して処理を一定周期繰り返す方法についても説明します。

POINT

この節の勘どころ

- ◆ **JSONDecoderでJSONデータをデコードする**
- ◆ **decodeメソッドの実行には例外処理が必要**
- ◆ **ForEachでビューを繰り返し配置する**
- ◆ **タイマーで処理を繰り返す**

7-1-1 スライドショー・アプリについて

まず、このChapterで最終的に作成する**スライドショー・アプリ**の完成形を示します。左上の◀▶をタップすると、前後のイメージが回転しながら切り替わります。「自動」をチェックすると、イメージが一定間隔で切り替わるスライドショーになります。

■ スライドショー・アプリの完成形

SAMPLE Chapter7➡7-2➡SlideShow

前へ、次へ　　スライドショーを自動で行う

タイトル

ガラス越しの猫

撮影日: 2019/10/1

撮影地: 長野県小諸市

撮影日
撮影時
お気に入り度

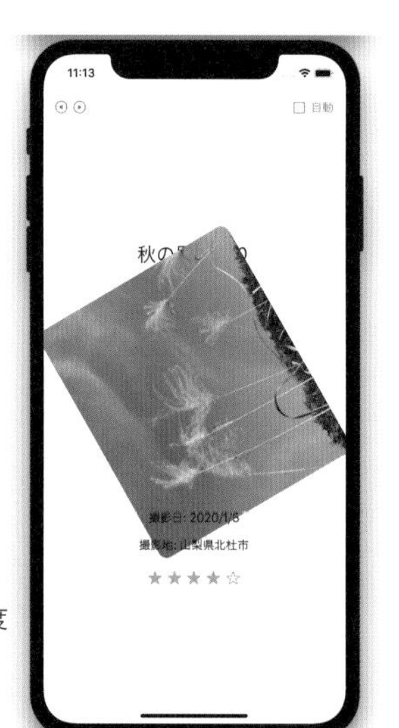

7-1-2 JSONデータの読み込み

スライドショーアプリでは、それぞれの写真のタイトルや撮影地などのデータを**JSON**ファイルとして用意しています（JSONについてはP.233「Column JSONとは」参照）。JSONデータをプログラミング言語で利用できる形式に変換することを「デコード」といいます。SwiftでJSONデータのデコードを行う方法はいくつかありますが、ここでは**JSONDecoder**クラスを使用する方法について説明しましょう。

たとえば、次のような会員名簿のJSONデータがあるとします。

■ JSONデータの例

```
{
    "title": "名簿",
    "members":[
        {
            "id": 1,
            "name": "大津真",
            "tel": "03-2444-xxxx",
            "mail": "makoto@example.com"
        },
        {
            "id": 2,
            "name": "田中一郎",
            "tel": "03-4444-xxxx",
            "mail": "tanaka@example.com"
        },
        {
            "id": 3,
            "name": "山田花子",
            "tel": "03-2222-xxxx",
            "mail": "hanako@example.com"
        }
    ]
}
```

JSONDecoderクラスを使用して、このJSONデータをデコードするには、あらかじめJSONデータに対応した構造体を用意しておきます。JSONデータのすべての要素を用意する必要はなく、必要な要素のみを用意します。また、構造体は**Codable**プロトコルに適合させる必要があります（プロトコルについてはP.096参照）。

たとえば、**members**配列から、それぞれの会員の「**id**」「**name**」「**mail**」のみを取り出したい場合には、次のような2つの構造体を定義します。

```
struct MyData: Codable{
    var members: [Member]
}

struct Member: Codable {
    var id: Int
    var name: String
    var mail: String
}
```

なお、構造体はネスト、つまり構造体の内部に別の構造体を定義できます。上記の2つの構造体は次のようにネストしてもかまいません。

```
struct MyData: Codable{
    var members: [Member]

    struct Member: Codable {
        var id: Int
        var name: String
        var mail: String
    }
}
```

◉JSONDecoderを使用してデコードする

デコードにはJSONDecoderクラスの**decode**メソッドを次のように使用します。

■JSONデータのデコード

```
JSONDecoder().decode(JSONデータに対応する構造体.self, from: JSONデータ)
```

decodeメソッドの最初の引数では「**JSONデータに対応する構造体.self**」を、**from**引数ではDataオブジェクト(Data構造体のインスタンス)に変換したJSONデータを指定します。

NOTE Data構造体は、Swiftにおけるプリミティブなデータ型です。内部ではバイトの並びとしてデータを管理します。

なお、decodeメソッドでは、なんらかの理由でデコードできない場合に**例外**(実行時に発生するエラー)が起こる可能性があるため、次のようにステートメントを**do**ブロックで囲み、**try**文で**decode**メソッドを実行します。発生した例外は**catch**節でつかまえます。例外が発生する可能性がある処理をトライ(try)し、例外が発生したらそれをキャッチ(catch)するといったイメージです。

■ try～catch文でエラーに対処

```
do {
    let myData = try JSONDecoder().decode(JSONデータに対応する構造体.self,␣⇨
        from: JSONデータ)                         ※半角スペースを入れて改行せずに続ける
    ～
} catch {
    エラー処理
}
```

次に、前述のJSONデータをプログラム内に複数行の文字列として記述し、**decode**メソッドでデコードして各要素を表示する例を示します。

■ JsonTest1.playground

SAMPLE Chapter7➡7-1➡JsonTest1.playground

```
let jsonData = """
{
    "title": "名簿",
    "members":[
        {
            "id": 1,
            "name": "大津真",
            "tel": "03-2444-xxxx",
            "mail": "makoto@example.com"
        },                                              ←❶
      ～略～
        {
            "id": 3,
            "name": "山田花子",
            "tel": "03-2222-xxxx",
            "mail": "hanako@example.com"
        }
    ]
}
""".data(using: .utf8)!  ←❷

struct MyData: Codable{
    var members: [Member]

    struct Member: Codable {
        var id: Int                    ←❸
        var name: String
        var mail: String
    }
}
```

```
do {
    let myData = try JSONDecoder().decode(MyData.self, from: jsonData)  ←❺
    for member in myData.members {
        print(member.id, member.name, member.mail)  ←❻
    }
} catch {
    fatalError("Couldn't decode JSON date \(jsonData)")  ←❼
}                                                      ←❹
```

❶でJSON形式の会員名簿を文字列として変数**jsonData**に代入しています。

デコードするためには、あらかじめDataオブジェクトに変換しておく必要があります。❷で、**data**メソッドを使用して**Data**オブジェクトに変換しています（**using**引数には文字エンコーディングを指定します）。

❸で、先ほど説明した**Codable**プロトコルに適合した**MyData**構造体を定義しています。

❹の**do～catch**文による例外処理では、❺でJSONDecoderの**decode**メソッドでデコードを行っています。

❻の**for-in文**では、読み込んだ会員情報のID（**id**）と名前（**name**）、メールアドレス（**mail**）を順に表示しています。

❼の**fatalError**関数は、引数で指定したエラーメッセージを表示してアプリを終了する関数です。

■実行結果

```
1 大津真 makoto@example.com
2 田中一郎 tanaka@example.com
3 山田花子 hanako@example.com
```

7-1-3 ForEachでビューを繰り返し配置する

ForEachを使用すると、ビューを繰り返し配置できます。スライドショー・アプリではお気に入り度を示すスターのイメージをForEach文で横一列に配置しています。

■ スターのイメージをForEach文でに配置

たとえば、**ForEach**を使用して、配列**colors**に格納された文字列を順に**Text**ビューに表示するには次のようにします。

■ ContentView.swift（ContentView構造体）（ForEachTest1プロジェクト）　SAMPLE Chapter7→7-1→ForEachTest1

```
struct ContentView: View {
    let colors = ["赤", "オレンジ", "紫", "黄", "白"]
    var body: some View {
        VStack {
            ForEach(0..<colors.count) {
                Text(self.colors[$0])      ←❶
            }
        }
        .font(.largeTitle)
    }
}
```

■ 実行結果

❶の**ForEach**は、Swiftのfor-in文（→P.064）のような制御構造のように見えますが、実際にはSwiftUIに用意されたForEach構造体のイニシャライザです。最初の引数で**レンジオブジェクト**などのコレクション型を指定し、2番目の引数でビューを生成する処理をクロージャで指定しています。

ForEachでは各要素を一意に識別する**ID**が必要です。「**$0**」にはクロージャの最初の引数としてIDが渡されます。この場合、配列のインデックスと使用して使用するレンジオブジェクト（ハーフオープンレンジ）（→P.064）の値が順に渡されます。

■ ❶のForEach文

```
         0から「配列colorsの要素数-1」まで
ForEach(0..<colors.count) {
        Text(self.colors[$0])
    }                    ↑
                   配列のインデックス
```

◉ForEachではそれぞれの要素にIDが必要

ForEachでは、各要素を一意に識別する**ID**が必要です。IDを設定することにより、要素の追加や削除に対応できるようになります。前述の例の場合、**ハーフオープンレンジ**「**..<**」から取り出した値がIDとして自動的に使用されます。

ただし、**クローズドレンジ**「**...**」の場合は、自動的にはIDが渡されません。そのような場合、ForEachのid引数を「**\.self**」とすることによりクローズドレンジから取り出された値がIDとして使用されます。

次に、ForEachとクローズドレンジ「**...**」を使用して、**Text**ビューと**Image**ビューを**HStack**スタックレイアウトで5つ配置する例を示します。

■ ContentView.swift (ContentView構造体) (ForEachTest2プロジェクト)

SAMPLE Chapter7➡7-1➡ForEachTest2

```
struct ContentView: View {
    var body: some View {
        VStack {
            ForEach(0...4, id: \.self) {id in   ←❶
                HStack {
                    Text("\(id)")   ←❷
                    Image(systemName: "person")
                }
            }
        }
        .font(.largeTitle)
    }
}
```

❶で**id**引数に「**\.self**」を指定しています。これでクロージャの最初の引数にはID番号として0〜4までの値が順に渡されます。

❷でその値を表示しています。

NOTE 「\.self」は「キーパス」(KeyPath)と呼ばれる書式です。

■ 実行結果

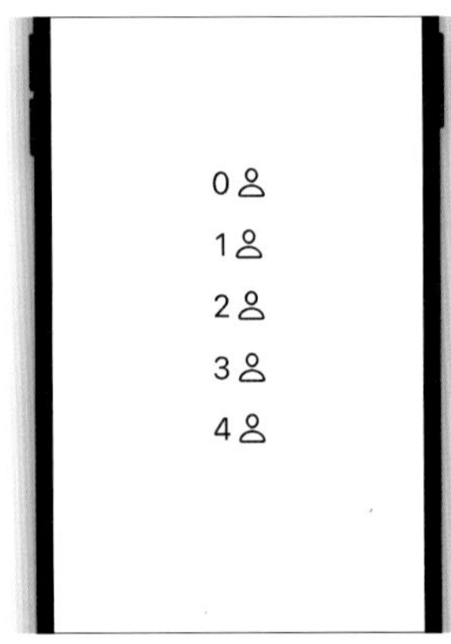

7-1-4 タイマーを使用して指定した間隔で処理を繰り返す

スライドショー・アプリではイメージの切り替えを自動で行う処理を、**Timer**クラスのタイマー機能で行っています。たとえば3秒ごとに処理を繰り返し行うには**scheduledTimer**タイプメソッドを使用します。**withTimeInterval**引数で、タイマーの間隔を秒で指定します。**repeats**引数をtrueにすると処理を繰り返します。そのうしろのクロージャでは実行する処理をしています。

ステートプロパティとしてTimerオブジェクト「**timer**」を使用して、処理を3秒ごとに繰り返すには次のようにします。

```
@State var timer: Timer?
  ～略～
self.timer = Timer.scheduledTimer(withTimeInterval: 3, repeats: true){_ in
  ～処理～
}
```

タイマーを停止するには、**invalidate**メソッドを実行します。

◉タイマーを使用したアニメーション

次に、「Play」ボタン（▷）をタップすると、亀のイメージ（SF Symbolsの「tortoise」）をアニメーションしながら3秒ごとに繰り返し時計回りに360度回転させる例を示します。「Stop」ボタン（□）をタップすると停止します。

■「Play」ボタンをタップ

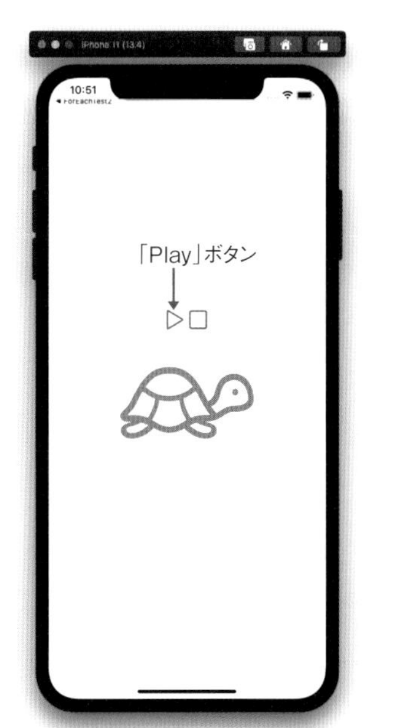

■ 亀が回転する

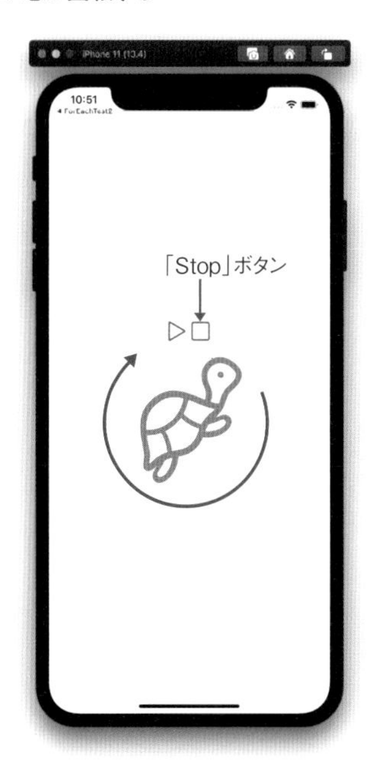

■ **ContentView.swift（ContentView構造体）（TimerTest1プロジェクト）**　SAMPLE Chapter7➡7-1➡TimerTest1

```
struct ContentView: View {
    @State var timer: Timer?
    @State var angle = 0.0

    var body: some View {
        VStack {
            HStack {
                Button(action: {
                    self.timer = Timer.scheduledTimer(withTimeInterval: 3,␣⇨
                        repeats: true){_ in          ※半角スペースを入れて改行せずに続ける   ←❶
                        self.angle += 360
                    }
                }) {
                    Image(systemName: "play")
                }
                Button(action: {
                    self.timer?.invalidate()   ←❷

                }) {
                    Image(systemName: "stop")
                }
            }
            .font(.largeTitle)

            Image(systemName: "tortoise")
                .resizable()
                .foregroundColor(.orange)
                .scaledToFit()
                .frame(width:200, height: 200)
                .rotationEffect(.degrees(angle))
                .animation(.easeIn(duration: 2))
        }
    }
}
```

❶で「Play」ボタン（▷）のアクションとしてタイマーを起動し、**angle**プロパティを360度ずつ増やすことでイメージを回転させています。

❷で「Stop」ボタン（□）のアクションとしてタイマーを停止させています。

column

JSONとは

JSONとは「JavaScript Object Notation」の略で、元々はJavaScript言語におけるオブジェクトの記述方式です。最近では、同じくテキストベースのデータフォーマットであるXMLに比べて手軽に扱えるという理由から、Swiftを含むさまざまな言語でもサポートされています。アプリケーションの設定ファイルやネットワーク経由のテキストデータのやり取りなどにおいて活用されています。

JSON形式は、キーと値の組み合わせによりデータを表現します。記述方法としては、全体を「{ }」で囲み、内部に「"キー名": 値」をカンマ「,」で区切って記述します。

```
{
    "キー1": 値1,
    "キー2": 値2,
    ～
}
```

なお、JavaScriptのオブジェクトの場合にはキーは文字列でなくてもかまいませんが、JSONの場合には必ずクォーテーション「"」で囲って文字列にします。値には、数値、文字列、真偽値（trueまたはfalse）、配列、連想配列、nullが指定可能です。

配列は、Swiftの配列リテラルと同じく要素をカンマ「,」で区切り、全体を「[ ]」で囲みます。次の例は「colors」というキーの値として、4つの要素をもつ配列を記述しています。

■ JSONの配列の例

```
{
    "colors": ["白", "黒", "オレンジ", "緑"]
}
```

7-2 スライドショー・アプリをつくろう

Learning SwiftUI with Xcode and Creating iOS Applications

この節では、前節で説明したJSONデータのデコード、タイマー機能などを使用したスライドショー・アプリの作成方法について説明します。ファイルからJSONデータを読み込む方法についても説明します。

POINT

この節の勘どころ

- ◆ JSONファイルをコンテンツビューとは別のSwiftファイルで読み込む
- ◆「自動」ボタンはチェックボックス形式にする
- ◆ スライドショーの切り替えにはタイマーを使う
- ◆ お気に入り度を示すスターはForEachで配置する

7-2-1 スライドショー・アプリの動作

スライドショー・アプリではプロジェクトに追加したJSONファイル「**photos.json**」からタイトルやイメージファイル名などのそれぞれのイメージのデータを読み込んでいます。イメージファイル自体はプロジェクトの**アセットカタログ**（**Assets.xcassets**）に登録しています。

左上の◀▶をタップすると前後のイメージを表示します。「自動」ボタン□はチェックボックスで、チェックすると3秒ごとに次のイメージを表示します。

■ スライドショー・アプリ

SAMPLE Chapter7➡7-2➡SlideShow

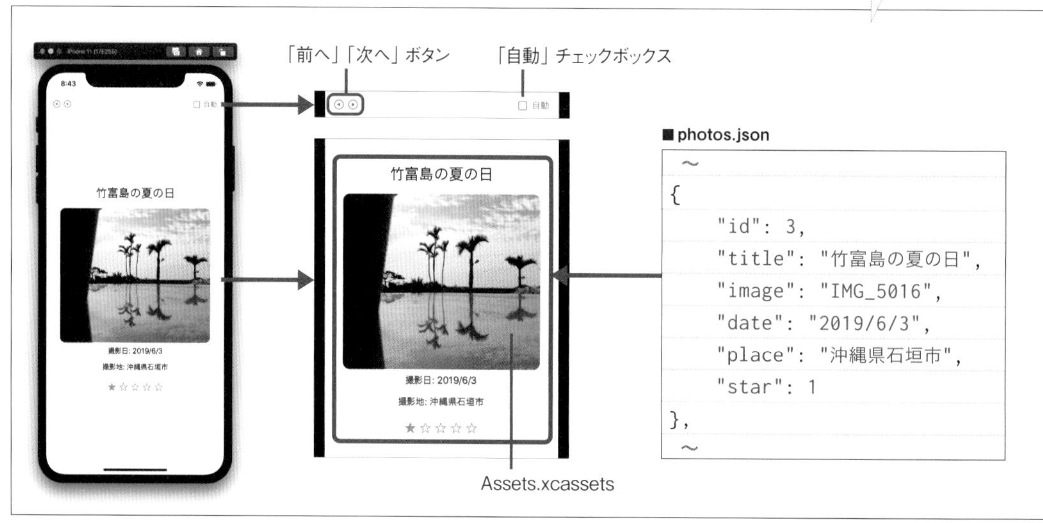

7-2-2 JSONファイル「photos.json」

本節のサンプルでは、個々のイメージの情報を管理する次のようなJSONファイル「**photos.json**」を用意しています。

SAMPLE Chapter7➡7-2➡データ➡photos.json

■ **photos.json**

```
{
    "photos":[
        {
            "id": 1,  ←ID番号
            "title": "秋の昼下がり",  ←タイトル
            "image": "IMG_4646",    ←イメージ名
            "date": "2020/1/5",     ←撮影日
            "place": "山梨県北杜市",  ←撮影場所
            "star": 4   ←❶お気に入り度
        },
        {
            "id": 2,
            "title": "海辺の夕焼け",
            "image": "IMG_4710",
            "date": "2019/7/3",
            "place": "神奈川県湘南市",
            "star": 3
        },
      ～略～
    ]
}
```

photos配列の要素として、それぞれのイメージの**id**（ID番号）や**title**（タイトル）などの情報を格納しています。❶の**star**はお気に入り度を示す値で1～5の整数値です。

◉「photos.json」をプロジェクトに追加する

JSONファイル「**photos.json**」をプロジェクトに登録するには次のようにします。

1 Finderから「photos.json」を、Xcodeの「プロジェクトナビゲータ」のプロジェクト名のフォルダにドラッグ＆ドロップします。

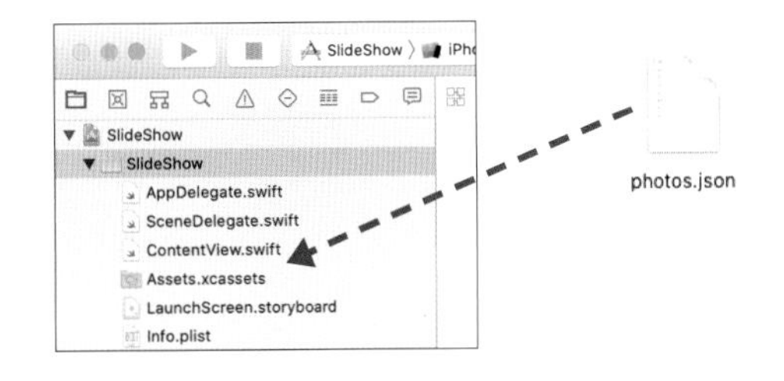

2 「Choose options for adding these files」ダイアログボックスが表示されます。「Copy items if needed」「Create folder references」が選択されていることを確認します。

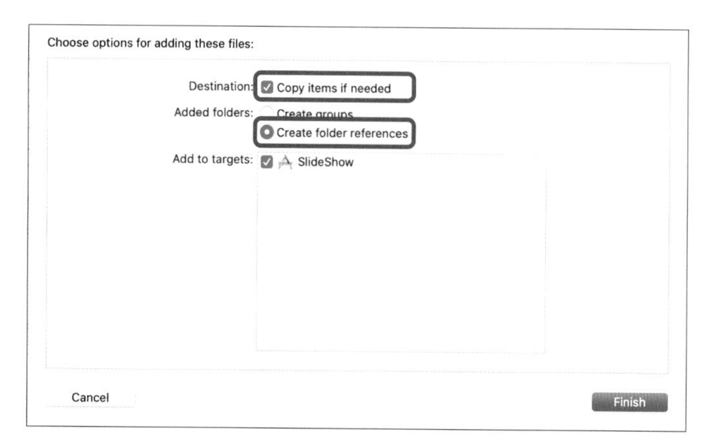

3 「Finish」ボタンをクリックするとJSONファイルがプロジェクトに追加されます。

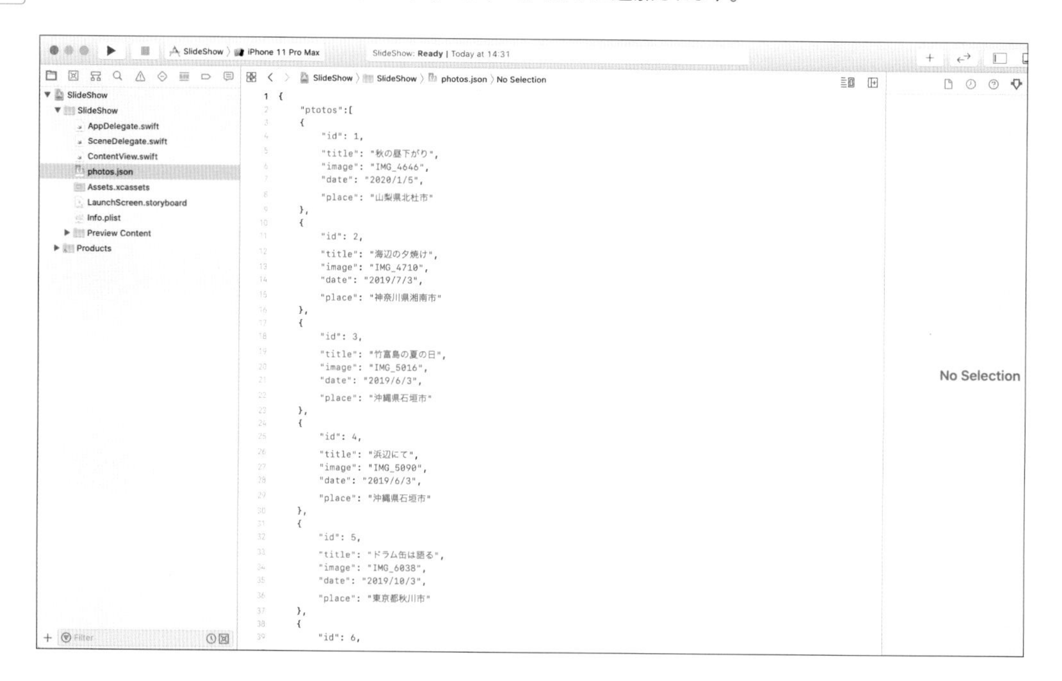

7-2-3 スライドのイメージをアセットカタログに登録する

本節のサンプルではスライドショーに表示するイメージを、アセットカタログに登録しています。「プロジェクトナビゲータ」で**Assets.xcassets**を開き、Finderからイメージファイルをドラッグ＆ドロップします（複数のイメージをまとめて選択してドロップしてもかまいません）。サンプルのイメージは「Chapter7」→「7-2」→「データ」→「images」フォルダに保存されています。

■ Assets.xcassets

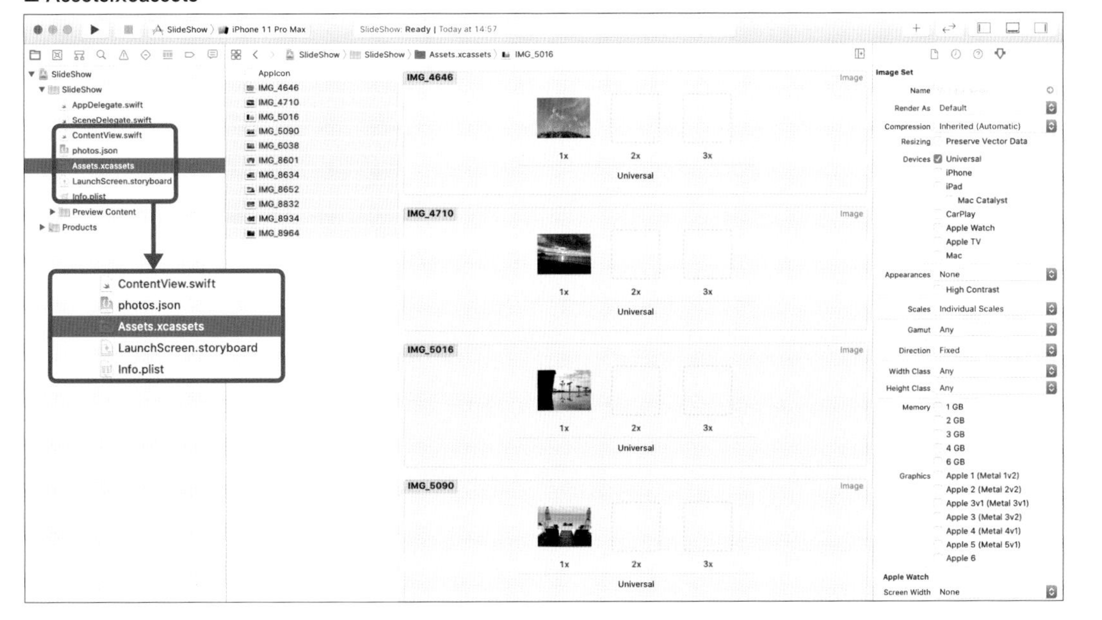

7-2-4 JSONデータを読み込むSwiftファイルを追加する

サンプルでは、テンプレートから生成されるContentView.swiftとは別のSwiftファイル「**GetPhotoData.swift**」を使用して、JSONデータの読み込みを行っています。

次のようにして新規のSwiftファイルを作成します。

1 「File」メニューから「New」→「File」を選択します。表示されるダイアログボックスで「iOS」の「Source」→「Swift File」を選択します。

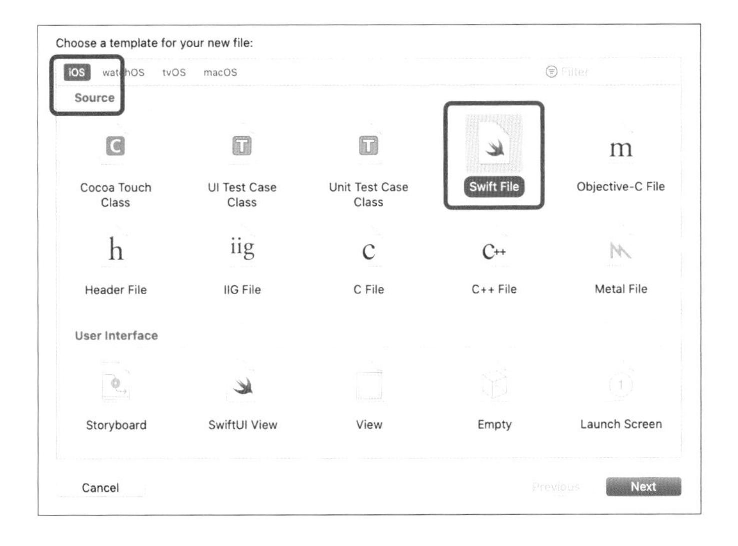

2 次の画面では、ファイル名として「GetPhotoData.swift」を指定し「Create」ボタンをクリックします。

3 「Create」ボタンをクリックすると、あらかじめFoundationフレームワークがインポートされたSwiftのソースファイルが作成されます。

7-2-5 JSONファイルを読み込むコードを記述する

作成したGetPhotoData.swiftに、JSONファイル「**photos.json**」を読み込むコードを記述します。

■ GetPhotoData.swift（SlideShowプロジェクト）

SAMPLE Chapter7➡7-2➡SlideShow

```
import Foundation

let photos:[Photo] = getData()  ←❶
let filename = "photos" // JSONファイル

func getData() -> [Photo] {
    guard let path = Bundle.main.path(forResource: filename, ofType: "json") ⇨
        else {
        fatalError("Couldn't find \(filename).json")
    }
```

※半角スペースを入れて改行せずに続ける ←❷

```
    let url = URL(fileURLWithPath: path)
    // JSONデータを取得
    guard let data = try? Data(contentsOf: url) else {
        fatalError("Couldn't parse \(url)")
    }
    // JSONデータをデコードする
    let decoder = JSONDecoder()
    let album: PhotoAlbum
    do {
        album = try decoder.decode(PhotoAlbum.self, from: data)
    }
    catch {
        fatalError("Couldn't decode JSON data")
    }
    return album.photos
}
```
←❷

```
struct PhotoAlbum: Codable {
    var photos: [Photo]
}

struct Photo: Codable {
    var id: Int
    var title: String
    var image: String
    var date: String
    var place: String
    var star: Int
}
```
←❸

◉JSONデータと対応した構造体

❸が、読み込むJSONデータと対応した、**PhotoAlbum**構造体と、それぞれのイメージを管理する**Photo**構造体です。どちらも**Codable**プロトコルに適合させています。

```
struct PhotoAlbum: Codable {
    var photos: [Photo]
}

struct Photo: Codable {
    var id: Int
    var title: String
    var image: String
      ～略～
}
```

◉getData関数

❷がJSONデータを読み込んで、デコードして戻している**getData**関数です。デコードするJSONデータはあらかじめ**Data**オブジェクトに変換しておく必要があります。そのためには、読み込むJSONファイルのパスを**URL**オブジェクトに変換しておきます。

先頭部分で、JSONファイル「**photos.json**」のパスをURLオブジェクトに変換しています。

```
guard let path = Bundle.main.path(forResource: filename, ofType: "json") ⇨
    else {                                   ※半角スペースを入れて改行せずに続ける
    fatalError("Couldn't find \(filename).json")                          ← a
}
let url = URL(fileURLWithPath: path)   ← b
```

a で、リソース内のファイルのパスを取得して、String型の変数**path**に代入しています。

iOSアプリケーションには、リソースやプログラムをまとめた「**バンドル**」という管理単位があります。バンドルの中で、アプリケーション本体とリソースがまとめられたものを「**メインバンドル**」といいます。スライドショーアプリではJSONファイル「photos.json」をプロジェクトに追加してますが、これはメインバンドル内に保存されます。

Bundleクラスの**main**でメインバンドルを取得できます。また、**path**メソッドの**forResource**引数でファイル名を指定し、**ofType**引数でファイルのタイプとして**"json"**を指定することで、JSONファイルのパスを取得できます。

```
let path = Bundle.main.path(forResource: filename, ofType: "json")
                                         ↑                  ↑
                                     ファイル名         ファイルタイプ
```

ここでは**guard**文（→P.071）により、ファイルが見つからなかった場合にエラーメッセージを表示しています。

b でJSONファイルのパスをURLオブジェクトに変換し、変数**url**に代入しています。

次の部分で、**Data**オブジェクトのコンストラクタを使用して、変数**url**の内容を**Data**オブジェクトに変換し、変数**data**に代入しています。

```
guard let data = try? Data(contentsOf: url) else {
    fatalError("Couldn't parse \(url)")
}
```

最後に、前節で説明した**JSONDecoder**を使用してJSONデータをデコードし、Photo構造体の配列として戻しています。

```
    // JSONデータをデコードする
    let decoder = JSONDecoder()
    let album: PhotoAlbum
    do {
        album = try decoder.decode(PhotoAlbum.self, from: data)
    }
    catch {
        fatalError("Couldn't decode JSON data")
    }
    return album.photos    ←Photo構造体の配列を戻す
}
```

◉変数photosにイメージの情報を代入する

実際に**getData**関数を呼び出して、イメージの配列を生成しグローバル変数**photos**に代入しているのが❶（→P.238）の部分です。

```
let photos:[Photo] = getData()
```

7-2-6 コンテンツビュー「ContentView構造体」

次に、コンテンツビューである**ContentView**構造体を示します。

■ ContentView.swift（ContentView構造体）（SlideShowプロジェクト）

```
struct ContentView: View {
    // 表示するイメージ
    @State private var img = photos[0].image
    // イメージ番号
    @State private var imgNum = 0
    // スライドショーを自動で行うかどうか
    @State private var isAuto = false                    ←❶
    // 角度
    @State private var angle = 0.0
    // タイマー
    @State private var timer:Timer?

    var body: some View {
        return VStack {
            HStack{
                // 前へボタン
                Button(action: {
                    if self.imgNum  == 0 {                         ←❷
                        self.imgNum = photos.count - 1
```

```
        } else {
            self.imgNum -= 1
        }                                              ←❷
        self.angle -= 360
    })
    {
        Image(systemName: "arrowtriangle.left.circle")
    }

    // 次へボタン
    Button(action: {
        if self.imgNum + 1 >= photos.count {
            self.imgNum = 0
        } else {
            self.imgNum += 1
        }                                              ←❸
        self.angle += 360
    })
    {
        Image(systemName: "arrowtriangle.right.circle")
    }
    Spacer()

    // 自動ボタン
    Button(action:{
        self.isAuto.toggle()
        if self.isAuto {
            self.timer = Timer.scheduledTimer(withTimeInterval: 3, ⇨
                repeats: true) {_ in          ※半角スペースを入れて改行せずに続ける
                self.angle += 360
                if self.imgNum + 1 >= photos.count {
                    self.imgNum = 0
                } else {
                    self.imgNum += 1
                }
            }                                          ←❹
        } else {
            self.timer?.invalidate()
        }
    }) {
        HStack{
            Image(systemName: isAuto ? "checkmark.square" :
                "square")
            Text("自動")
        }
    }
```

```
            }.padding()
            Spacer()

            Text(photos[self.imgNum].title)
                .font(.title)
            Image(photos[self.imgNum].image)
                .scaledToFit()
                .frame(width: 350, height: 300)             ←❺
                .cornerRadius(12.0)
                .rotationEffect(.degrees(angle))
                .animation(.easeIn(duration: 1))

            Text("撮影日: \(photos[self.imgNum].date)")
            Text("撮影地: \(photos[self.imgNum].place)")
                .padding()
            HStack {
                ForEach(1...photos[self.imgNum].star, id: \.self) { _ in
                    Image(systemName: "star.fill")
                }
                ForEach(photos[self.imgNum].star..<5, id: \.self) { _ in   ←❻
                    Image(systemName: "star")
                }
            }
            .foregroundColor(Color.orange)
            Spacer()
        }
    }
}

struct ContentView_Previews: PreviewProvider {
    static var previews: some View {
        ContentView()
    }
}
```

◉ステートプロパティ

❶の、ステートプロパティの宣言部分を示します。

```
    // 表示するイメージ
    @State private var img = photos[0].image     ←a
    // イメージ番号
    @State private var imgNum = 0
```

```
        // スライドショーを自動で行うかどうか
        @State private var isAuto = false
        // 角度
        @State private var angle = 0.0
        // タイマー
        @State private var timer:Timer?    ←b
```

a が表示するイメージ名です。初期状態ではJSONデータから読み込んだ**photos**配列の最初のイメージを設定しています。

b がスライドショーを自動で行うための**Timer**オブジェクトです。

◉「前へ」ボタン、「次へ」ボタン

❷の「前へ」ボタン、❸の「次へ」ボタン（→P.241-242）では、イメージ番号を示す**imgNum**ステートプロパティを1ずつ変化させて前後のイメージを表示させています。次に「前へ」ボタンのリストを示します。

```
                Button(action: {
                    if self.imgNum  == 0 {
                        self.imgNum = photos.count - 1
                    } else {                                ←a
                        self.imgNum -= 1
                    }
                    self.angle -= 360  ←b
                })
                {
                    Image(systemName: "arrowtriangle.left.circle")
                }
```

a で、imgNumステートプロパティを1ずつ減らしています。最初のイメージまで表示されたら、最後のイメージを表示しています。

b でangleステートプロパティを360度減らして反時計回りにイメージを回転させています。ボタンのラベルにはSF Symbolsの「**arrowtriangle.left.circle**」（◀）を使用しています。

◉「自動」ボタン

❹（→P.242）のスライドショーを自動で行うかを設定する「自動」ボタンは、SF Symbolsのイメージを2つ組み合わせていわゆるチェックボックスの形式にしています。

```
                Button(action:{
                    self.isAuto.toggle()
                    if self.isAuto {
                        self.timer = Timer.scheduledTimer(withTimeInterval: 3,␣⇨
                            repeats: true) {_ in    ←a    ※半角スペースを入れて改行せずに続ける
```

```
                    self.angle += 360
                    if self.imgNum + 1 >= photos.count {
                        self.imgNum = 0
                    } else {
                        self.imgNum += 1
                    }
                }
            } else {
                self.timer?.invalidate()    ←b
            }
        }) {
            HStack{
                Image(systemName: isAuto ? "checkmark.square" : "square")←
                Text("自動")                                              c
            }
        }
```

a は、**isAuto**ステートプロパティが**true**の場合にタイマーを起動し、3秒ごとにイメージを切り替えている部分です。

isAutoステートプロパティが**false**の場合には、b でタイマーを停止しています。

ボタンのラベルは c で、isAutoステートプロパティの値に応じてSF Symbolsの「**checkmark.square**」(☑)と「**square**」(□)を切り替えています。

■チェックされていない状態

□ 自動

■チェックされている状態

☑ 自動

◉イメージの表示

❺(→P.243)のイメージの表示部分では、**rotationEffect**モディファイアと**animation**モディファイアを使用して、回転のアニメーションを実行するようにしています。

```
        Image(photos[self.imgNum].image)
            ～略～
            .rotationEffect(.degrees(angle))
            .animation(.easeIn(duration: 1))
```

◉お気に入り度を示すスターを表示

❻(→P.243)が、**ForEach**を使用してお気に入り度を示す5つのスターを表示している部分です。

```
HStack {
    ForEach(1...photos[self.imgNum].star, id: \.self) { _ in
        Image(systemName: "star.fill")
    }
    ForEach(photos[self.imgNum].star..<5, id: \.self) { _ in
        Image(systemName: "star")
    }
}
```

aで「**star.fill**」(★)をお気に入りの値だけ横一列に表示しています。bで残りの部分を「**star**」(☆)で埋めています。

■ お気に入り

NOTE bはハーフオープンレンジを使用しているため、id引数を省略して次のようにしてもかまいません。

```
ForEach(photos[self.imgNum].star..<5) { _ in
    Image(systemName: "star")
}
```

7-2-7 ライブプレビュー・モードで確認する

タイマー機能を含めて、スライドショー・アプリの動作は、キャンバスのライブプレビュー・モードで確認できます。

■ ライブプレビュー・モードで動作確認

Chapter 8

イメージビューア・アプリをつくろう!

このChapterでは、イメージのサムネールを
リスト形式で表示するイメージビューア・アプリを作成します。
リストをタップすると、
そのイメージのみを表示する画面に遷移します。
リスト形式の画面では、
お気に入り度を示すスターの数で
リストを絞り込む機能もつくります。

Learning SwiftUI
with Xcode
and Creating
iOS Applications

8-1 Sliderビュー・Listビュー・NavigationViewとListビューの組み合わせ

Learning SwiftUI with Xcode and Creating iOS Applications

この節では、イメージビューア・アプリで使用するSliderビューとListビューの操作について説明します。また、ListビューとNavigationViewを組み合わせて画面遷移を行う方法についても説明します。

POINT

この節の勘どころ

- ◆ スライダーで値を選択するSliderビュー
- ◆「, specifier: "フォーマット"」で数値をフォーマットする
- ◆ ビューをリスト形式で表示するListビュー
- ◆ NavigationView、NavigationLinkとListビューを組み合わせて画面を遷移する

8-1-1 イメージビューア・アプリについて

このChapterで作成する**イメージビューア・アプリ**の完成形を示します。イメージのサムネールとその情報をリスト形式で表示します。リストの行をタップすると、個々のイメージを表示する詳細画面に遷移します。

■ イメージビューア・アプリの完成形

SAMPLE Chapter8➡8-2➡ImageList

メイン画面の上部のスライダーでは、お気に入り度を示すスターの数で、表示するイメージを絞り込めます。

■ スターの数を3以上で絞り込んだ

8-1-2 Sliderビュー

Sliderビューは、スライダーのツマミを左右にドラッグして値を選択するGUI部品です。次に、「ライブラリ」ウィンドウから「**Slider**」をキャンバスに配置した状態を示します。

■「Slider」をキャンバスに配置

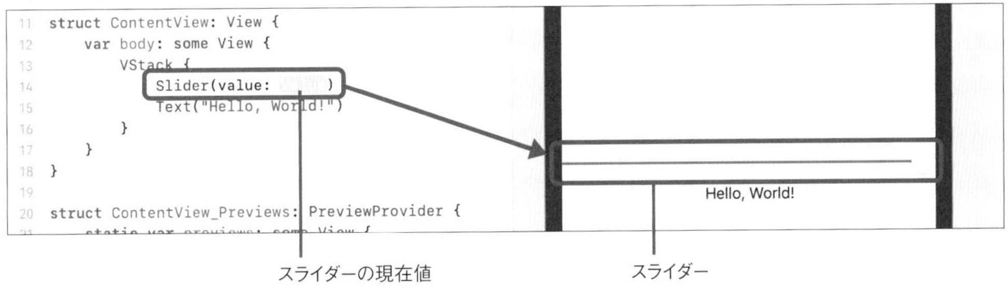

Sliderビューのイニシャライザの**value**引数で、ステートプロパティ（→P.148）とバインドします。これが現在のスライダーの値となります。また、デフォルトでは値の範囲は0～1となります。値の範囲を設定したい場合には**in**引数で**レンジオブジェクト**を指定します。

たとえば、範囲を0～10に設定するには次のようにします。

```
    @State private var value = 0.0      ←ステートプロパティvalueを宣言
    var body: some View {
            Slider(value: $value, in:0...10)    ←value引数とステートプロパティをバインド
    }
```

次に、Sliderビューの値の範囲を0〜10にして、現在の設定値をTextビューに表示する例を示します。

■ スライダーをドラッグ

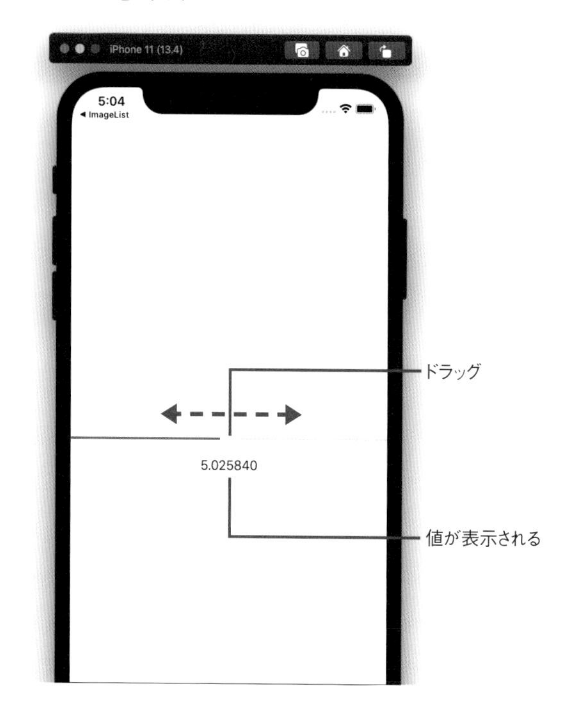

■ ContentView.swift（一部）（Slider1プロジェクト）

SAMPLE Chapter8➡8-1➡Slider1

```
struct ContentView: View {
    @State private var value = 0.0
    var body: some View {
        VStack {
            Slider(value: $value, in:0...10)
            Text("\(value)")
        }
    }
}
```

NOTE　Sliderビューの設定値はDouble型です。整数化したい場合にはIntイニシャライザを使用します。

```
Text("\(Int(value))")
```

◉式展開で数値をフォーマット指定するには

Sliderビューの設定値はDouble型ですが、小数点以下の桁数を指定したい場合もあるでしょう。それには、式展開内に「**, specifier: "フォーマット"**」を記述することで簡単にフォーマット指定できます。

■数値のフォーマット指定

```
\(変数, specifier: "フォーマット")
```

たとえば、小数点以下1桁まで表示するには「**%.1f**」を指定して次のようにします。

■ ContentView.swift（一部）（Slider2プロジェクト）

SAMPLE Chapter8➡8-1➡Slider2

```
VStack {
    Slider(value: $value, in:0...10)
    Text("\(value, specifier: "%.1f")")
}
```

■ 小数点以下1桁まで表示

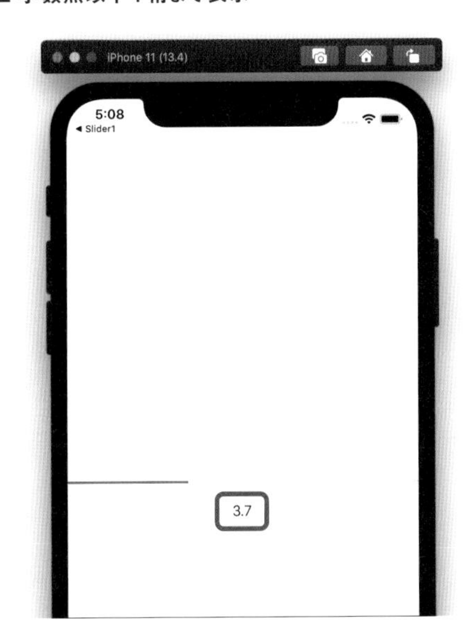

◉step引数でステップを指定する

Sliderビューのイニシャライザの**step**引数では、ステップ数を設定できます。たとえば0〜10の範囲で、ステップ数を2に設定するには次のようにします。

■ ContentView.swift（一部）（Slider3プロジェクト）

SAMPLE Chapter8➡8-1➡Slider3

```
VStack {
    Slider(value: $value, in:0...10, step: 2)
    Text("\(value, specifier: "%.1f")")
}
```

■ ステップ数を2に設定

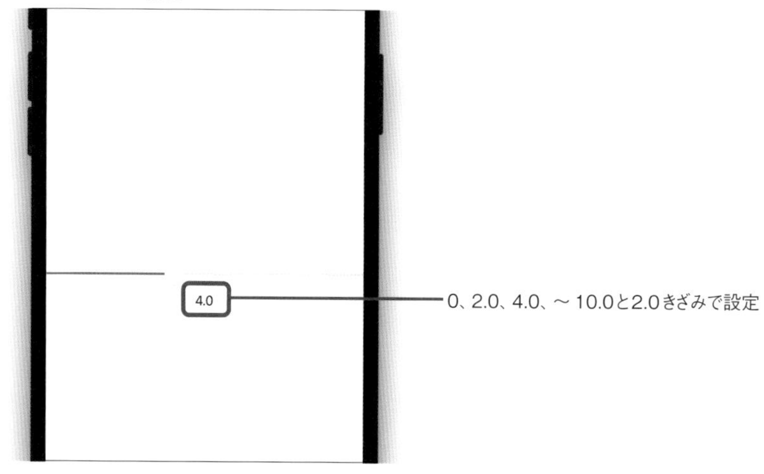

8-1-3 Listビューを使う

Listビューは、複数のビューを1行にひとつずつリスト形式で表示するためのビューです。VStackなどのスタックレイアウト（→P.115）と同じように、クロージャ内に内部に表示するビューを羅列します。

■Listビュー

```
List {
    ビュー1
    ビュー2
    ...
}
```

次に、4つのTextビューをリストの行として表示する例を示します。

■ ContentView.swift（ContentView構造体）（List1プロジェクト）

SAMPLE Chapter8➡8-1➡List1

```
struct ContentView: View {
    var body: some View {
        List {
            Text("春はあけぼの")
            Text("夏は夜")
            Text("秋は夕暮れ")
            Text("冬はつとめて")
        }
    }
}
```

■ 4つのTextビューをリストの行として表示

8-1-4 リストの要素を動的に生成する

配列に格納されたデータなどを使用して、**List**ビューに表示する要素を動的に生成することもできます。ここでは**ForEach**（→P.228）を使用する方法を説明しましょう。

次に配列**kanto**に入れられた都道府県名をリストの各行に表示する例を示します。

■ ContentView.swift（ContentVIew構造体）（List2プロジェクト）　SAMPLE Chapter8➡8-1➡List2

```
struct ContentView: View {
    @State private var kanto = ["東京", "神奈川", "埼玉", "千葉", "茨城", "群馬", ⇨
        "栃木"]                                    ※半角スペースを入れて改行せずに続ける
    var body: some View {
        List {
            ForEach(0..<kanto.count) { id in        ┐
                Text(self.kanto[id])  ←❷           ├←❶
            }                                       ┘
        }
    }
}
```

❶で**ForEach**を使用してTextビューに配列**kanto**の要素を順に表示しています。引数にはハーフオープンレンジ「**(0..<kanto.count)**」を指定しています。これで、クロージャの引数idにはハーフオープンレンジから取り出された値が順に代入されていきます。

❷で引数**id**を配列**kanto**のインデックスとして使用して、都道府県名を取り出しています。

■ 配列に格納されたデータをリスト各行に表示

8-1-5 ListビューとNavigationViewビューを組み合わせて遷移する

Listビューと NavigationView ビュー（→ P.201）を組み合わせて、リストの要素に NavigationLink を設定することにより、行をタップすると別のビューに遷移させることができます。

次に、前述のList1プロジェクトを変更し、リストの行をタップすると「ようこそ〜へ」と表示するビューに遷移させる例を示します。

■ リストをタップすると「ようこそ〜へ」画面に遷移

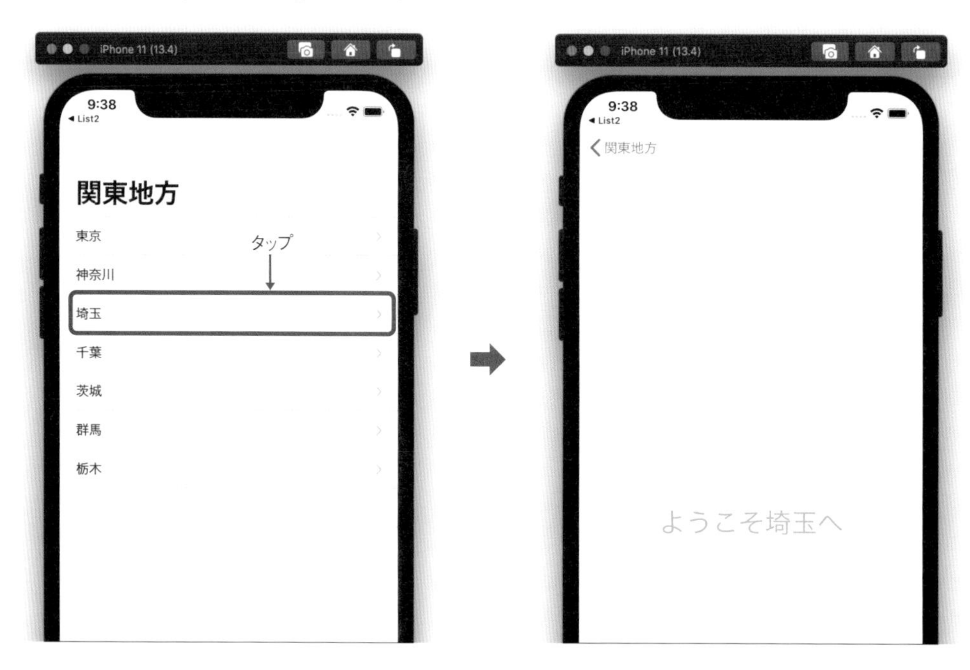

次にリストを示します。

■ ContentView.swift（ContentView構造体）（List3プロジェクト）

SAMPLE Chapter8➡8-1➡List3

```
struct ContentView: View {
    @State private var kanto = ["東京", "神奈川", "埼玉", "千葉", "茨城", "群馬", ␣⇨
        "栃木"]
    var body: some View {
        NavigationView {
            List {
                ForEach(0 ..< kanto.count) { id in
                    NavigationLink(destination:
                        Text("ようこそ\(self.kanto[id])へ")
                            .font(.largeTitle)
                            .foregroundColor(.green)

                    ) {
                        Text(self.kanto[id])
                    }
                }
            }.navigationBarTitle("関東地方")
        }
    }
}
```

※半角スペースを入れて改行せずに続ける

❶ ← NavigationView { … } 全体
❷ ← NavigationLink(…) { … } 全体

❶でListビュー全体をNavigationViewの要素としています。

❷でNavigationLinkをそれぞれのListビューの要素に設定しています。遷移先を示すdestination引数では、Textビューに「ようこそ ～へ」と表示しています。

8-2 イメージビューア・アプリをつくろう

Learning SwiftUI with Xcode and Creating iOS Applications

この節では、前節で説明したSliderビューとListビューを使ったイメージビューア・アプリの作成について説明します。ListビューとNavigationViewを組み合わせて、リストの行をタップすると詳細画面に遷移するようにしてみましょう。

POINT

この節の勘どころ

◆ リストの要素を識別するIdentifiableプロトコル

◆ リストの行を管理するImageRowViewビュー

◆ スライダーでリストの行を絞り込む

◆ それぞれのイメージを表示するPhotoDetailViewビュー

8-2-1 イメージビューア・アプリの動作

イメージビューア・アプリでは、Chapter 7のスライドショー・アプリと同じJSONファイル「**photos.json**」（→P.235）から、それぞれのイメージのデータを読み込んでいます。また同じく、イメージファイル自体をプロジェクトのアセットカタログに登録しています。

リストの各行は**ImageRowView**ビューとして、また遷移先のビューは**PhotoDetailView**ビューとして、どちらもContentView.swiftとは別ファイルに定義しています。

SAMPLE Chapter8➡8-2➡ImageList

■ イメージビューア・アプリ

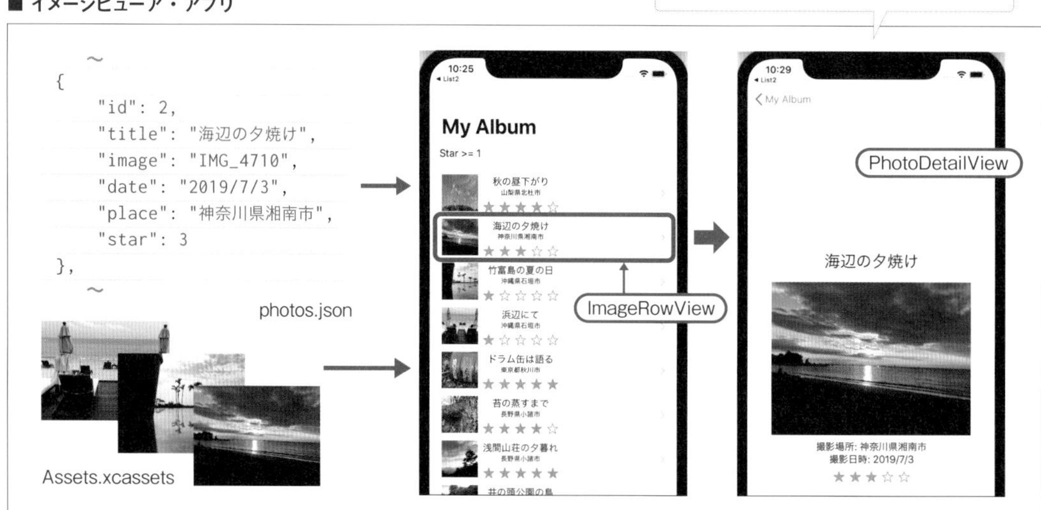

8-2-2 「photos.json」とイメージをプロジェクトに登録する

Chapter 7のスライドショー・アプリと同じく、イメージのタイトルやファイル名を管理するJSONファイル「**photos.json**」をプロジェクトに追加します。

■ **photos.json（ImageListプロジェクト）**

```
{
    "photos":[
        {
            "id": 1,  ←ID番号
            "title": "秋の昼下がり",  ←タイトル
            "image": "IMG_4646",     ←イメージ名
            "date": "2020/1/5",      ←撮影日
            "place": "山梨県北杜市",  ←撮影場所
            "star": 4   ←お気に入り度
        },
        {
            "id": 2,
            "title": "海辺の夕焼け",
            "image": "IMG_4710",
            "date": "2019/7/3",
            "place": "神奈川県湘南市",
            "star": 3
        },
      ～略～
    ]
}
```

また、表示するイメージファイルを**アセットカタログ**（Assets.xcassets）に登録しておきます。

■ **Assets.xcassets**

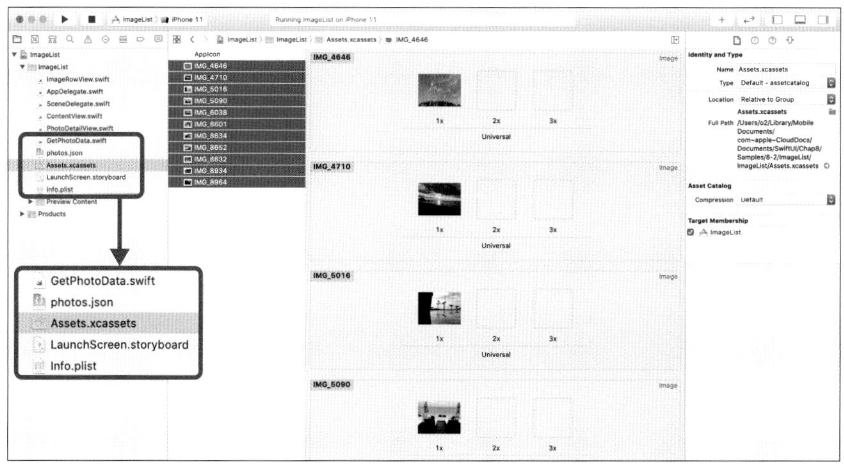

8-2-3 GetPhotoData.swiftでJSONファイルを読み込む

Chapter 7で作成した、JSONファイルを読み込むコードが記述された「**GetPhotoData.swift**」(→P.238) を、プロジェクトナビゲータにドラッグ＆ドロップして登録します。

Photo構造体には**Identifiable**プロトコルを追加しておきます。

■ GetPhotoData.swift（Photo構造体）（ImageListプロジェクト）

```
struct Photo: Codable, Identifiable {    ←❶ Identifiableを追加する
    var id: Int  ←❷
    var title: String
    var image: String
    var date: String
    var place: String
    var star: Int
}
```

作成するイメージビューアのコンテンツビューでは、**ForEach**を使用してリスト（Listビュー）の要素を動的に生成しています。各要素にはIDが必要です。レンジの値をIDとして使用する方法については「7-1-3 ForEachでビューを繰り返し配置する」(→P.228) で説明しましたが、ここでは別の方法について説明しましょう。

作成するイメージビューアでは、**Photo**構造体のインスタンスの配列を**ForEach**に渡すことでリストを動的に生成しています。その場合、❶のように、あらかじめ**Identifiable**プロトコル（プロトコルについてはP.096参照）に適合させておきます。

さらに、❷のように重複のない値として**id**プロパティを用意します。これでリストの各行が一意に識別されます。

8-2-4 リストの行を管理するImageRowViewビュー

本節のサンプルは、リスト各行を**ImageRowView**ビューとして定義しています。これは**ImageRowView.swift**に記述します。

まず、「File」メニューから「New」→「File」を選択し、「Choose a template for your new file」ダイアログボックスで「iOS」→「User Interface」→「SwiftUI View」テンプレートを選択してImageRowView.swiftの雛形を作成します。

■ ImageRowView.swiftの雛形を作成

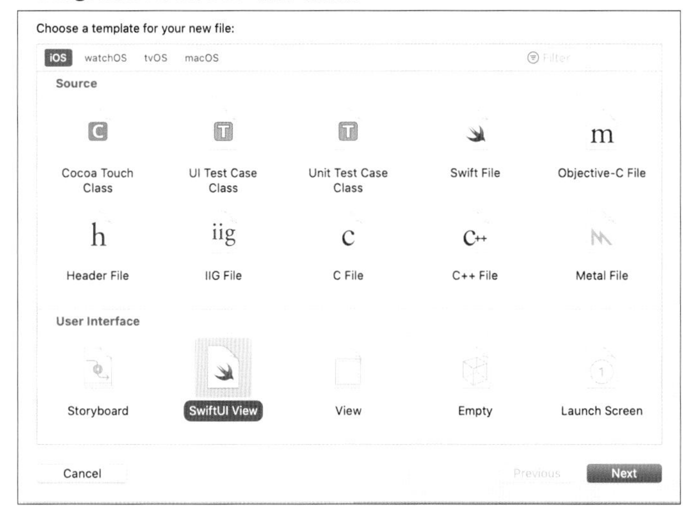

次に、ImageRowView.swiftに記述した**ImageRowView**構造体のリストを示します。

■ ImageRowView.swift（ImageRowView構造体）（ImageListプロジェクト）

```
struct ImageRowView: View {
    var photo: Photo    ←❶

    var body: some View {
        HStack {
            Image(photo.image)                    ┐
                .resizable()                      ├←❷
                .frame(width: 60, height: 60)     ┘
            VStack {
                Text(photo.title)    ←❸
                Text(photo.place)     ┐
                    .font(.caption)   ┘←❹
                HStack {                                                  ┐
                    ForEach(1 ... photo.star, id: \.self) { _ in          │
                        Image(systemName: "star.fill")                    │
                    }                                                     │
                    ForEach(photo.star ..< 5, id: \.self) { _ in          ├←❺
                        Image(systemName: "star")                         │
                    }                                                     │
                }                                                         │
                .foregroundColor(Color.orange)                            ┘
            }
        }
    }
}
```

❶でイメージ名を管理する**photo**プロパティを宣言しています。

全体を**HStack**レイアウトで配置し、❷で左側に**Image**ビュー、右側に**VStack**スタックレイアウトを用意し、❸❹で**Text**ビューを配置します。

❺で**HStack**スタックレイアウト内にお気に入り度を示すスターを配置しています。

■ **リストのレイアウト**

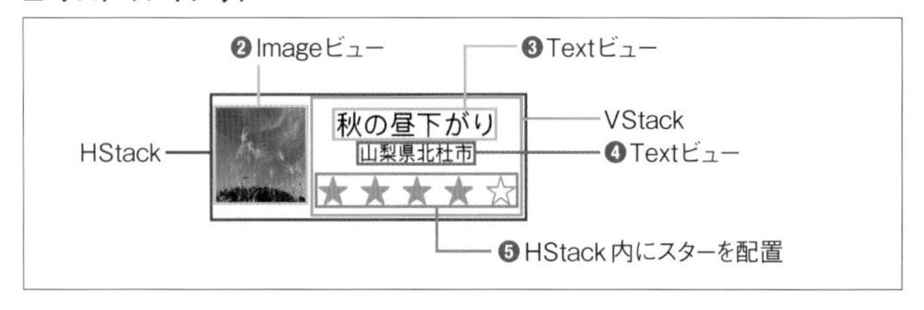

◉プレビューできるようにする

プレビューに使用する**ImageRowView_Previews**構造体では、ImageRowView構造体のイニシャライザに、GetPhotoData.swiftで読み込んだphotos配列の中の適当な要素を渡します。

■ **ImageRowView.swift（ImageRowView_Preview）（ImageListプロジェクト）**

```
struct ImageRowView_Previews: PreviewProvider {
    static var previews: some View {
        ImageRowView(photo: photos[0])    ←❶
    }
}
```

❶では、photo引数に「**photos[0]**」（最初のイメージ）を指定しています。これで、キャンバスでプレビューが表示されます。

■ **ImageRowView.swiftのプレビュー**

8-2-5 遷移先の画面となるPhotoDetailViewビュー

遷移先でイメージを表示する**PhotoDetailView**ビューを、新たなファイル「**PhotoDetailView.swift**」に記述します。まず、「File」メニューから「New」→「File」を選択し、「Choose a template for your new file」ダイアログボックスで「iOS」→「User Interface」→「SwiftUI View」テンプレートを選択して雛形を作成します。

◉PhotoDetailView構造体

次に、**PhotoDetailView**構造体を示します。

■ **PhotoDetailView.swift（PhotoDetailView構造体）（ImageListプロジェクト）**

```
struct PhotoDetailView: View {
    var photo: Photo
    var body: some View {
        VStack {
            Text(photo.title)                    ←❶
                .font(.title)
            Image(photo.image)                   ←❷
                .resizable()
                .scaledToFit()
                .frame(width: 350, height: 250)
            Text("撮影場所: \(photo.place)")     ←❸
            Text("撮影日時: \(photo.date)")      ←❹
            HStack {                             ←❺
                ForEach(1 ... photo.star, id: \.self) { _ in
                    Image(systemName: "star.fill")
                }
                ForEach(photo.star ..< 5, id: \.self) { _ in
                    Image(systemName: "star")
                }
            }
            .foregroundColor(Color.orange)
        }
    }
}
```

VStack内に、❶❸❹の**Text**ビューと❷の**Image**ビュー、および❺でお気に入り度を示すスターを配置しています。

■ イメージ表示のレイアウト

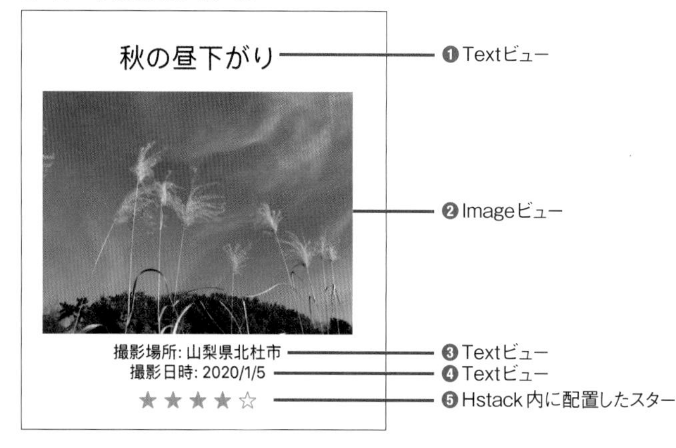

◉プレビューできるようにする

プレビューに使用する**PhotoDetailView_Previews**構造体では、PhotoDetailView構造体のイニシャライザの**photo**引数に、**photos**配列の要素（次の例ではphotos[0]）を渡します。

■ PhotoDetailView.swift（PhotoDetailView_Previews構造体）（ImageListプロジェクト）

```
struct PhotoDetailView_Previews: PreviewProvider {
    static var previews: some View {
        PhotoDetailView(photo: photos[0])
    }
}
```

これで、キャンバスでプレビューが表示されます。

■ PhotoDetailView.swiftのプレビュー

8-2-6 コンテンツビュー「ContentView構造体」

次に、メインのコンテンツビューであるContentView構造体を示します。

■ ContentView.swift（ContentView構造体）（ImageListプロジェクト）

```
struct ContentView: View {
    @State var starValue: Double = 1    ←❶
    var body: some View {
        NavigationView {
            VStack {
                HStack {
                    Text("Star >= \(Int(starValue))")
                        .padding(.leading)
                    Slider(value: $starValue, in: 1...5, step: 1.0)    ←❷
                        .padding(.horizontal)
                }
                List {
                    ForEach(photos) { photo in                                  ┐
                        if photo.star >= Int(self.starValue) {    ←❹            │
                            NavigationLink(destination: ⇨※半角スペースを入れて改行せずに続ける
                                PhotoDetailView(photo: photo)) {  ┐ ←❺          │ ←❸
                                ImageRowView(photo: photo)         │             │
                            }                                      ┘             │
                        }                                                        │
                    }                                                            ┘
                }
            }
            .navigationBarTitle("My Album")
        }
    }
}
```

❶で、スライダーで設定したスターの数を管理する**starValue**ステートプロパティを定義しています。

❷で、**Slider**ビューを設定しています。イニシャライザの**in**引数で範囲を1～5に、**step**引数でステップを1.0に設定しています。

❸の**ForEach**では、リストの各行に**PhotoDetailview**ビューを表示しています。「8-2-3 GetPhotoData.swiftでJSONファイルを読み込む」（→P.258）で説明したように、配列photosの要素であるPhoto構造体は**Identifiable**プロトコルに適合しているため、直接ForEachの引数とすることができます。

❹の**if**文では、スターの数がスライダーの設定値（starValue）以上の要素に絞り込んでいます。

❺の**NavigationLink**では、**destination**引数に「**PhotoDetailView(photo: photo)**」を指定し、タップされると**PhotoDetailView**ビューに遷移するようにしています。

8-2-7 ライブプレビュー・モードで確認する

イメージビューア・アプリの動作は、画面遷移を含めてキャンバスのライブプレビュー・モードで確認できます。

■ ライブプレビュー・モードで動作確認

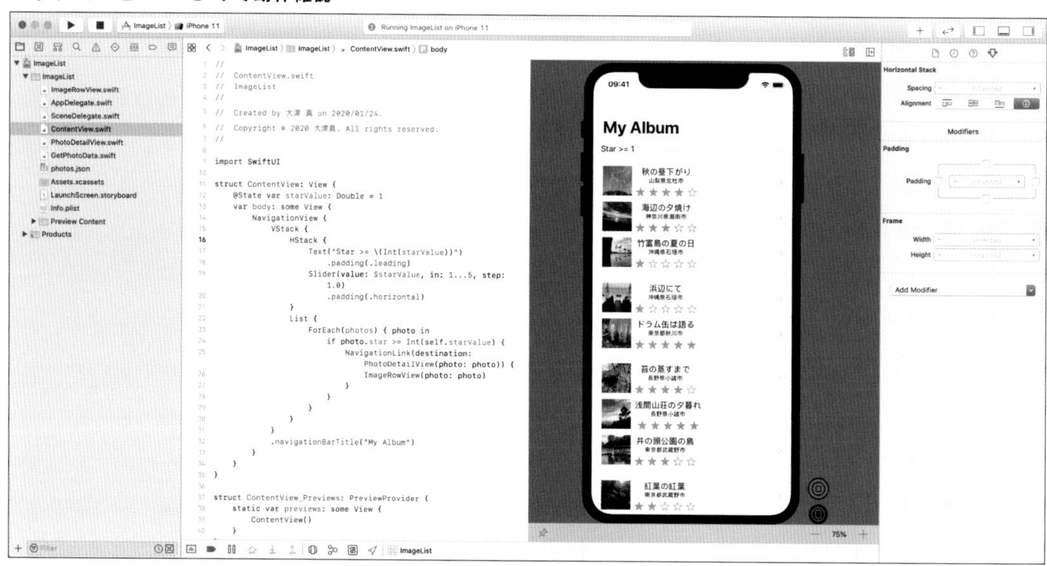

Chapter 9

ドラッグで自由に描ける お絵かきアプリをつくろう!

このChapterでは、お絵かきアプリの作成例を通して、
長方形や円などの図形の描画方法や
ドラッグジェスチャーの処理などについて説明します。
設定画面などのビューを現在のビューに重ねて表示する
シートの取り扱いについても説明します。

Learning SwiftUI
with Xcode
and Creating
iOS Applications

シート、図形の描画、ジェスチャーの処理について

Learning SwiftUI with Xcode and Creating iOS Applications

この節では、まず、お絵かきアプリの設定画面で使用するシートの取り扱いについて説明します。そのあとで基本図形とパスの描画、およびドラッグジェスチャーを処理する方法について説明します。

POINT

この節の勘どころ

- ◆ **ビューをシートに表示するsheetモディファイア**
- ◆ **Rectangleビュー（長方形）、RoundRectangleビュー（角丸の長方形）、Capsuleビュー（カプセル型）、Circleビュー（円）、Ellipseビュー（楕円）**
- ◆ **Pathビューでパスを描く**
- ◆ **gestureモディファイアとDragGesture構造体を組み合わせてドラッグジェスチャーを処理する**

お絵かきアプリについて

まず、このChapterで作成する**お絵かきアプリ**の完成形を示します。一般的なお絵かきアプリと同じように、画面をドラッグすることにより線を描きます。線の太さや色の選択は、シートを使用した設定画面で行います。

■お絵かきアプリの完成形

SAMPLE Chapter9→9-2→Oekaki

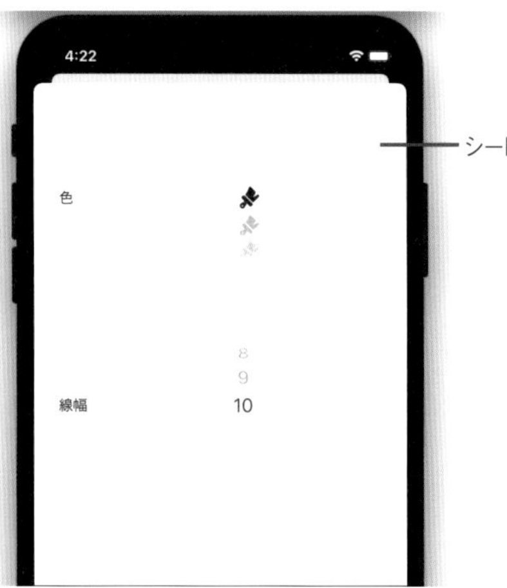

設定画面で線の太さや色を選択できる

9-1-2 sheetモディファイアでシートを表示する

お絵かきアプリの設定画面のように、現在のビューの上に重なるように別のビューを表示するには「**シート**」を使用します。シートは**sheet**モディファイアで表示します。

次に、「**シートを表示**」ボタンをタップすることにより、別のビュー（**MySheet**）をシートとして表示する例を示します（わかりやすいようにシートのビューの色を黄色にしています）。なお、シートを閉じるには下にスワイプします。

■シートの表示

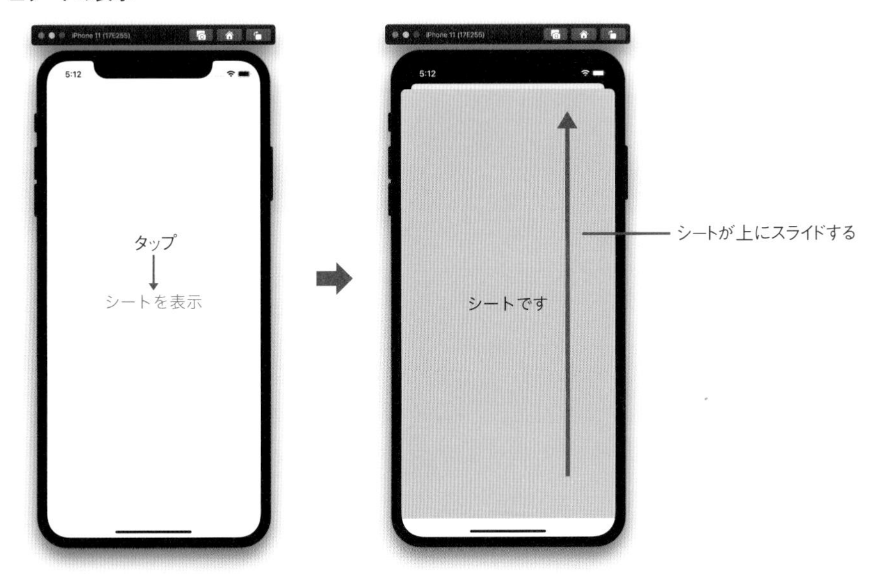

次にリストを示します。

■ ContentView.swift（ContentView構造体）（Sheet1プロジェクト）

SAMPLE Chapter9➡9-1➡Sheet1

```
struct ContentView: View {
    @State private var showSheet = false  ←❶
    var body: some View {
        Button(action: {
            self.showSheet.toggle()  ←❷
        }) {
            Text("シートを表示")
                .font(.largeTitle)
        }
        .sheet(isPresented: $showSheet) {  ┐
            MySheet()  ←❹                   ├←❸
        }                                   ┘
    }
}
```

❶でシートを表示するかどうかを設定する**showSheet**ステートプロパティを宣言し、**false**に初期化しています。

❷で「シートを表示」ボタンのアクションとして、showSheetステートプロパティを反転しています。

❸がsheetモディファイアです。**isPresented**引数と**showSheet**ステートプロパティをバインドすることで、showSheetステートプロパティが**true**の場合にシートが表示されます。

❹でシートとして、次に示す**MySheet**ビューを生成しています。

■ ContentView.swift（MySheet構造体）（Sheet1プロジェクト）

```
struct MySheet: View {
    var body: some View {
        ZStack {
            Color.yellow  ←❶
            Text("シートです")  ←❷
                .font(.largeTitle)
        }
    }
}
```

MySheet構造体では、ビューを前後に重ねる**ZStack**スタックレイアウトを使用し、❶で**Color**ビューで背景を黄色で埋め、❷で前面に**Text**ビューを表示しています。

◉ ボタンでシートを閉じる

シートは下にスワイプすると閉じることができますが、シートを閉じるボタンを用意しておくと使い勝手がよくなるでしょう。続いて、MySheetビューに「**閉じる**」ボタンを追加してみましょう。

■シートを閉じるボタンを追加

それにはSwiftUIアプリの環境を設定する**Environment**という機能を使用します。Environmentには**presentationMode**プロパティが用意され、その**dismiss**メソッドを実行することにより、ビューを閉じることができます。MySheet構造体を次のように変更します。

■ **ContentView.swift（MySheet構造体）（Sheet2プロジェクト）**

SAMPLE Chapter9➡9-1➡Sheet2

```
struct MySheet: View {
    @Environment(\.presentationMode) var presentationMode  ←❶
    var body: some View {
        ZStack {
            Color.yellow
            VStack {
                Text("シートです")
                    .font(.largeTitle)
                Button(action: {                                          ┐
                    self.presentationMode.wrappedValue.dismiss()  ←❸    │
                }) {                                                      │←❷
                    Text("閉じる")                                         │
                }                                                         ┘
            }
        }
    }
}
```

❶の部分が**Environment**から「キーパス」という機能を使用して**presentationMode**を取り出して、**presentationMode**プロパティとして設定している部分です。

❷が「閉じる」ボタンでシートを閉じる処理です。ただし、**dismiss**メソッドは直接presentationModeに対して実行できません。

```
self.presentationMode.dismiss() ←これはNG
```

❸のように、**wrappedValue**計算プロパティを使用してラップされている値を取り出してから実行する必要があります。

```
self.presentationMode.wrappedValue.dismiss()  ←これはOK
```

9-1-3 基本的な図形を描画する

次に、**Rectangle**ビュー（長方形）、**RoundRectangle**ビュー（角丸の長方形）、**Capsule**ビュー（カプセル型）、**Circle**ビュー（円）、**Ellipse**ビュー（楕円）を使用して基本的な図形を描く例を示します。

■基本的な図形

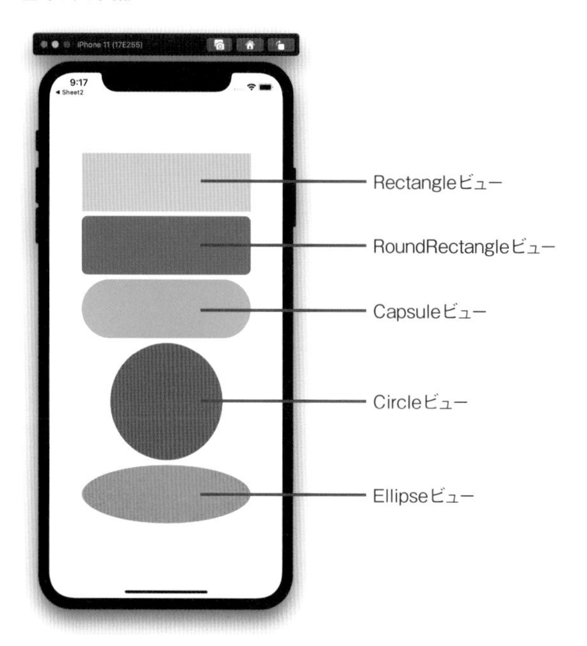

いずれも**fill**モディファイアで塗りの色を設定し、**frame**モディファイアでサイズを設定しています。

■ ContentView.swift（ContentView構造体）（Draw1プロジェクト）

SAMPLE Chapter9➡9-1➡Draw1

```
struct ContentView: View {
    var body: some View {
        VStack {
            // 長方形
            Rectangle()
                .fill(Color.yellow)
                .frame(width: 300, height: 100)
            // 角丸の長方形
            RoundedRectangle(cornerRadius: 10)
                .fill(Color.blue)
                .frame(width: 300, height: 100)
            // カプセル型
            Capsule()
                .fill(Color.green)
                .frame(width: 300, height: 100)
```

```
            // 正円
            Circle()
                .fill(Color.purple)
                .frame(width:200, height: 200)
            // 楕円
            Ellipse()
                .fill(Color.orange)
                .frame(width: 300, height: 100)
        }
    }
}
```

9-1-4 パスを描く

Pathビューを使用すると、より複雑な図形を描くことができます。次節で説明するお絵かきアプリでは、Pathビューを使用してドラッグした軌跡を描いています。

Pathビューではさまざまな描画が可能ですが、ここでは、**addLines**メソッドの引数に座標を格納した配列を指定し、それらを結んでいく直線を描画する方法について説明しましょう。

次に、配列**points**に格納された4つの点を結んでいく例を示します。

■ ContentView.swift（ContentView構造体）（Draw2プロジェクト）

SAMPLE Chapter9➡9-1➡Draw2

```
struct ContentView: View {
    let points = [
        CGPoint(x: 10, y: 10 ),
        CGPoint(x: 160, y: 700),      ←❶
        CGPoint(x: 310, y: 50),
        CGPoint(x: 350, y: 700)
    ]

    var body: some View {
        Path { path in
            path.addLines(points)     ←❷
        }
        .stroke(Color.blue, lineWidth: 10)  ←❸
    }
}
```

❶で配列**points**に座標を格納しています。ここで、コンテンツビュー内の座標は**CGPoint**構造体で指定します。CGPointは、左上隅を原点とする二次元座標上の点を表すシンプルな構造体です。

■CGPointの二次元座標

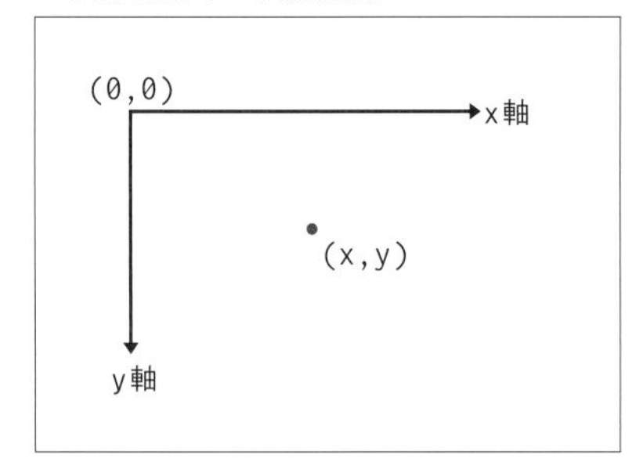

プロパティ	説明
x	X座標（ポイント）
y	Y座標（ポイント）

❷の**Path**ビューのイニシャライザでは、クロージャ内で空のPathオブジェクトを受け取り**addLines**メソッドでポイントを追加します。

実際の描画は、❸の**stroke**モディファイアで色と線幅を指定することによって行います。ここでは色を青（Color.blue）に線幅（lineWidth）を10に設定しています。

■パスの描画

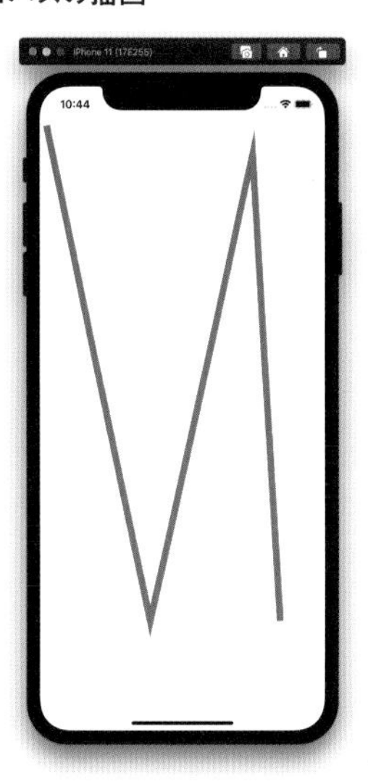

9-1-5 ドラッグジェスチャーを処理する

SwiftUIでは、タップやドラッグなどのジェスチャーを処理することができます。お絵かきアプリではドラッグした軌跡を描画するといった処理を行っています。その場合、**gesture**モディファイアと**DragGesture**構造体を組み合わせることでドラッグした座標を取得できます。

次に、コンテンツビューの背景部分をドラッグすると、円（**Circle**ビュー）をスプリングのアニメーションを付きでその位置に移動する例を示します。

■ドラッグした位置に円が動く

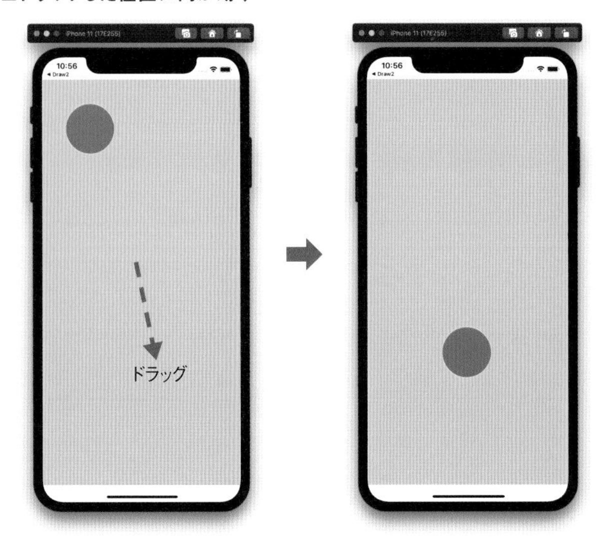

■ ContentView.swift（ContentView 構造体）（Gesture1 プロジェクト）

SAMPLE Chapter9➡9-1➡Gesture1

```
struct ContentView: View {
    @State var pos = CGPoint(x: 100, y:100)  ←❶

    var body: some View {
        ZStack{
            Color.yellow  ←❷
                .gesture(
                    DragGesture()
                        .onChanged{ value in
                            withAnimation(.spring(dampingFraction: 0.4)) {
                                self.pos = CGPoint(x: value.location.x, y:␣⇨
                                    value.location.y)    ※半角スペースを入れて改行せずに続ける
                            }
                        }
                        .onEnded{ value in
                            print("Finished \(value.location)")
                        }
                )

            Circle()  ←❸
                .foregroundColor(.blue)
                .frame(width: 100, height: 100)
                .position(x: self.pos.x, y: self.pos.y)  ←❹
        }
    }
}
```

❶で現在位置を管理する**pos**ステートプロパティを宣言して、座標を(100, 100)に初期化しています。

ZStackレイアウトを使用して、❷で背景部分に**Color.yellow**ビューを配置し、❸で前面に**Circle**ビューを配置しています。

Circleビューは❹の**position**モディファイアで、座標を**pos**ステートプロパティの位置に設定しています。

Color.yellowビューでは、**gesture**モディファイアの引数で**DragGesture**を指定しています。

```
            Color.yellow
                .gesture(
                    DragGesture()
                        .onChanged{ value in        ←a
                            withAnimation(.spring(dampingFraction: 0.4)) {   ←b
                                self.pos = CGPoint(x: value.location.x, y:␣⇨
                                    value.location.y)     ←c
                            }
                        }
                        .onEnded{ value in      ←d
                            print("Finished \(value.location)")     ←e
                        }
                )
```

※半角スペースを入れて改行せずに続ける

ドラッグジェスチャーが発生するとaの**onChanged**モディファイアが実行されます。

ドラッグイベントが発生した座標は**value.location**でわかります。bの**withAnimation**関数でspringアニメーションを指定し、cで**pos**ステートプロパティに**value**の座標をCGPointとして代入することで位置を変更しています。

なお、ドラッグが終了すると、dのonEndedモディファイアが呼ばれます。このサンプルでは、eで単に**print**文により**value.location**（座標）を表示しています。

◎回転のジェスチャーを検出する

回転のジェスチャー処理をするには**gesture**モディファイアと**RotationGesture**構造体を組み合わせます。またビューを回転させるには**rotationEffect**モディファイアを使用します。次にSF Symbolsのイメージ「**person**」を回転する例を示します。

NOTE キャンバスやシミュレータで回転の動作を行うにはoptionキーを押しながらドラッグします（optionキーを押すと、実機で2本指を使用して回転させることを示す●が表示されます）。

■回転ジェスチャー

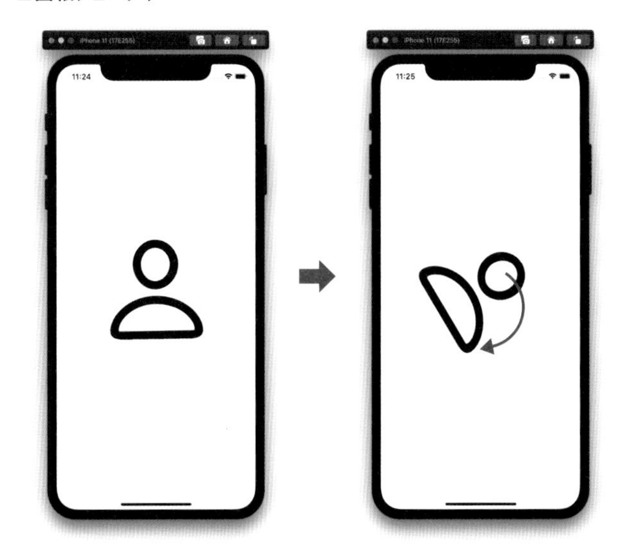

■ ContentView.swift（ContentView構造体）（Gesture2プロジェクト）

SAMPLE Chapter9➡9-1➡Gesture2

```
struct ContentView: View {
    @State private var rotateState: Double = 0  ←❶

    var body: some View {
        Image(systemName: "person")
            .resizable()
            .scaledToFit()
            .frame(width:200, height:200)
            .rotationEffect(Angle(degrees: self.rotateState))  ←❷
            .gesture(RotationGesture()                          ┐
                .onChanged { value in                  ┐        │
                    self.rotateState = value.degrees   │←❹     │←❸
                }                                      ┘        ┘
            )
    }
}
```

❶で回転角度を管理する**rotateState**ステートプロパティを宣言し、0に初期化しています。

❷では、**rotationEffect**モディファイアを使用して**rotateState**ステートプロパティの角度にビューを回転させています。

❸では、**gesture**モディファイアの引数に**RotationGesture**構造体のインスタンスを指定しています。

現在の回転角度は**value.degrees**でわかります。❹の**onChanged**モディファイアで回転のジェスチャーが検出されると、**rotateState**ステートプロパティに**value.degrees**を代入します。これでビューが回転されます。

9-2 お絵かきアプリをつくろう

Learning SwiftUI with Xcode and Creating iOS Applications

この節では、前節で説明したドラッグジェスチャーの処理（→ P.272）と、Pathビューによるパスの描画（→ P.271）を使用して、お絵かきアプリを作成します。また、設定画面をシートに表示する方法についても説明します。

POINT

この節の勘どころ

- ◆ ユニークなIDを生成するUUID関数
- ◆ 個々の線を管理するLine構造体
- ◆ すべての線を管理するlines配列
- ◆ 色と線幅の選択はシートに表示したPickerビューで行う

9-2-1 お絵かきアプリの動作

お絵かきアプリでは、画面をドラッグして線を描きます。

■お絵かきアプリ

SAMPLE Chapter9→9-2→Oekaki

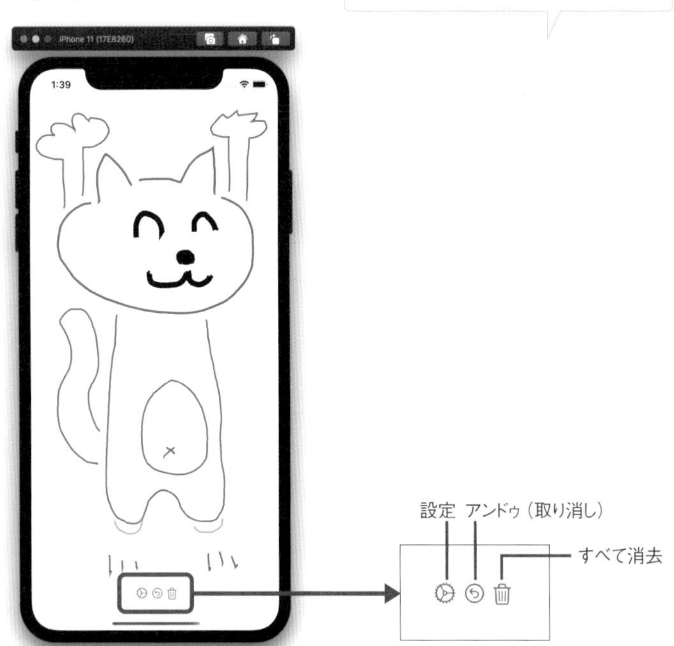

「**アンドゥ**」ボタンは、タップするごとに、最後に描いた線から順に消去していきます。「**すべてを消去**」ボタンをタップすると、すべての線を消去します。

◉シートの表示

「**設定**」ボタンをタップすると設定画面（**SettingView**ビュー）をシートに表示します。色と線幅は**Picker**ビューで設定できます。「色」は塗りを設定したハケのイメージで選択できます。最後の四角いイメージは消しゴムとして使用できます。

■「設定」では筆の色と線幅を選択できる

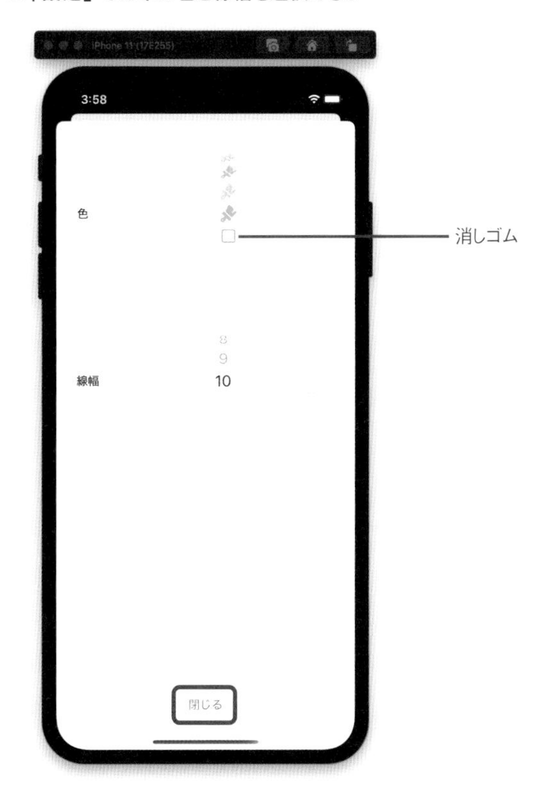

下部の「**閉じる**」ボタンをタップするとシートを閉じます。

◉描いた線の管理について

お絵かきアプリでは、1回のドラッグ開始から終了までに描いた1本の線を、**Line**構造体のインスタンス（**line**ステートプロパティ）として管理しています。さらに、それらをまとめて**lines**配列として管理しています。ドラッグが完了するごとに**line**ステートプロパティをlines配列に追加しています。

■描いた線はlines配列で管理

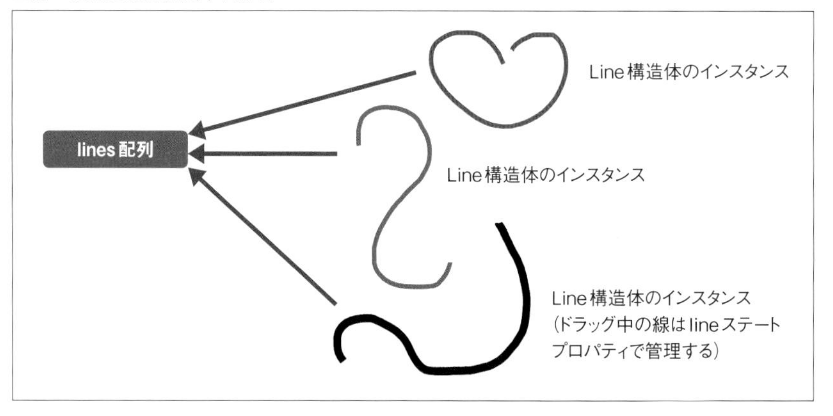

9-2-2 設定画面「SettingViewビュー」の作成

シートに表示する設定画面である**SettingView**ビュー用のファイル「**SettingView.swift**」を作成します。「File」メニューから「New」→「File」を選択し、「Choose a template for your new file」ダイアログボックスで「iOS」→「User Interface」→「SwiftUI View」テンプレートを選択して雛形を作成します。

■「SwiftUI View」テンプレートで雛形を作成

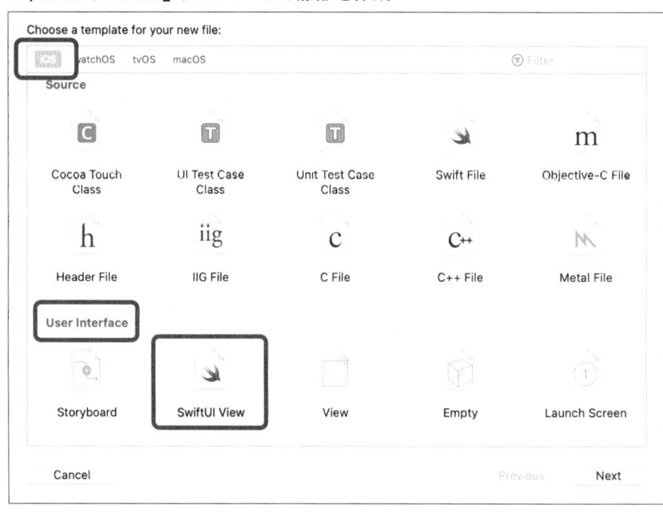

次にSettingView構造体のリストを示します。

■ SettingView.swift（SettingView構造体）（Oekakiプロジェクト）

```
struct SettingView: View {
    @Environment(\.presentationMode) var presentationMode
    @Binding var colorSel:Int // 色
    @Binding var lineWidth:Int // 線幅
    @Binding var colors:[Color] // 設定可能な色

    var body: some View {
        VStack{
            // 色選択
            Picker(selection: $colorSel, label: Text("色").frame(width: 40)) {
                ForEach(0..<colors.count){value in
                    if value == self.colors.count - 1 {
                        // 消しゴム用
                        Image(systemName: "square")
                    } else {
                        Image(systemName: "paintbrush.fill")
                            .foregroundColor(self.colors[value])
                    }
                }
            }

            // 線幅選択
            Picker(selection: $lineWidth, label: Text("線幅")
                .frame(width: 40)) {
                ForEach(1..<11){ value in
                    Text(String(value))
                }
            }
            .frame(width: 30)

            Spacer()
            Button(action: {
                self.presentationMode.wrappedValue.dismiss()
            }){
                Text("閉じる")
            }
        }.padding()
    }
}
```

❶ ❷ ❸ ❹

◉プロパティの宣言

❶の部分がプロパティの宣言です。シートを閉じるための**@Environment**で設定した**presentationMode**(→P.269)を宣言しています。また、**@Binding**(→P.205)を設定してデータを受け渡し可能にしたプロパティとして、現在選択されている色を管理する**colorSel**、線幅を管理する**lineWidth**、および設定可能な色の配列である**colors**を宣言しています。

◉色の選択を行うPickerビュー

次に❷の線の色の選択用の**Picker**ビューを示します。

```
Picker(selection: $colorSel, label: Text("色").frame(width: 40)) {
    ForEach(0..<colors.count){value in
        if value == self.colors.count - 1 {
            // 消しゴム用
            Image(systemName: "square")          ←a
        } else {
            Image(systemName: "paintbrush.fill")
                .foregroundColor(self.colors[value])   ←b
        }
    }
}
```

aではSF Symbolsのイメージ「**square**」□を使用して消しゴムを表しています。
そのほかはbで「**paintbrush.fill**」を塗りの色で表示しています。

◉線幅の選択を行うPickerビュー

❸の線幅の選択も**Picker**ビューを使用して「1～10」の範囲で選択できるようにしています。

◉「閉じる」ボタン

❹が**presentationMode.wrappedValue.dismiss**メソッドを使用した「閉じる」ボタンです。

◉プレビューできるようにする

プレビューに使用する**SettingView_Previews**構造体ではSettingView構造体のイニシャライザに**colorSel**、**lineWidth**、**colors**プロパティの値を渡します。@Bindingが設定されているので「**.constant(～)**」(→P.208)とする点に注意してください。

■ SettingView.swift（SettingView_Previews構造体）（Oekakiプロジェクト）

```
struct SettingView_Previews: PreviewProvider {
    static var previews: some View {
        SettingView(colorSel: .constant(0), lineWidth: .constant(3), colors:␣⇨
            .constant([.black, .red, .blue, .green, .white]))
    }
}
```

※半角スペースを入れて改行せずに続ける

■SettingViewのプレビュー

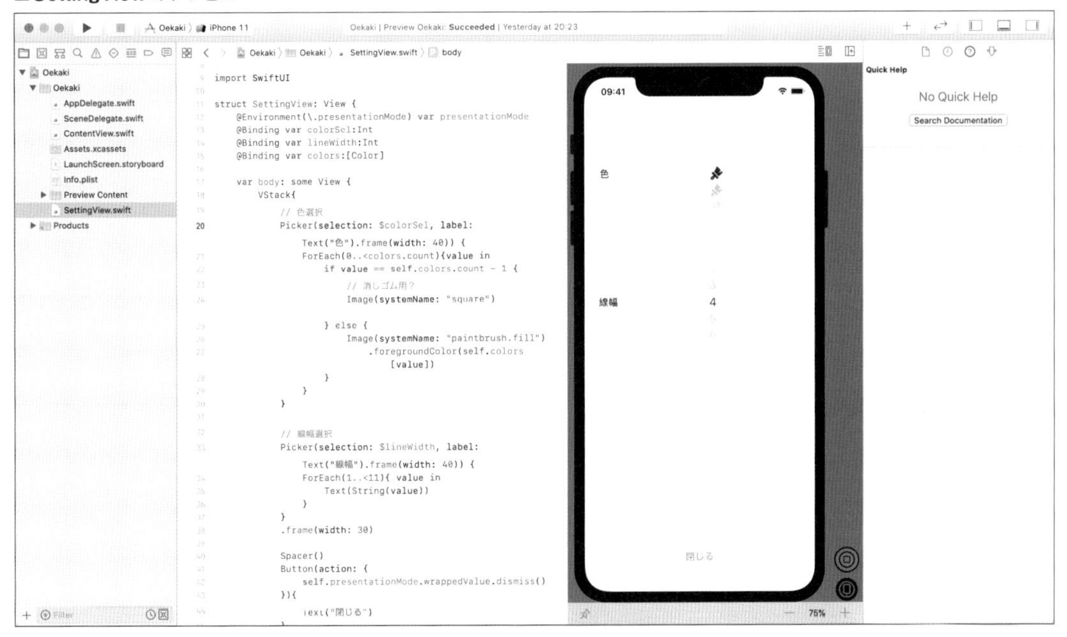

9-2-3 ひとつの線を管理するLine構造体

次に、個々の線の情報を管理する**Line**構造体を示します。OekakiプロジェクトではContentView.swiftの内部で定義しています。

■ ContentView.swift（Line構造体）（Oekakiプロジェクト）

```
struct Line: Identifiable {        ←❶
    var points: [CGPoint] = []     ←❷
    var color: Color = .black      ←❸
    var lineWidth = 5    ←❹
    var id = UUID()    // IDを設定    ←❺
}
```

インスタンスを一意に識別できるように、❶で**Identifiable**プロトコル（→P.258）に適合させています。

その場合、❺の**id**プロパティが必要です。ここでは**UUID**というアプリ内でユニークなIDを生成する関数を使用して、IDを自動生成しています。

線の情報としては、❷でドラッグイベントが発生した座標を格納する**points**、❸で色を格納する**Color**、❹で線幅を格納する**lineWidth**を用意し、それぞれ初期値を設定しています。

9-2-4 コンテンツビュー「ContentView構造体」

次に、メインのコンテンツビューであるContentView構造体を示します。

■ ContentView.swift（ContentView構造体）（Oekakiプロジェクト）

```
struct ContentView: View {
    @State private var  colors:[Color] = [.black, .red, .blue, .green, .white]   ←❶
    // 現在選択されている色
    @State private var colorSel = 0
    // 線幅
    @State private var lineWidth = 5
    // ひとつの線
    @State private var line: Line = Line()
    // 線の配列
    @State private var lines: [Line] = []
    // 設定シートの表示
    @State private var showSetting = false

    var body: some View {
        VStack {
            ZStack {  ←❷
                Color.white  ←❸
                    .gesture(DragGesture()
                        .onChanged{value in                          ←❹
                            self.line.points.append(value.location)
                    }
                    .onEnded{ value in
                        self.line.color = self.colors[self.colorSel]
                        self.line.lineWidth = self.lineWidth
                        // lines配列に線を追加する
                        self.lines.append(self.line)                 ←❺
                        self.line = Line(points: [], color:␣⇨
                            self.colors[self.colorSel], lineWidth:␣⇨
                            self.lineWidth)
                        }
                    )
```

※半角スペースを入れて改行せずに続ける

```
        // ドラッグ中以外のすべての線を描画
        ForEach(lines) { oneLine in
            Path { path in
                path.addLines(oneLine.points)
            }
            .stroke(oneLine.color, lineWidth:
                CGFloat(oneLine.lineWidth + 1))
        }                                                  ←❻
        // ドラッグ中の線の描画
        Path{ path in
            path.addLines(self.line.points)
        }                                                  ←❼
        .stroke(self.colors[colorSel], lineWidth:
            CGFloat(self.lineWidth + 1))
    }

    // ツールバー用アイコン
    HStack{
        // 設定
        Button(action: {
            self.showSetting = true
        }) {
            Image(systemName: "gear")
        }
        .sheet(isPresented: $showSetting) {
            SettingView(colorSel: self.$colorSel, lineWidth:␣⇨
                self.$lineWidth, colors: self.$colors)   ※半角スペースを入れて改行せずに続ける
        }                                                  ←❽

        // Undo（ひとつ前の線を消去）
        Button(action: {
            if self.lines.count > 0 {
                self.lines.removeLast()
            }
        }) {
            Image(systemName: "arrow.uturn.left.circle")
        }

        // 全ての線を削除
        Button(action: {
            if self.lines.count > 0 {
                self.lines.removeAll()
            }
        }) {
            Image(systemName: "trash")
```

```
                }
            }.frame(height: 50)     ←❽
        }
    }
}
```

◉プロパティの宣言

❶でステートプロパティを宣言しています。

```
    @State private var  colors:[Color] = [.black, .red, .blue, .green, .white]←a
    // 現在選択されている色
    @State private var colorSel = 0
    // 線幅
    @State private var lineWidth = 5
    // ひとつの線
    @State private var line: Line = Line()    ←b
    // 線の配列
    @State private var lines: [Line] = []    ←c
    // 設定シートの表示
    @State private var showSetting = false    ←d
```

aの**colors**は設定可能な色の配列です。「**white**」（白）は消しゴムとして使用しています。

bの**line**はLine構造体のインスタンスで1つの線を管理しています。

cの**lines**はそれをまとめた配列で、現在描画されているすべての線です。

dの**showSetting**は設定画面（SettingViewビュー）をシートに表示するかどうかの設定です。

◉線を描く処理

❷で**ZStack**を用意し、❸の**Color.white**で背面を白色で埋めています。

❹の**gesture**モディファイアでは、**DragGesture**構造体の**onChanged**モディファイアでドラッグを検出し、座標を**line.points**に加えています。

```
                .gesture(DragGesture()
                    .onChanged{value in
                        self.line.points.append(value.location)
                }
```

❺のonEndedモディファイアはドラッグ終了時に呼び出されます。

```
.onEnded{ value in
    self.line.color = self.colors[self.colorSel]
    self.line.lineWidth = self.lineWidth
    // lines配列に線を追加する
    self.lines.append(self.line)  ←a
    self.line = Line(points: [], color:␣⇨           ※半角スペースを
        self.colors[self.colorSel], lineWidth:␣⇨     入れて改行せず
        self.lineWidth)  ←b                           に続ける
    }
)
```

a で**lines**配列に、現在ドラッグ中の線である**line**を加えています。

b で新たに**Line**構造体のインスタンスを生成し、**line**ステートプロパティに代入しています。

❻の**ForEach**では、配列**lines**に格納済みの線、つまり現在ドラッグ中以外の線を順に取り出し、**Path**ビューですべて描画しています。

```
ForEach(lines) { oneLine in
    Path { path in
        path.addLines(oneLine.points)
    }
    .stroke(oneLine.color, lineWidth:
        CGFloat(oncLine.lineWidth + 1))
}
```

❼では、現在ドラッグ中の線（**line**）を描画しています。

```
Path{ path in
    path.addLines(self.line.points)
}
.stroke(self.colors[colorSel], lineWidth:␣⇨
    CGFloat(self.lineWidth + 1))    ※半角スペースを入れて改行せずに続ける
```

◉ツールバーのアイコンの設定

❽では画面下部に表示されるツールバーを**HStack**内に配置しています。

■ツールバー

「設定」ボタンのラベルには、SF Symbolsのイメージ「**gear**」⚙を使用しています。タップされると**sheet**モディファイアで設定画面をシートに表示します。

```
.sheet(isPresented: $showSetting) {
    SettingView(colorSel: self.$colorSel, lineWidth: ⇨
        self.$lineWidth, colors: self.$colors)
}
```

※半角スペースを入れて改行せずに続ける

「**アンドゥ**」ボタンのラベルには、SF Symbolsのイメージ「**arrow.uturn.left.circle**」を使用しています。「**アンドゥ**」ボタンがタップされると、**removeLast**メソッドで配列**lines**の最後の要素を削除します。

```
self.lines.removeLast()
```

「**消去**」ボタンのラベルには、SF Symbolsのイメージ「**trash**」🗑を使用しています。タップされると**removeAll**メソッドを使用して、配列**lines**のすべての要素を削除します。

```
self.lines.removeAll()
```

9-2-5 ライブプレビュー・モードで確認する

お絵かきアプリの動作は、画面遷移を含めてキャンバスのライブプレビュー・モードで確認できます。

■ ライブプレビュー・モードで動作確認

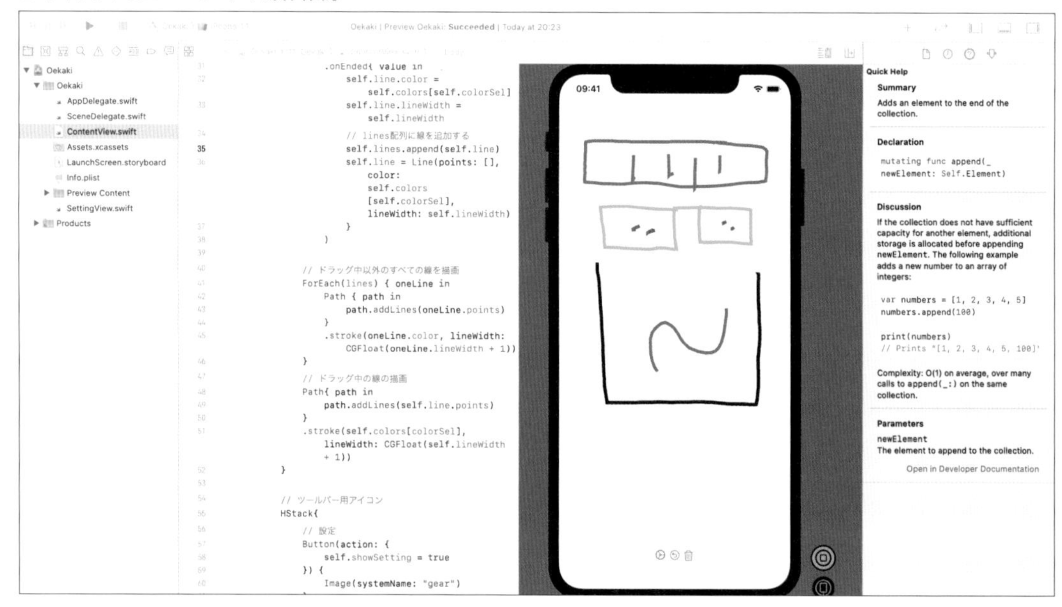

Chapter 10

YouTube動画を検索するアプリをつくろう!

本書最後のChapterでは、
YouTubeのビデオを検索するアプリの作成例を通して、
SwiftでWebAPIにアクセスする方法について説明します。
外部ライブラリのインポート、UIKitのWKWebViewビューを
SwiftUIで使用する方法などについても説明します。
多少難易度は上がりますが、ぜひ挑戦してください。
（本アプリ作成にはGoogleのアカウントが必要です）

Learning SwiftUI
with Xcode
and Creating
iOS Applications

10-1 WebAPI·WKWebView·ObservableObjectプロトコル·外部ライブラリの読み込み

Learning SwiftUI with Xcode and Creating iOS Applications

この節では、YouTube検索アプリに必要なYouTube Data APIの使い方について説明します。そのあとで、ObservableObjectプロトコルによるデータの監視や、外部ライブラリをプロジェクトに読み込む方法などについて説明します。

POINT

この節の勘どころ

- ◆ YouTube Data APIを利用するにはAPIキーを取得する必要がある
- ◆ ObservableObjectプロトコルで外部オブジェクトの値を監視する
- ◆ Webページを表示するWKWebViewビュー
- ◆ GitHubで公開されている外部ライブラリを読み込む

10-1-1 YouTube検索アプリについて

まず、このChapterで作成する**YouTube検索アプリ**の完成形を示しましょう。テキストフィールドにキーワードを入力し、「検索」ボタンをタップすると、検索結果がリストに表示されます。行をタップするとYouTubeビデオのWebページが表示されます。

■ YouTube検索アプリの完成形

SAMPLE Chapter10➡10-2➡YoutubeSearch1

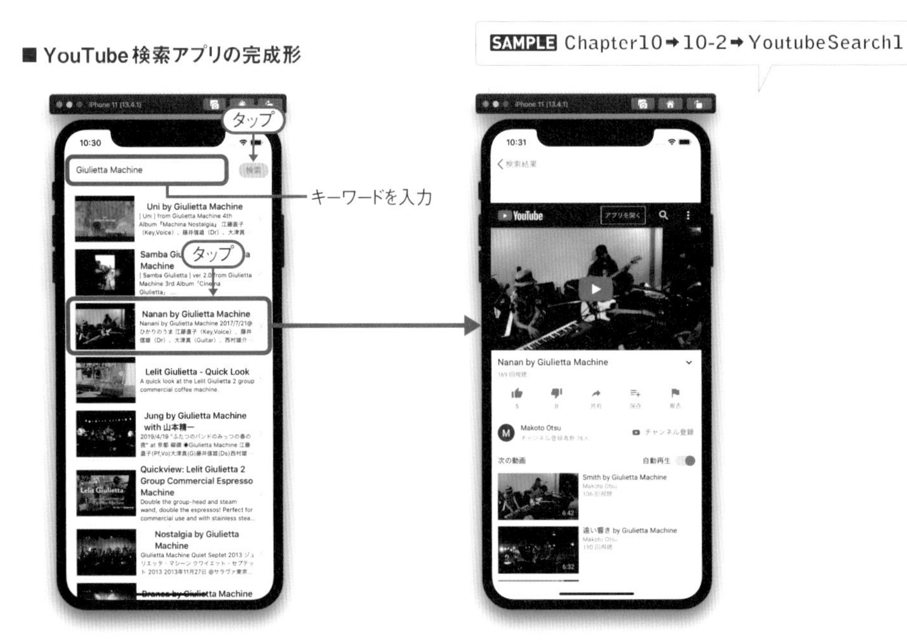

10-1-2 YouTube Data APIについて

YouTube検索アプリでは、**YouTube Data API**を使用してYouTubeに登録されているビデオを検索し、結果を**JSON**データとして受け取っています。

◉Googleのサイトで APIキーを取得する

YouTube Data APIを使用するには、あらかじめGoogleにアカウントを登録し、さらに次のようにして「**YouTube Data API v3**」の**APIキー**を取得しておく必要があります。

1 Webブラウザで Googleアカウントにログインし、Google Developers Console (https://console.developers.google.com/apis/library) を開きます。

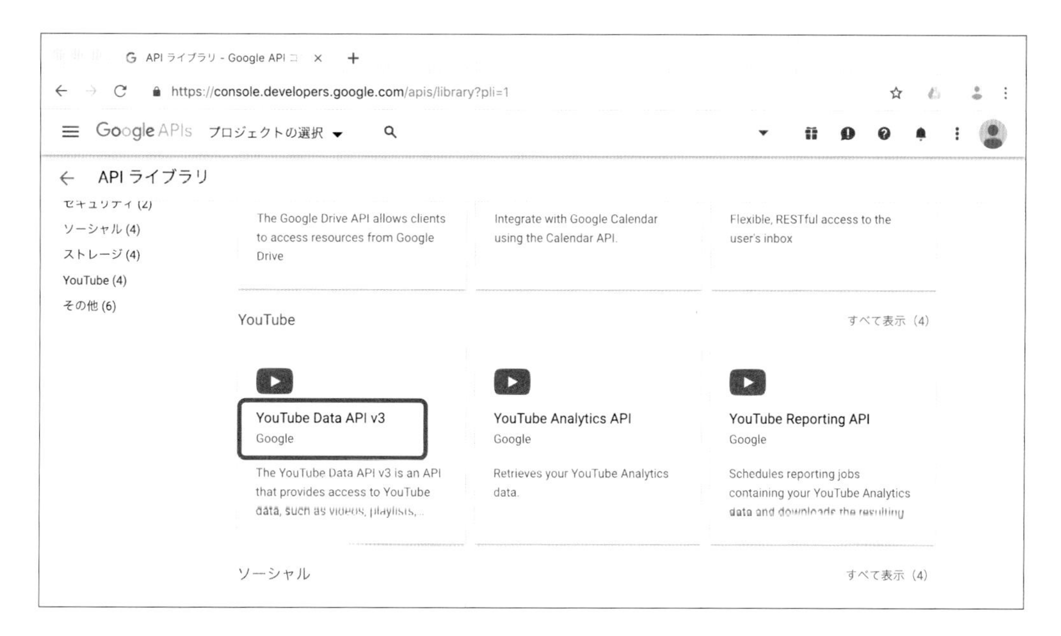

NOTE 利用規約の同意画面が表示される場合は「利用規約の同意」をチェックして「同意して続行」をクリックしてください。

2 「YouTube Data API v3」ページを開き「有効にする」ボタンをクリックします。次に「ライブラリ」ページで「プロジェクトを作成」ボタンをクリックしてプロジェクトを作成します。

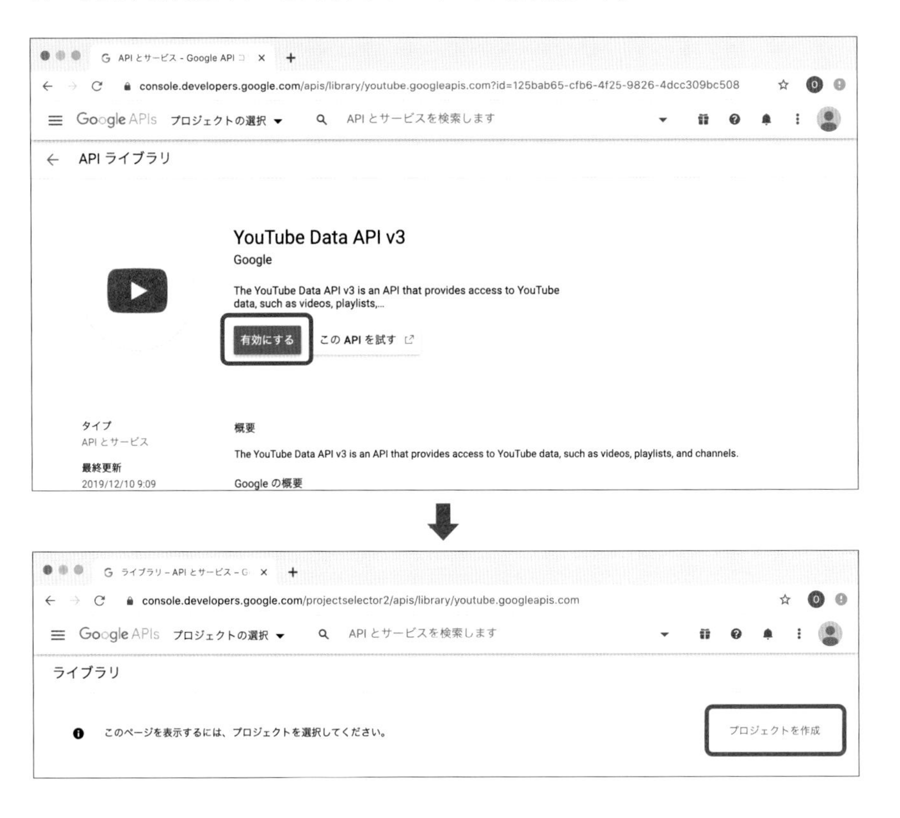

NOTE 再び「YouTube Data API v3」ページが表示される場合には、しばらくしてから「有効にする」ボタンをクリックします。

3 「新しいプロジェクト」ページで必要に応じて「プロジェクト名」を設定し「作成」ボタンをタップします。

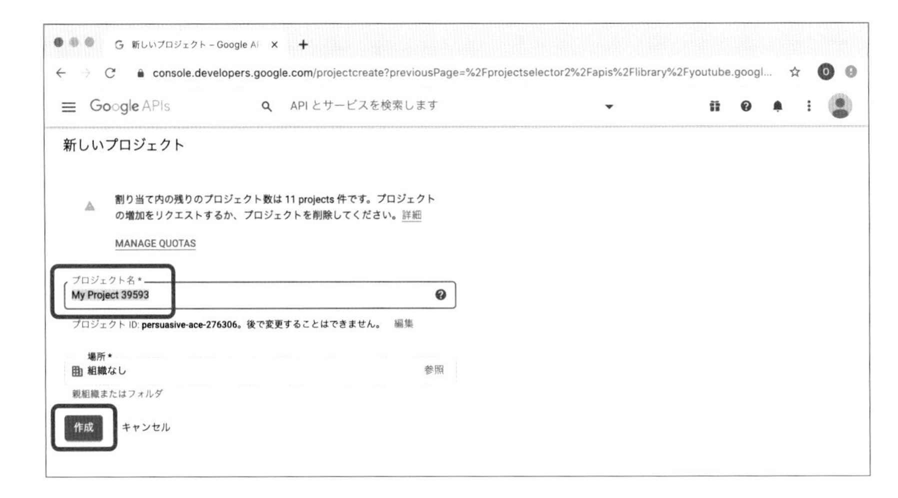

4 プロジェクトの管理ページに移動するので「認証情報」ページを開き、「認証情報を作成」ボタンをクリックします。メニューから「APIキー」を選択します。

NOTE 自動的にプロジェクトのページに移動しない場合には上部のリストにプロジェクトの一覧が表示されます。クリックすると表示されるダイアログボックスでプロジェクトを選択して「開く」ボタンをクリックします。

5 APIキーが表示されるのでコピーしておきましょう。「閉じる」ボタンをクリックします。

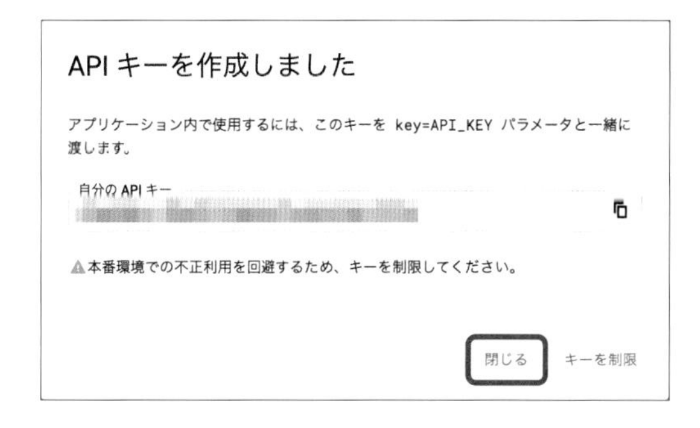

NOTE ここで説明したAPIキーの取得手順は2020年4月の時点でのものです。取得方法は変更される場合があります。以下のサイトを参照してください。

- https://developers.google.com/youtube/v3/getting-started?hl=ja

◉WebブラウザでYouTube Data APIにアクセスする

APIキーを取得したら、WebブラウザでYouTube Data APIにアクセスして検索結果を確認してみましょう。

Webブラウザで次のようなURLにアクセスすると、検索結果がJSONデータで表示されます。適当なキーワード、最大検索数、およびAPIキーを設定してください。

■YouTube Data APIにアクセスするURL

```
https://www.googleapis.com/youtube/v3/search?part=snippet&q=キーワード
&type=video&maxResults=最大検索数&key=APIキー
```

改行やスペースを入れず1行で記述

※「キーワード」は実際の検索語、「最大検索数」は数値、「APIキー」は取得したキー文字列を指定

■WebブラウザでAPIにアクセス

www.googleapis.com


```
      }
    },
    {
      "kind": "youtube#searchResult",
      "etag": "7dmQLgflTRq6DJweswR3HbTqH00",
      "id": {
        "kind": "youtube#video",
        "videoId": "d2Rs5NMv9WA"
      },
      "snippet": {
        "publishedAt": "2009-08-09T13:52:42Z",
        "channelId": "UC9IH9PYUFh8Rr-lDfnyoC8w",
        "title": "Giulietta Machine (ジュリエッタ・マシーン) (Part 1 of 3) at Roppongi SuperDeluxe, Tokyo",
        "description": "Giulietta Machine at Roppongi SuperDeluxe, Tokyo, 6 July 2009. Part 1 in a set of 3 videos. 江藤直子: Vocals, 
Keyboards 大津真: Guitar 藤井信雄: Drums 西村 ...",
        "thumbnails": {
          "default": {
            "url": "https://i.ytimg.com/vi/d2Rs5NMv9WA/default.jpg",
            "width": 120,
            "height": 90
          },
          "medium": {
            "url": "https://i.ytimg.com/vi/d2Rs5NMv9WA/mqdefault.jpg",
            "width": 320,
            "height": 180
          },
          "high": {
            "url": "https://i.ytimg.com/vi/d2Rs5NMv9WA/hqdefault.jpg",
            "width": 480,
            "height": 360
          }
        },
        "channelTitle": "blackpostcards",
        "liveBroadcastContent": "none",
        "publishTime": "2009-08-09T13:52:42Z"
      }
    },
    {
      "kind": "youtube#searchResult",
      "etag": "hJIUHrSjNWs9rC8nqnMsT2FW9k0",
      "id": {
        "kind": "youtube#video",
        "videoId": "vBK227Uxo3o"
```

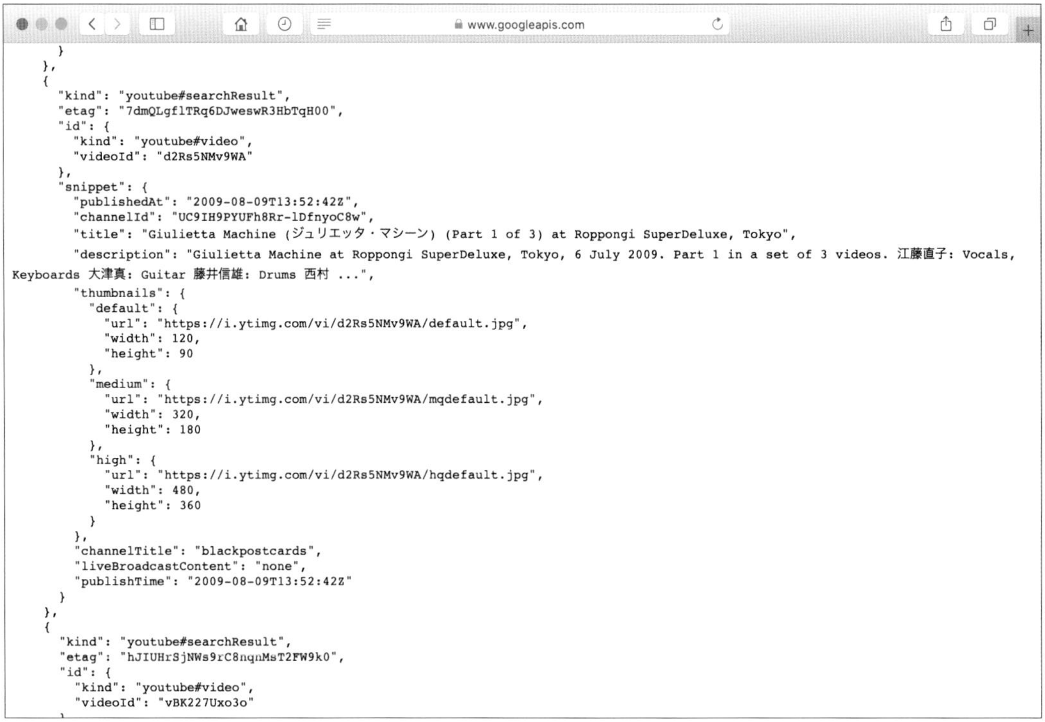

検索結果の**JSON**データから、作成するYouTube検索アプリに必要な情報を取り出すと次のようになります。

■YouTube検索アプリに必要な情報（JSONデータ）

```
{
    "kind": "youtube#searchListResponse",
    "regionCode": "JP",
    "items": [  ←❶
        {
            "kind": "youtube#searchResult",                                          ↙❷
            "etag": "\"XpPGQXPnxQJhLgs6enD_n8JR4Qk/0LG4Jg0EV14c5UiMLdaaet_v2CM\"",
            "id": {
                "kind": "youtube#video",
                "videoId": "UOxkGD8qRB4"  ←❸
            },
```

```
            "snippet": {
                "title": "タイトル",  ←❹
                "description": "詳細情報.",  ←❺
                "thumbnails": {
                    "default": {
                                                                        ❻
                        "url": "https://i.ytimg.com/vi/NyVLI5jY5xE/default.jpg",
                        "width": 120,
                        "height": 90
                    },

                    ～

                },
                "channelTitle": "League of Legends",
                "liveBroadcastContent": "none"
            }
        },

        ～

    ]
}
```

❶の**items**配列の要素には、検索されたビデオの情報が格納されています。

❷の各要素の**etag**は、リソースを一意に識別する値です。

❸の**videoId**はビデオのIDで、次のURLでビデオのWebページが表示されます。

```
https://www.youtube.com/watch?v=videoId
```

❹の**title**は動画のタイトル、❺の**description**は詳細情報です。

❻の**url**は、動画のサムネール画像のURLです。

10-1-3 SwiftでYouTube Data APIにアクセスする

Swiftのプログラムから**YouTube Data API**にアクセスし、結果をJSONデータとして取得するための大まかな手順は次のようになります。

①リクエスト用の文字列を生成する

このとき、スペースや日本語などをURLエンコーディングするために、**addingPercentEncoding**メソッドを実行して次のようにします。

※改行せずに続ける（半角スペースなし）

```
guard let urlStr = "https://www.googleapis.com/youtube/v3/search? ～中略～" ⇨
    .addingPercentEncoding(withAllowedCharacters: NSCharacterSet.urlQueryAllowed)
    else {
        fatalError("URL String Error")
}
```

②リクエスト用文字列をURLオブジェクトに変換する

リクエスト用文字列をイニシャライザの引数にして、**URL**構造体のインスタンスを生成します。

```
guard let url = URL(string:urlStr) else {
    fatalError("Could'nt convert to url")
}
```

③URLSession.shared.dataTaskメソッドを使用してリクエストを非同期で送信し、受け取ったJSONデータをデコードする

```
let task = URLSession.shared.dataTask(with: url) { data, response, error in
    if let jsonData = data {

        ←この部分でJSONデータをデコード処理

    } else {
        fatalError("Couldn't decode JSON Data.")
    }
}
task.resume()
```


10-1-4 JSONデータ用の構造体

JSONデータのデコードは、**JSONDecoderクラス**（→P.225）で行います。そのためには、必要なデータと対応した構造体をあらかじめ定義しておく必要があります。

次に構造体の定義の例を示します。

■ **YoutubeAPITest1.playground（JSONデータと対応する構造体）**

SAMPLE Chapter10➡10-1➡YoutubeAPITest1.playground

```
struct Results: Codable {
    let items: [Item]
}

struct Item: Codable, Identifiable {        ←❶
    let id: String
    let vid: VID
    let snippet: Snippet
```

```
    enum CodingKeys: String, CodingKey {
        case id = "etag"
        case vid = "id"                    ←❷    ←❶
        case snippet
    }
}

struct VID: Codable {
    let videoId: String
}

struct Snippet: Codable {
    let title, description: String
    let thumbnails: Thumbnails
}

struct Thumbnails: Codable {     ←❸
    let `default`: Thumbnail     ←❹
}

struct Thumbnail: Codable {
    let url: String
}
```

❶の**Item**構造体には個々のビデオ情報を格納しますが、YouTube検索アプリでは**ForEach**を使用してリスト形式でビデオ情報を表示するため、**Identifiable**プロトコルに適合させています。その場合、個々のビデオを識別するための**id**プロパティが必要になります。ここではYouTube Data APIから返される**etag**要素をidとして使用します。

このように構造体のプロパティ名とJSONデータの要素名が異なる場合には、❷のように**CodingKeys**という**列挙型**（enum）を定義し、名前の対応を記述する必要があります（列挙型についてはP.297「Column 列挙型（enum）」参照）。

```
    enum CodingKeys: String, CodingKey {
        case id = "etag"
        case vid = "id"
        case snippet
    }
```

ここではJSONデータの「**etag**」を**id**プロパティに、「**id**」を**vid**プロパティに対応させています。

なお、**CodingKeys**を定義した場合、すべての要素を記述する必要があります。この例では「**snippet**」はそのまま**snippet**プロパティとして使用していますが、これを省略することはできません。

❸の**Thumbnails**構造体には、デフォルトのサムネール画像を管理する「**default**」というプロパティが

あります。ただし、「**default**」はSwiftのキーワードなのでそのままでは使用できません。そのため、❹のようにバッククォーテーション「`」で囲む必要があります。

◉YouTube Data APIにアクセスする

次に、YouTube Data APIにアクセスし、指定したキーワードで検索を行って、最大5件のJSONデータを取得して表示するプログラムの例を示します。

■ **YoutubeAPITest1.playground（JSONデータの処理部分）**

```
// APIKeyを設定
let APIKey = "XXXXXXXXXXXXXX"    ←❶
// 検索するキーワード
let keyword = "Giulietta Machine"
// 最大検索数
let maxResults = 5

// リクエスト用の文字列を生成
guard let urlStr = "https://www.googleapis.com/youtube/v3/⇨
search?part=snippet&q=\(keyword)&type=video&maxResults=\(maxResults)&key=\⇨
(APIKey)".addingPercentEncoding(withAllowedCharacters: NSCharacterSet.⇨
urlQueryAllowed)                                  ※改行せずに続ける（半角スペースなし）
    else {
        fatalError("URL String Error")
}

// URLに変換する
guard let url = URL(string:urlStr) else {
    fatalError("Could'nt convert to url")
}

// YouTube Data APIにリクエストを送る
let task = URLSession.shared.dataTask(with: url) { data, response, error in
    if let jsonData = data {
        // JSONデータをデコードする
        let results:Results?
        do {
            results = try JSONDecoder().decode(Results.self, from: jsonData)
        }
        catch {
            fatalError("Couldn't decode JSON data")
        }

        for video in results!.items {
            print(video)                 ←❷
        }
```

```
    } else {
        fatalError("Couldn't decode JSON Data.")
    }
}
task.resume()
```

❶のAPIKey変数にGoogleから取得したAPIキーを設定します。

❷のfor-in文で、取得したビデオデータを順に表示しています。次に実行結果の例を示します。

■ 実行結果

```
Item(id: "\"nxOHAKTVB7baOKsQgTtJIyGxcs8/TL0sZTyUZPVoYeNBT7RQ8uTMlvM\"", vid: __lldb_expr_3.VID(videoId: "50nczrQTmZw"), snippet: __lldb_expr_3.Snippet(title: "Uni by Giulietta Machine", description: "[ Uni ] from Giulietta Machine 4th Album『Machina Nostalgia』 江藤直子 (Key,Voice) 、藤井信雄 (Dr) 、大津真 (Guitar) 、西村雄介 (Bass)  青木タイセイ (Trombone)...", thumbnails: __lldb_expr_3.Thumbnails(default: __lldb_expr_3.Thumbnail(url: "https://i.ytimg.com/vi/50nczrQTmZw/default.jpg"))))
    ～略～
Item(id: "\"nxOHAKTVB7baOKsQgTtJIyGxcs8/LFxBRy7XLWRlpfmjje88BVjTwzs\"", vid: __lldb_expr_3.VID(videoId: "TY2yEPypxBs"), snippet: __lldb_expr_3.Snippet(title: "Jung by Giulietta Machine with 山本精一", description: "2019/4/19 \"ふたつのバンドのみっつの春の夜\" at 京都 磔磔 ●Giulietta Machine 江藤直子(Pf,Vo)大津真(G)藤井信雄(Ds)西村雄介(B) ●山本精一(Vo,G)", thumbnails: __lldb_expr_3.Thumbnails(default: __lldb_expr_3.Thumbnail(url: "https://i.ytimg.com/vi/TY2yEPypxBs/default.jpg"))))
```

column

列挙型(enum)

列挙型(enum)はC言語やJavaなど多くのプログラミング言語でおなじみのデータ型です。主に一連の定数を定義する目的で使用されます。

たとえば、「red」「green」「blue」という定数をまとめたMyColorsという列挙型を定義して、変数color1に値を代入する例を示します。

```
enum MyColors {
    case red
    case green
    case blue
}

var color1 = MyColors.red      ←redを代入
print(color1)    ←「red」が表示される
```

それぞれの要素に指定した型の値を設定することもできます。値はrawValueで取得できます。

```
enum YourColors: String {      ←型に「String」を指定
    case red = "赤"
    case green = "緑"
    case blue = "青"
}

var color2 = YourColors.green
print(color2.rawValue)      ←「緑」が表示される
```

C言語などと比較するとSwiftの列挙型はとても高度なデータ型で、メソッドやプロパティ定義したりネストしたりすることも可能です。詳しくはデベロッパードキュメントなどを参照してください。

10-1-5 URLImageを使用してWebからイメージを取得する

現在SwiftUI用のさまざまなライブラリが**GitHub**などで公開されています。YouTube検索アプリでは、ビデオのサムネール・イメージをWebから非同期で取得して表示しています。自分でその処理をプログラムすることも可能ですが、ここでは、URLで指定したイメージを非同期で取得して表示する「**URLImage**」というライブラリを使用してみましょう。

NOTE データ通信は「同期」と「非同期」に大別されます。前者は処理中はほかの処理ができない方式、後者は並行してほかの処理が行える方式です。

URLImageは、GitHubの以下のリポジトリ（ソフトウエアの保存場所）で公開されています。

- https://github.com/dmytro-anokhin/url-image

■ URLImage（GitHubのリポジトリ）

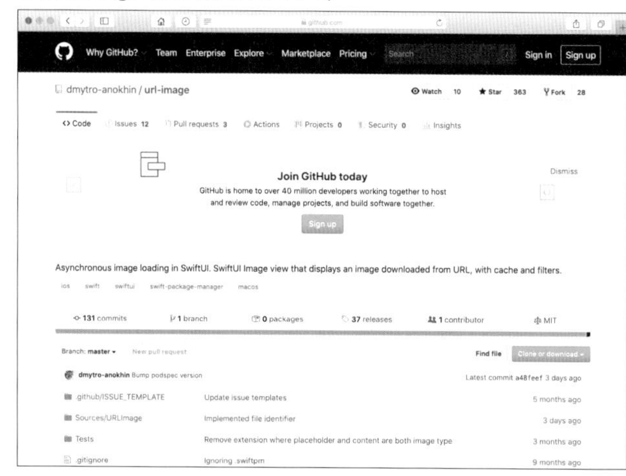

◉プロジェクトに外部ライブラリを読み込むには

Xcodeでは、外部ライブラリのリポジトリをパッケージとして読み込めます。次に手順を示します。

1 「File」メニューから「Swift Packages」→「Add Package Dependency」を選択します。

2 「Choose Package Repository」画面で、リポジトリのURL（URLImageの場合には「https://github.com/dmytro-anokhin/url-image」）を入力します。

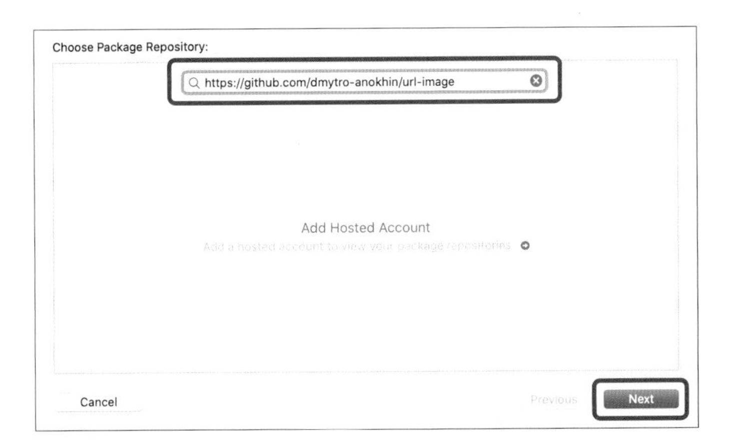

3 「Next」ボタンをクリックすると、リポジトリの確認画面が表示されます。

Choose Package Options:
Repository: https://github.com/dmytro-anokhin/url-image
Rules: Version: Up to Next Major 0.9.15 <
Branch:
Commit:

4 「Next」ボタンをクリックするとリポジトリがパッケージとして登録されます。「Finish」ボタンをクリックします。

Add Package to URLImage1:
Choose package products and targets:

Package Product	Kind	Add to Target
URLImage	Library	URLImage1

Cancel　Previous　Finish

NOTE　「File」メニューから「Swift Packages」→「Update to Latest Package Versions」を選択することで、読み込んだパッケージを最新版にアップデートできます。

◉URLImageを使用する

URLImageのイニシャライザでは最初の引数にURLオブジェクトを指定します。また、リサイズ可能にするにはクロージャ内で**image**プロパティを取得し**resizable**モディファイアを実行します。

次に、Web上のイメージファイル「https://o2-m.com/dog1.png」をダウンロードして表示する例を示します。

■ **ContentView.swift (ContentView構造体) (URLImage1プロジェクト)** SAMPLE Chapter10➡10-1➡URLImage1

```
import SwiftUI
import URLImage   ←❶

struct ContentView: View {
    var body: some View {
        VStack {
            URLImage(URL(string: "https://o2-m.com/dog1.png")!){ proxy in   ┐
                proxy.image                                                  │
                    .resizable()    ┐←❸                                     │←❷
                    .scaledToFit()  ┘                                        │
            }                                                                ┘
            .frame(width: 300, height: 200)   ←❹
        }
    }
}
```

❶のimport文で**URLImage**ライブラリをインポートしています。

❷で**URLImage**をVStack内に配置しています。最初の引数**string**でURLを文字列として指定します。クロージャ内では「**引数名.image**」でImageオブジェクトにアクセスできます。

❸で縦横比を保ったままリサイズ可能にし、❹でフレームサイズを設定しています。

■ **シミュレータで実行**

10-1-6 WKWebViewでWebページを表示する

YouTube検索アプリでは、選択したビデオのWebページを、**UIKit**フレームワーク（→P.010）に含まれる**WebKit**フレームワークの**WKWebView**クラスで表示しています。WKWebViewは内部にWebページを表示するビューですが、UIViewを継承するクラスです。

MKWebViewのようなUIKitフレームワークのGUI部品を表示するには、**UIViewRepresentable**プロトコルを使用します。

次に、プロジェクト内に**WebKitTest.swift**を作成し、キャンバスのプレビュー画面にGoogleの検索ページ「https://google.com」を表示する例を示します。

■ WebKitTest.swift（WebKitTest構造体）（WebKit1プロジェクト）

SAMPLE Chapter10➡10-1➡WebKit1

```
import SwiftUI
import WebKit    ←❶

struct WebKitTest: UIViewRepresentable {    ←❷
    var url: String

    func makeUIView(context: Context) -> WKWebView {    ⎤
        return WKWebView()    ←❹                         ⎥←❸
    }                                                    ⎦

    func updateUIView(_ uiView: WKWebView, context: Context) {    ←❺
        uiView.load(URLRequest(url: URL(string: url)!))    ←❻
    }
}
```

❶で**WebKit**フレームワークをインポートしています。

❷で**UIViewRepresentable**プロトコルに適合させています。

UIViewRepresentableプロトコルを適合させるためには、UIViewを生成する**makeUIView**メソッドと、ビューをアップデートする**updateUIView**メソッドが必要です。

❸のmakeUIViewメソッドでは、❹でWKWebViewクラスのインスタンスを生成して戻します。

❺のupdateUIViewメソッドでは、❻の**load**メソッドの引数として、表示したいWebサイトを**URLRequest**オブジェクトで指定しています。

次に、WebKitTestビューをプレビューするために**WebKitTest_Previews**構造体を示します。

■ WebKitTest.swift（WebKitTest_Previews構造体）（WebKit1プロジェクト）

```
struct WebKitTest_Previews: PreviewProvider {
    static var previews: some View {
        WebKitTest(url: "https://google.com")    ←❶
    }
}
```

❶で**url**引数に「https://google.com」を指定してWebKitTestのインスタンスを生成しています。

WKWebViewの動作をキャンバスで確認するには、ライブプレビュー・モードにする必要があります。

■ WebKitTest.swiftをライブプレビュー・モードで確認

10-1-7 ObservableObjectで オリジナルのオブジェクトのプロパティを共有する

オリジナルのオブジェクトのプロパティを、コンテンツビューで共有し、値が変更されたらビューを更新したい場合もあるでしょう。それには**ObservableObject**プロトコルに適合したクラスを作成します。

YouTube検索アプリでは、YouTube Data APIを使用して検索を行う**YoutubeSearcher**クラスを用意し、ObservableObjectプロトコルに適合させることで検索結果を共有しています。

ObservableObjectを使用するには、共有したい変数に**@Published**属性を設定します。コンテンツビュー側では**@ObservedObject**属性を設定したプロパティを用意します。

◉ ObservableObjectでタイマーの動作を監視する

ObservableObjectを使用したシンプルな例を示しましょう。

次に、**Timer**（→P.231）を使用して、一定周期でカウンターアップを行う**MyCounter**クラスを用意し、**@Published**属性を設定した**value**プロパティをカウントアップする例を示します。

画面中央の「value: ~」をタップすると、タイマーを開始し1秒ごとにカウントアップするようにしています。

■ 1秒ごとにカウントアップする

次に、**MyCounter**クラスのリストを示します。

SAMPLE Chapter10→10-1→ObservableObject1

■ ContentView.swift（MyCounterクラス）（ObservableObject1プロジェクト）

```
class MyCounter: ObservableObject {
    @Published var value = 0    ←❶
    var timer: Timer?

    func start() {
        self.timer = Timer.scheduledTimer(withTimeInterval: 1, repeats: ⇨
            true) { _ in                    ※半角スペースを入れて改行せずに続ける
            self.value += 1                                              ←❷
            print(self.value)
        }
    }
}
```

❶で**@Published**属性を設定した**value**プロパティを宣言し、0に初期化しています。これでvalueプロパティが変化すると、コンテンツビューに通知されるようになります。

❷で**start**メソッドを定義し、タイマーにより**value**プロパティを1秒ごとに1ずつ増加させています。

次に、コンテンツビューである**ContentView**構造体のリストを示します。

■ **ContentView.swift（ContentView構造体）（ObservableObject1プロジェクト）**

```
struct ContentView: View {
    @ObservedObject var counter = MyCounter()   ←❶

    var body: some View {
        VStack {
            Button(action: {
                self.counter.start()   ←❷
            }) {
                Text("value: \(counter.value)")   ←❸
            }
            .font(.largeTitle)
        }
    }
}
```


❶で**@ObservedObject**属性を設定して**counter**プロパティを宣言し、MyCounterクラスのインスタンスを生成して代入しています。

❷でボタンのアクションとして、**MyCounter**オブジェクト「**counter**」の**start**メソッドを呼び出してカウントアップを開始しています。

❸でMyCounterオブジェクト「**counter**」の**value**プロパティの値を表示しています。

以上で、valueプロパティの値がカウントアップされるとコンテンツビューの表示が更新されます。

10-2 YouTube検索アプリをつくろう

Learning SwiftUI with Xcode and Creating iOS Applications

本節では、10-1で説明したYouTube Data API、URLImage、ObservableObjectなどを使用したYouTubeビデオの検索アプリの作成について説明します。

POINT

この節の勘どころ

- ◆ YouTube Data APIでYouTubeビデオを検索する
- ◆ URLImageでWebのイメージを取得する
- ◆ WKWebViewでYouTubeビデオのWebページを表示する
- ◆ DispatchQueue.main.asyncメソッドを使用して処理をメインスレッドで実行する

10-2-1 YouTube検索アプリの動作

YouTube検索アプリでは、**YouTube Data API**を使用してYouTubeビデオの検索を行います。検索には**ObservableObject**プロトコルに適合した**YoutubeSearcher**クラスを用意し、検索結果をコンテンツビューに通知しています。ビデオページの表示にはWebKitの**WKWebView**ビューを使用しています。

SAMPLE Chapter10→10-2→YoutubeSearch1

■ YouTube検索アプリ

◉必要なSwiftファイルについて

YouTube検索アプリでは、次の5つのSwiftファイルを用意しています。

■ **YouTube検索アプリのSwiftファイル**

ファイル	説明
ContentView.swift	メインのコンテンツビュー
YoutubeSearcher.swift	YouTube Data APIを検索するYoutubeSearcherクラスを定義。ObservableObjectプロトコルを実装し検索結果を通知する。searchメソッドにより検索を実行
YoutubeView.swift	UIViewRepresentableプロトコルに適合したYoutubeView構造体を定義。WKWebViewビューを使用して、選択したYouTubeビデオのWebページを表示する
YoutubeJsonModel.swift	Youtube Data APIの検索結果のJSONデータに対応した構造体を定義
VideoRowView.swift	検索結果をリストの行として表示するVideoRowView構造体を定義

◉URLImageライブラリの読み込み

ビデオのサムネール画像の表示には、外部ライブラリ「**URLImage**」を使用しています。前節10-1の「URLImageを使用する」（→P.300）で説明したように、あらかじめプロジェクトにパッケージとして読み込んでおきます。

10-2-2 YoutubeJsonModel.swift

それでは各Swiftファイルの内容について説明していきましょう。まず**YoutubeJsonModel.swift**では、JSONデータに対応する構造体を定義しています。前節のYoutubeAPITest1.playground（→P.294）で説明した構造体と同じです。

■ **YoutubeJsonModel.swift（YoutubeSearch1プロジェクト）**

```
import Foundation

struct Results: Codable {
    let items: [Item]
}

struct Item: Codable, Identifiable {
    let id: String
    let vid: VID
    let snippet: Snippet

    enum CodingKeys: String, CodingKey {
        case id = "etag"
        case vid = "id"
        case snippet
    }
}     ～以下略～
```

10-2-3 YoutubeSearcher.swift

次に、YouTube Data APIを使用してビデオを検索するための**YoutubeSearcher**クラスを定義した、**YoutubeSearcher.swift**を示します。

■ YoutubeSearcher.swift（YoutubeSearch1プロジェクト）

```
class YoutubeSearcher: ObservableObject {  ←❶
    @Published var results:Results?  ←❷
    // 最大検索数
    let maxResults = "10"
    // APIKeyを設定
    let APIKey = "xxxxxxxxxxxxxxxxxxxxxxxxx"  ←❸

    func search(keyword: String) ->() {  ←❹
        // リクエスト用の文字列を生成
        guard let urlStr = "https://www.googleapis⇨  ※改行せずに続ける（半角スペースなし）
            .com/youtube/v3/search?part=snippet&q=\⇨
            (keyword)&type=video&maxResults=\(maxResults)&key=\(APIKey)"⇨  ※改行せずに続ける（半角スペースなし）
            .addingPercentEncoding(withAllowedCharacters:␣⇨  ※半角スペースを入れて改行せずに続ける
            NSCharacterSet.urlQueryAllowed) else {
                fatalError("URL String error")
        }
        // URLに変換する
        guard let url = URL(string:urlStr) else {
            fatalError("Could'nt convert to url: \(urlStr)")
        }

        // YouTube Data APIにリクエストを送る
        let task = URLSession.shared.dataTask(with: url) { data, response, error in
            if let jsonData = data {
                let decodedData: Results
                do {
                    decodedData = try JSONDecoder().decode(Results.self, from:␣⇨
                        jsonData)  ※半角スペースを入れて改行せずに続ける
                } catch {
                    fatalError("Couldn't decode JSON data.")
                }
                // メインスレッドで実行
                DispatchQueue.main.async {
                    self.results = decodedData       ←❺
                }
            } else {
                fatalError("YouTube Data API request error")
            }
        }
```

```
        task.resume()
    }
}
```

❶で**ObservableObject**プロトコルに適合させ、❷で検索結果を管理する**results**プロパティを**@Published**属性を設定して宣言しています。これでresultsプロパティが変更されるとコンテンツビューに通知されます。

❸で**APIKey**プロパティに、あらかじめGoogleから取得したAPIキーを代入します。

❹で検索を実行する**search**メソッドを定義しています。基本的な処理の流れは前節のYoutubeAPITest1.playground（→P.296）の処理と同じです。相違はJSONDecoderでデコードされたデータ「decodedData」をresultsプロパティに代入している❺の部分です。

```
                DispatchQueue.main.async {
                    self.results = decodedData   ←a
                }
```

プログラムの処理の流れを「**スレッド**」といいます。YouTube Data APIを使用したデータの取得は非同期つまりメインのスレッドとは別のスレッドで行われますが、UIの更新はメインスレッドで行う必要があります。**results**プロパティはListのデータに使用されるため、aの処理はメインスレッドで行わなければなりません。それを実現するのが**DispatchQueue.main.async**メソッドです。このようにDispatchQueue.main.asyncのクロージャに処理を記述すると、それがメインスレッドで行われるようになります。

10-2-4 VideoRowView.swift

VideoRowView.swiftでは、検索された個々のビデオのデータをリストの行として表示するための**VideoRowView**構造体を定義しています。

■ VideoRowView.swift（VideoRowView構造体）（YoutubeSearch1プロジェクト）

```
import SwiftUI
import URLImage   ←❶

struct VideoRowView: View {
    @State var title: String
    let imgURL: String
    @State var description: String
```

```
import SwiftUI
import URLImage

struct VideoRowView: View {
    @State var title: String
    let imgURL: String
    @State var description: String

    var body: some View {
        HStack{
            URLImage(URL(string: imgURL)!) {proxy in      ┐
                proxy.image                               │
                    .resizable()                          │←❷
                    .scaledToFit()                        │
            }                                             ┘
            .frame(width: 120, height: 90)
            .border(Color.yellow)
            VStack{
                Text(title)
                    .font(.headline)
                Text(description)
                    .font(.caption)
                    .lineLimit(3)
            }
        }
    }
}
```

❶で前節で説明した外部ライブラリ「**URLImage**」をインポートしています。

❷でWebから読み込んだイメージを表示しています。

◉ VideoRowViewビューのプレビュー画面

次に、VideoRowViewビューのプレビューを行う**VideoRowView_Previews**構造体を示します。

■ VideoRowView.swift（VideoRowView_Previews構造体）（YoutubeSearch1プロジェクト）

```
struct VideoRowView_Previews: PreviewProvider {
    static var previews: some View {                      ※半角スペースを入れて改行せずに続ける
        VideoRowView(title: "これはタイトル", imgURL: "https://o2-m.com/dog1.png", ⇨
            description: "これは動画の説明です。これは動画の説明です。これは動画の説明です。
            これは動画の説明です。これは動画の説明です。これは動画の説明です。これは動画の説明
            です。これは動画の説明です。") ←❶
    }
}
```

※「description: 」のあとの"～"内は改行せずに続ける（半角スペースはあってもなくてもよい）

❶で**title**、**imgURL**、**description**の3つ引数に適当な値を設定して、VideoRowViewのイニシャライザを呼び出しています。ライブプレビュー・モードにするとプレビューが表示されます。

■ **VideoRowViewビューのライブプレビュー・モード**

10-2-5 YoutubeView.swift

次に、UIKitの**WKWebView**ビュー（→P.301）を使用して、選択したYouTubeビデオのWebページを表示する**YoutubeView.swift**を示します。

■ **YoutubeView.swift（YoutubeView構造体）（YoutubeSearch1プロジェクト）**

```
import SwiftUI
import WebKit   ←❶

struct YoutubeView: UIViewRepresentable {
    var url: String

    func makeUIView(context: Context) -> WKWebView {
        return WKWebView()
    }

    func updateUIView(_ uiView: WKWebView, context: Context) {
        uiView.load(URLRequest(url: URL(string: url)!))
    }
}
```
←❷

```
struct YoutubeView_Previews: PreviewProvider {
    static var previews: some View {
        YoutubeView(url: "https://www.rutles.net")  ←❹
    }
}
```
←❸

❶でWebKitフレームワークをインポートしています。

❷が**YoutubeView**構造体です。前節10-1で説明したWebKitTest構造体（→P.301）の中身と同じです。

❸でプレビュー用の**YoutubeView_Previews**構造体を定義し、❹でラトルズ社のWebサイト「https://www.rutles.net」を引数にYoutubeViewのイニシャライザを呼び出しています。

■ **YoutubeViewビューのライブプレビュー・モード**

10-2-6 ContentView構造体

次ページに、メインのコンテンツビューである**ContentView**構造体を示します。

■ ContentView.swift (ContentView 構造体) (YoutubeSearch1 プロジェクト)

```
struct ContentView: View {
    @State var results:Results?                          ┐
    @State private var keyword = "Giulietta Machine"     ├←❶
    @ObservedObject var searcher = YoutubeSearcher()     ┘

    var body: some View {
        NavigationView {
            VStack {
                HStack {
                    TextField("検索文字列", text: $keyword)
                        .textFieldStyle(RoundedBorderTextFieldStyle())
                        .padding()
                    Button(action: {                               ┐
                        self.searcher.search(keyword: self.keyword) ├←❷
                    }) {                                           ┘
                        Text("検索")
                    }
                    .background(
                        Capsule()
                            .foregroundColor(.yellow)
                            .frame(width: 60, height: 30))
                        .padding(20)
                }

                Spacer()
                if self.searcher.results != nil {                          ❸
                    List {
                        ForEach(self.searcher.results!.items) {item in
                            NavigationLink(destination: YoutubeView(url: ⇨
                                "https://www.youtube.com/watch?v=" + ⇨
                                item.vid.videoId)) {
                                VideoRowView(title: item.snippet.title, imgURL: ⇨
                                    item.snippet.thumbnails.default.url, ⇨
                                    description: item.snippet.description)
                            }
                        }
                    }
                }
            }
            .navigationBarTitle("検索結果")
            .navigationBarHidden(true)
        }
    }
}
```

※上記2行の折り返し4箇所はすべて半角スペースを入れて改行せずに続ける

◉プロパティの宣言

次に、❶のプロパティの宣言部分を示します。

```
struct ContentView: View {
    @State var results:Results?   ←a
    @State private var keyword = "Giulietta Machine"   ←b
    @ObservedObject var searcher = YoutubeSearcher()   ←c
```

a b でステートプロパティとして検索結果を格納する**results**と、検索キーワードである**keyword**を宣言しています。

c で**@ObservedObject**属性を設定した**searcher**プロパティを宣言し、YoutubeSearcherクラスのインスタンスに初期化しています。

◉「検索」ボタンのアクション

❷の「検索」ボタンのアクションでは、**keyword**ステートプロパティを引数に、**YoutubeSearcher**クラスのインスタンス「searcher」の**search**メソッドを呼び出して検索を実行しています。

```
                Button(action: {
                    self.searcher.search(keyword: self.keyword)
                }) {
```

◉検索結果をリスト表示する

❸では**List**ビューを使用して、検索結果をリスト形式で表示しています。

```
                List {
                    ForEach(self.searcher.results!.items) {item in
                        NavigationLink(destination: YoutubeView(url:␣⇨
                            "https://www.youtube.com/watch?v=" +␣⇨
                            item.vid.videoId)) {   ←a
                            VideoRowView(title: item.snippet.title, imgURL:␣⇨
                                item.snippet.thumbnails.default.url,␣⇨
                                description: item.snippet.description)   ←b
                        }
                    }
                }
```

※上記2行の折り返し4箇所はすべて半角スペースを入れて改行せずに続ける

リストの各行の表示には、b で**VideoRowView**クラスのインスタンスを設定しています。

a の**NavigationLink**では、行がタップされたら**YoutubeView**ビューにビデオのWebサイトを表示するようにしています。

◉ライブ・プレビューで動作確認

YouTube検索アプリは、キャンバスのプレビューで動作を確認できます。ライブプレビュー・モードで実行してみましょう。ただし、本稿執筆時点ではYouTubeビデオの再生はライブ・プレビューでは行えません。シミュレータを使用して確認してください。

■ ContentViewのライブプレビュー・モードで動作確認

索引

●著者プロフィール
大津　真（おおつ まこと）

東京都生まれ。早稲田大学理工学部卒業後、外資系コンピューターメーカーにSEとして8年間勤務。その後はフリーランスのプログラマーおよびテクニカルライターとして活動。

主な著書に『基礎Python』（インプレス）、『あなうめ式Javaプログラミング超入門』（MdN）、『3ステップでしっかり学ぶJavaScript入門』（技術評論社）、『いちばんやさしいVue.js入門教室』（ソーテック社）などがある。

SwiftUIではじめる
iPhoneアプリプログラミング入門

2020年6月30日　初版第1刷発行

著者　大津　真
装丁　VAriantDesign
編集　ピーチプレス株式会社
DTP　ピーチプレス株式会社

発行者　黒田庸夫
発行所　株式会社ラトルズ
〒115-0055　東京都北区赤羽西4丁目52番6号
TEL　03-5901-0220（代表）　FAX　03-5901-0221
http://www.rutles.net

印刷　株式会社ルナテック

ISBN978-4-89977-504-1